vieweg studium
Grundkurs Mathematik

Diese Reihe wendet sich an Studierende der mathematischen, naturwissenschaftlichen und technischen Fächer. Ihnen – und auch den Schülern der Sekundarstufe II – soll die Vorbereitung auf Vorlesungen und Prüfungen erleichtert und gleichzeitig ein Einblick in die Nachbarfächer geboten werden. Die Reihe wendet sich aber auch an Mathematiker, Naturwissenschaftler und Ingenieure in der Praxis und an die Lehrer dieser Fächer.

Zu der Reihe vieweg studium gehören folgende Abteilungen:

Basiswissen, Grundkurs Mathematik und
Aufbaukurs Mathematik

vieweg

Gerd Fischer

Analytische Geometrie

Eine Einführung für Studienanfänger

7., durchgesehene Auflage
Mit 129 Abbildungen

vieweg

Die Deutsche Bibliothek – CIP-Einheitsaufnahme
Ein Titeldatensatz für diese Publikation ist bei
Der Deutschen Bibliothek erhältlich.

Prof. Dr. Gerd Fischer
Mathematisches Institut
Heinrich-Heine-Universität
40225 Düsseldorf

gerdfischer@cs.uni-duesseldorf.de

Die Reproduktion von Abbildungen aus Albrecht Dürer, *Unterweisung der Messung mit dem Zirkel und Richtscheit,* mit freundlicher Genehmigung des Germanischen Nationalmuseums Nürnberg.

1. Auflage 1978
2., verbesserte Auflage 1979
3., neubearb. Auflage 1983
4., durchges. Auflage 1985
   1 Nachdruck

5., überarbeitete Auflage 1991
6., überarbeitete Auflage 1992
   2 Nachdrucke
7., durchgesehene Auflage
   Oktober 2001

Der Verlag Vieweg ist ein Unternehmen der Fachverlagsgruppe
BertelsmannSpringer.
www.vieweg.de

Umschlagkonzeption und -layout: Ulrike Weigel, www.CorporateDesignGroup.de

Gedruckt auf säurefreiem Papier

ISBN-13: 978-3-528-67235-5   e-ISBN-13: 978-3-322-88921-8
DOI: 10.1007/978-3-322-88921-8

Inhaltsverzeichnis

Der euklidische Raum

Was mach ich armer Teufel bloß?
Nun bin ich alt und arbeitslos.
Ich diente viele hundert Jahr
ergeben, redlich, treu und wahr,
mit Umsicht, Tatkraft und Geschick
im hohen Hause der Physik.
Verdiente meinen guten Lohn.
Doch plötzlich war das alles aus.
Ein neuer Herr bezog das Haus.
Der sprach: „Ich geb Ihnen hiermit zu wissen:
Sie lassen leider ganz vermissen

die unumgängliche Präzision.
Die angenäherte Schlampigkeit,
die geht mir, das muß ich schon sagen, zu weit.
Sie können mir daher nicht weiter dienen,
und kurz und gut, ich kündige Ihnen
hiermit zum Ersten des folgenden Jahres."
Ich war ganz sprachlos, doch so war es.
Und finden Sie mich morgens mal
erhängt an einem Integral –
ach, reden hat ja keinen Zweck!
So ging der Raum betrübt hinweg.

aus Hubert Cremer [34]

Vorwort

Dieses Buch schließt an die „Lineare Algebra" (vieweg studium, 12. Auflage 2000, zitiert als „L.A.") an. Es ist entstanden aus Vorlesungen für Studenten der Mathematik ab dem zweiten Semester. Ihnen sollte ein Eindruck vermittelt werden, wie sich der Formalismus der linearen Algebra anwenden läßt.

Im Vordergrund steht dabei die sogenannte „Analytische Geometrie". Nach dem heute üblichen Sprachgebrauch versteht man darunter den Teil der Geometrie, der mit Hilfsmitteln der linearen Algebra betrieben wird. Verwendung von höherer Algebra führt zur „algebraischen Geometrie", in der „Differentialgeometrie" werden geometrische Gebilde vom Standpunkt der Analysis untersucht. (Es sei bemerkt, daß solche Unterscheidungen, verbunden mit dem Streben nach „Reinheit der Methoden", der Geometrie insgesamt mehr geschadet als genützt haben.)

Im ersten Kapitel werden affine Räume eingeführt und einfache Eigenschaften von affinen Unterräumen und Quadriken hergeleitet. Mit Hilfsmitteln der linearen Algebra kann man auch Systeme linearer Ungleichungen untersuchen. Damit beschäftigt sich das zweite Kapitel über „lineare Optimierung". Hier wird besonderer Wert darauf gelegt, die geometrischen Hintergründe zu erläutern. Im dritten Kapitel wird schließlich versucht, den Leser davon zu überzeugen, daß ein tieferer Einblick in geometrische Zusammenhänge erst vom projektiven Standpunkt aus möglich wird.

Etwa so, wie es in gebildeten Kreisen gerne als ein Zeichen für Leute von Welt angesehen wird, nichts von Mathematik zu verstehen, ist mancher Mathematiker stolz darauf, nie mit projektiver Geometrie in Berührung gekommen zu sein. Zugegeben, ihr „goldenes Zeitalter" ging vor über hundert Jahren zu Ende. Aber eine Aussage wie etwa der *Satz von Pascal* kann auch heute niemanden, der Sinn für Mathematik hat, unbewegt lassen. Außerdem ist die projektive Geometrie eine der stärksten Wurzeln gewesen für die Entwicklung der algebraischen Geometrie, deren weitverzweigter Baum heute in vollem Saft steht.

Zusammen mit dem Band über Lineare Algebra kann dieses Buch als Begleittext zu einer der üblichen zweisemestrigen Anfängervorlesungen über „Lineare Algebra und Analytische Geometrie" dienen. Die Trennung in zwei Bände eröffnet dem Leser mannigfache Möglichkeiten, nach eigenem Geschmack das Studium der linearen Algebra durch geometrische Exkurse aufzulockern. Dabei wird man sich aus Zeitgründen auf eine Auswahl aus der analytischen Geometrie beschränken müssen. Um dies zu erleichtern, sind die drei Kapitel weitgehend unabhängig voneinander gehalten.

Das zweite Kapitel ist ganz unabhängig, es benötigt keine Hilfsmittel aus den beiden anderen. Die Zusammenhänge zwischen affiner und projektiver Geometrie zu unterdrücken, wäre jedoch widersinnig gewesen. An zwei schwierigen Stellen in der affinen Geometrie setzen wir Ergebnisse der projektiven Geometrie ein: Beim Beweis des Hauptsatzes über Kollineationen (1.3.4) und bei der Klassifikation von Quadriken (1.4.5 bis 1.4.8). Die restlichen Abschnitte der affinen Geometrie hängen jedoch davon nicht ab. Schließlich sollte man als Motivation für die projektive Geometrie ein klein wenig affine Geometrie kennengelernt haben.

Ob man sich mit der Einführung allgemeiner affiner Räume abgeben will oder nicht, ist eine Frage des Geschmacks. Vom handwerklichen Standpunkt kann man sich damit begnügen, Geometrie in einem Vektorraum zu betreiben. Einer der Gründe, warum der allgemeine Begriff hier doch ausführlich dargestellt wurde, war der, einen zukünftigen Lehrer für den Fall zu wappnen, daß er diesen Dingen einmal in Schulbüchern begegnet.

Zahlreiche Probleme von unterschiedlichem Schwierigkeitsgrad sollen dem Leser als Anregung für selbständige Arbeit dienen: Die meisten davon sind einfache *Übungsaufgaben*. Einige erfordern mehr Anstrengung, sie sind als *Aufgaben* gekennzeichnet.

An Quellen, aus denen ich analytische Geometrie gelernt habe, möchte ich besonders die Vorlesungen meines verehrten Lehrers *G. Nöbeling,* sowie die Vorlesungsausarbeitung von *H. Hermes* [3] erwähnen. Die Grundlagen der linearen Optimierung habe ich erstmals durch die Bücher von *S. Guber* [2] und *W. Nef* [6] kennengelernt.

Viele Kollegen sind mir mit guten Ratschlägen beigestanden, in erster Linie die Herren *O. Forster* und *R. Sacher*. Beim Korrekturlesen haben mir Frau *C. Horst*, sowie die Herren *V. Aurich* und *G. Baumann* geholfen. Schließlich danke ich dem Vieweg Verlag für die stets angenehme Zusammenarbeit.

München, im November 1977   *Gerd Fischer*

In der vorliegenden Neuauflage wurden wieder einige Kleinigkeiten berichtigt.

Düsseldorf, im September 2001   *Gerd Fischer*

1. Affine Geometrie

1.0. Allgemeine affine Räume

1.0.1. In der linearen Algebra hatten wir ohne viel Federlesens den $\mathbb{R}^2$ als Zeichenebene und den $\mathbb{R}^3$ als den uns umgebenden Raum angesehen. Das ist nur dann berechtigt, wenn man sich von vornherein auf ein Koordinatensystem festgelegt hat. Aber in den Räumen der Geometer gibt es keinen ausgezeichneten Ursprung und keine von Anbeginn eingebauten Koordinatenachsen. Zunächst sind alle Punkte gleichberechtigt; Ursprung und Achsen werden — wenn sie überhaupt nötig sind — den geometrischen Fragen angepaßt.

Man hat lange darüber nachgedacht, was eine „Geometrie" — etwa die affine Geometrie, mit der wir uns hier zunächst befassen wollen — in einer formal präzisierbaren Weise sein soll. Es war eine bahnbrechende (von *Felix Klein* in seinem *Erlanger Programm* [26] ausgeführte) Idee, als ordnendes Prinzip der Geometrie diejenigen Transformationen auszusuchen, unter denen die interessierenden geometrischen Sachverhalte gültig (oder „invariant") bleiben. Darauf kommen wir im Anhang zurück.

Eine Zeichenebene oder der uns umgebende Raum ist aus der Sicht des Geometers kein bloßer Punkthaufen, wie ihn die Mengenlehrer kennen. Ein Strukturmerkmal, das uns besonders ins Auge sticht, sind die möglichen Parallelverschiebungen (oder „Translationen"). Wir können auf die spontane Zustimmung aller Geometer hoffen, wenn wir einige Eigenschaften von Parallelverschiebungen als unmittelbar einleuchtend notieren:

a) Man kann zwei Parallelverschiebungen hintereinanderschalten; dabei kommt es nicht auf die Reihenfolge an.

b) Jede Parallelverschiebung kann man durch eine entgegengesetzte rückgängig machen.

c) Zu je zwei Punkten gibt es genau eine Parallelverschiebung, die den einen in den anderen überführt.

Es ist ein wesentliches Merkmal für die analytische Geometrie in den betrachteten „reellen" geometrischen Räumen, daß sie die reellen Zahlen benutzt. Dies ist zweifellos für einen Geometer nicht mehr selbstverständlich. In der Tat scheiden sich an dieser Stelle analytische und synthetische Geometrie (vgl. 1.0.8). Wer weiter mitmachen will, muß noch folgendes als plausibel ansehen:

d) Eine Parallelverschiebung kann man mit einer beliebigen reellen Zahl „multiplizieren" (d. h. strecken oder verkürzen, wobei auch die Richtung umgekehrt werden kann).

Wir werden die affinen Räume der analytischen Geometrie in 1.0.5 durch Axiome einführen, in denen lediglich die Sachverhalte aus a) bis d) präzisiert sind. Um dem Leser die dazu nötigen Formalitäten näher zu bringen, erinnern wir zunächst an die bereits bekannten affinen Unterräume eines Vektorraumes.

1.0.2. Wir betrachten gleich einen beliebigen Körper K und darüber einen Vektorraum V. Eine Teilmenge $X \subset V$ hatten wir *affinen Unterraum* genannt, wenn sie sich in der Form

$$X = v + W$$

mit $v \in V$ und einem Untervektorraum $W \subset V$ darstellen läßt (L.A. 2.2.3). Wie wir gesehen haben, sind die affinen Unterräume von K^n genau die Lösungsmengen linearer Gleichungssysteme (L.A. 3.3.4 und 3.3.9). Da W durch X eindeutig bestimmt ist, können wir

$$T(X) := W, \quad \text{also} \quad X = v + T(X)$$

schreiben. Wir lassen nun den Vektorraum $T(X)$ auf der Menge X „operieren". Dazu betrachten wir zu $w \in T(X)$ die Abbildung

$$\tau_w \colon X \to X, \quad p \mapsto p + w \quad .$$

Wie man ohne Schwierigkeit nachprüft, ist τ_w bijektiv. Geometrisch beschreibt τ_w eine „Translation" um w (Bild 1.1).

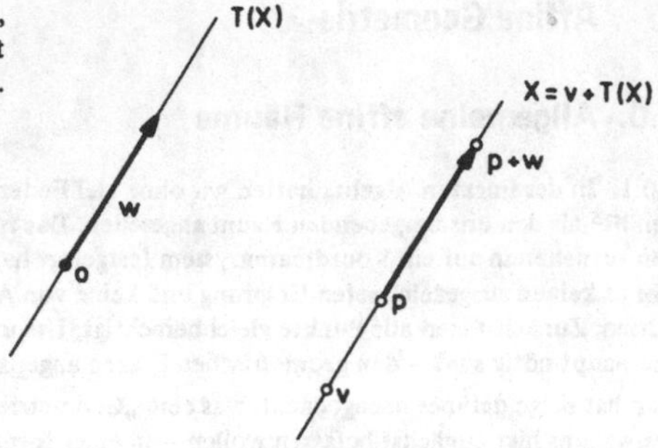

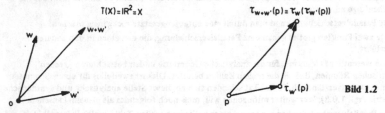

Bild 1.1

Für eine beliebige Menge X hatten wir mit S (X) die symmetrische Gruppe (d. h. die Gruppe der Bijektionen) bezeichnet (L.A. 1.2.2). Im Fall unseres affinen Unterraumes betrachten wir die Abbildung

$$\tau: T (X) \to S (X), \quad w \mapsto \tau_w \quad,$$

die jedem Vektor w die Translation um w zuordnet. Sie hat offensichtlich die folgenden Eigenschaften:

a) Für beliebige w, w' $\in$ T (X) ist $\tau_{w + w'} = \tau_w \circ \tau_{w'}$ (Bild 1.2)

b) Zu beliebigen Punkten p, q $\in$ X gibt es genau ein w $\in$ T (X) mit $\tau_w(p) = q$.

Bild 1.2

Zur abstrakten Beschreibung dieses Sachverhaltes führen wir ein paar Standardbegriffe der Gruppentheorie ein.

1.0.3. Sind G und G' Gruppen (mit multiplikativ geschriebenen Verknüpfungen), so heißt eine Abbildung

$$\varphi: G \to G'$$

Gruppenhomomorphismus (oder kurz *Homomorphismus*), wenn

$$\varphi(a \cdot b) = \varphi(a) \cdot \varphi(b) \quad \text{für alle } a, b \in G$$

gilt. Ein bijektiver (Gruppen-)Homomorphismus heißt *(Gruppen-)Isomorphismus*. Eine nicht leere Teilmenge H $\subset$ G heißt *Untergruppe*, wenn

$$a \cdot b^{-1} \in H \quad \text{für alle } a, b \in H \quad .$$

Vorsicht! Eine Teilmenge H $\subset$ G mit der Eigenschaft

$$a \cdot b \in H \quad \text{für alle } a, b \in H$$

braucht keine Untergruppe zu sein (Beispiel: $\mathbb{R}_+^* \subset \mathbb{R}^*$). Bei der Definition des Untervektorraumes (L.A. 1.4.2) genügt die Bedingung der Abgeschlossenheit unter der Addition deshalb, weil man die Negativen durch Multiplikation mit dem Skalar -1 erhält.

Bemerkung. Sei $\varphi\colon G \to G'$ ein Gruppenhomomorphismus und seien $e \in G$, $e' \in G'$ die neutralen Elemente.

Dann gilt:

a) $\varphi(e) = e'$ und $\varphi(a^{-1}) = \varphi(a)^{-1}$ für alle $a \in G$.

b) $\varphi(G) \subset G'$ ist eine Untergruppe.

c) Jede Untergruppe ist mit der induzierten Verknüpfung selbst eine Gruppe (vgl. L.A. 1.2.6).

d) Ist G abelsch, so ist auch $\varphi(G)$ abelsch.

Den einfachen Beweis überlassen wir dem Leser als *Übungsaufgabe.*

1.0.4. Ist X eine Menge und G eine Gruppe, so nennt man einen Homomorphismus

$$\tau\colon G \to S(X), \quad g \mapsto \tau_g \quad ,$$

eine *Operation von* G *auf* X. Für jedes $g \in G$ ist also

$$\tau_g \colon X \to X$$

eine bijektive Abbildung. Daß τ ein Homomorphismus ist, bedeutet

$$\tau_{g \cdot g'}(x) = \tau_g(\tau_{g'}(x)) \quad \text{für alle } x \in X \quad .$$

Beispiele. 1. Ist $G = S(X)$ und $\tau = \mathrm{id}_{S(X)}$, so hat man die *kanonische Operation.*
2. Eine Gruppe G kann in verschiedener Weise auf sich selbst operieren. Die Operation

$$l\colon G \to S(G) \quad \text{mit } l_g(x) = g \cdot x \quad \text{für alle } x \in G.$$

heißt *Linkstranslation.*

$$k\colon G \to S(G) \quad \text{mit } k_g(x) = g \cdot x \cdot g^{-1}$$

heißt *Konjugation.* Für eine abelsche Gruppe ist diese Operation *trivial,* d.h. $k_g = \mathrm{id}_G$ für alle $g \in G$.

Übungsaufgabe. Ist $\tau\colon G \to S(X)$ eine Operation, so nennt man für ein $x \in G$

$$G(x) = \{\tau_g(x)\colon g \in G\}$$

die *Bahn* von x unter G. Man zeige, daß X eine disjunkte Vereinigung von Bahnen ist.

Eine Operation τ von G auf X heißt *einfach transitiv,* wenn es zu gegebenen $x, y \in X$ genau ein $g \in G$ mit $\tau_g(x) = y$ gibt.

Wie man leicht sieht, ist die Linkstranslation stets einfach transitiv, die Konjugation aber nur dann, wenn die Gruppe aus einem einzigen Element besteht.

1.0.5. Kehren wir zurück zu unserer Überlegung aus 1.0.2. Die Gruppenverknüpfung in $T(X)$ war als Addition geschrieben worden. Also bedeuten die Eigenschaften a) und b) aus 1.0.2 gerade, daß die Translation

$$\tau: T(X) \rightarrow S(X)$$

eine einfach transitive Operation ist. Es ist üblich geworden, diese Eigenschaft zur axiomatischen Charakterisierung affiner Räume zu benützen (siehe 1.0.1).

Definition. Sei K ein beliebiger Körper. Ein *affiner Raum über* K ist ein Tripel

$$(X, T(X), \tau) \quad ,$$

bestehend aus einer nicht leeren Menge X (die Elemente von X heißen *Punkte*), einem K-Vektorraum $T(X)$ (die Elemente von $T(X)$ heißen *Translationen*) und einer einfach transitiven Operation

$$\tau: T(X) \rightarrow S(X)$$

von $T(X)$ als additiver Gruppe auf X.

Zur Vermeidung von Fallunterscheidungen soll auch die leere Menge (ohne $T(X)$ und τ) ein affiner Raum sein.

Unter der *Dimension* eines affinen Raumes $(X, T(X), \tau)$ verstehen wir $\dim_K T(X)$. Wir schreiben dafür auch einfacher $\dim_K X$ oder $\dim X$. Die leere Menge erhält die Dimension -1. Speziell heißt X

affine Gerade : $\Longleftrightarrow \dim X = 1$,

affine Ebene : $\Longleftrightarrow \dim X = 2$.

Standardbeispiele für affine Räume erhält man wie folgt: Wir betrachten K^n einmal nur als Menge und zum anderen als Vektorraum. Dann operiert K^n auf sich selbst: Zu jedem $t \in K^n$ gehört die Translation

$$\tau_t: K^n \rightarrow K^n, \quad x \mapsto x + t \quad .$$

Wie wir schon in 1.0.2 gesehen hatten, ist solch eine Operation einfach transitiv, also ist

$$/A_n(K) := (K^n, K^n, \tau)$$

ein n-dimensionaler affiner Raum über K. Wir werden uns gelegentlich erlauben, dafür auch nur K^n zu schreiben und stillschweigend vorauszusetzen, was damit gemeint ist. Ganz analog kann man einen beliebigen Vektorraum auch als affinen Raum ansehen, ohne das in der Bezeichnungsweise zum Ausdruck zu bringen.

Eine Menge von Punkten erhält nach obiger Definition die Struktur eines affinen Raumes, indem man festlegt, welche Abbildungen Translationen heißen sollen und welchen Regeln die Verknüpfung von Translationen gehorchen muß. Es kostet einige Mühe, sich mit dieser Definition anzufreunden und ein gegen Formalismen skeptischer Leser wird nicht ohne Berechtigung fragen, ob der Gewinn an geometrischer Plausibilität den Aufwand rechtfertigt.

1.0.6. Es mag schon etwas helfen, wenn wir die Bezeichnungen vereinfachen. Anstelle des Tripels $(X, T(X), \tau)$ schreiben wir oft nur X. Da

$$\tau: T(X) \to S(X)$$

einfach transitiv ist, ist insbesondere τ eine injektive Abbildung. Also können wir jedes $t \in T(X)$ mit τ_t identifizieren, d.h. t selbst als bijektive Abbildung von X ansehen. Daß τ ein Homomorphismus ist, drückt sich dann aus in der Beziehung

$$(t + t')(x) = t(t'(x)) \quad \text{für alle } t, t' \in T(X) \quad \text{und } x \in X \quad . \tag{*}$$

Die zu Punkten $p, q \in X$ eindeutig bestimmte Translation t mit $t(p) = q$ bezeichnen wir mit $\overrightarrow{pq}$. Wir haben eine Abbildung

$$X \times X \to T(X), \quad (p, q) \mapsto \overrightarrow{pq} \quad .$$

Für Punkte $p, q, r \in X$ folgt dann aus (*)

$$\overrightarrow{pq} + \overrightarrow{qr} = \overrightarrow{pr} \quad . \tag{**}$$

Diesen Sachverhalt kann man schön zeichnen (Bild 1.3).

Die Pfeile deuten dabei die Wirkung der jeweiligen Translationen an.

Im Fall unseres affinen Unterraumes $X = v + T(X)$ (siehe 1.0.2) haben wir für $p, q \in X$

$$\overrightarrow{pq} = q - p \in T(X)$$

und die Regel (**) ist offensichtlich.

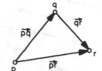

Bild 1.3

Wir hatten es als eine geometrische Eigenschaft eines affinen Raumes X angesehen, daß all seine Punkte gleichberechtigt sind. Wählen wir einen festen Punkt $p \in X$ aus, so ist die Abbildung

$$\alpha: X \to T(X), \quad x \mapsto \overrightarrow{px}$$

bijektiv (denn die Operation von $T(X)$ auf X ist einfach transitiv). Dabei ist $\alpha(p)$ der Nullvektor. Sehr pauschal kann man also sagen: *Ein affiner Raum entsteht aus einem Vektorraum, indem man die Auszeichnung eines festen Punktes als Ursprung aufhebt.* Umgekehrt erhält man einen Vektorraum, wenn man in einem affinen Raum einen Punkt als Ursprung auszeichnet.

1.0.7. Wir betrachten in einem affinen Raum X Punkte p, q sowie eine Translation t. Ist $p' := t(p)$ und $q' := t(q)$, so bilden p, q, p', q' der Anschauung entsprechend ein „Parallelogramm" (Bild 1.4).

Bemerkung. Für Punkte p, q, p', q' eines affinen Raumes X gilt

$$\overrightarrow{pp'} = \overrightarrow{qq'} \Longleftrightarrow \overrightarrow{pq} = \overrightarrow{p'q'} \quad .$$

Beweis. Aus

$$\vec{pq} + \vec{qq'} = \vec{pq'}$$

und $\vec{pp'} + \vec{p'q'} = \vec{pq'}$

folgt durch Subtraktion

$$\vec{pq} - \vec{p'q'} = \vec{pp'} - \vec{qq'} \quad .$$

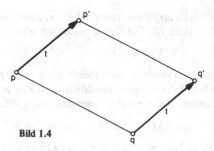

Bild 1.4

Man kann also formal ein *Parallelogramm* durch eine der beiden äquivalenten obigen Eigenschaften definieren.

Es wird oft unterschieden zwischen „freien Vektoren" und „Ortsvektoren". In unserem Formalismus ist ein *freier Vektor* eine Translation. Man kann ihn in jedem Punkt „anheften", d.h. die Translation auf diesen Punkt anwenden. Der *Ortsvektor* eines Punktes q in bezug auf den festen Punkt p ist $\vec{pq}$ (Bild 1.5).

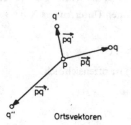

freier Vektor   Ortsvektoren   **Bild 1.5**

1.0.8. In 1.0.5 hatten wir die affinen Räume der analytischen Geometrie mit Hilfe eines Körpers erklärt. Wir wollen mit ein paar Worten andeuten, wie man im Gegensatz dazu in der synthetischen Geometrie affine Räume einführt. Zur Vereinfachung beschränken wir uns dabei auf affine Ebenen. Eine ausführliche Darstellung findet man z. B. in [8], [14], [16].

Unter einer *affinen Ebene* versteht man eine Menge X (ihre Elemente heißen *Punkte*) zusammen mit einer Menge von Teilmengen von X (diese Teilmengen heißen *Geraden*), so daß die folgenden Axiome (A1) bis (A3) erfüllt sind:

(A1) Zu verschiedenen Punkten p, q ∈ X gibt es genau eine Gerade Y ⊂ X mit p, q ∈ Y.

(A2) Ist Y ⊂ X eine Gerade und p ∈ X∖Y, so gibt es genau eine zu Y parallele Gerade Y' durch p. Dabei heißen zwei Geraden Y, Y' ⊂ X *parallel*, wenn Y = Y' oder Y ∩ Y' = ∅.

(A3) Es gibt drei Punkte in X, die nicht auf einer Geraden liegen.

Diese Definition ist frei von Algebra, was vom Standpunkt der Geometrie sehr beruhigend ist. Aber die Algebra ist zur Klärung und Lösung geometrischer Fragen ein unübertreffliches Hilfsmittel. Daher ist es eine zentrale Frage der synthetischen Geometrie, welche affinen Ebenen, so wie wir sie gerade definiert haben, mit einem Translationsvektorraum versehen werden können, daß die in 1.0.5 geforderten Bedingungen erfüllt sind. Die größte Schwierigkeit besteht darin, erst einmal einen geeigneten Körper zu finden (man nennt ihn *Koordinatenkörper*). Immerhin

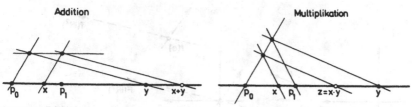

Bild 1.6

ist die Idee einfach. Man wählt als zugrundeliegende Menge für den Koordinatenkörper die Punkte einer Geraden $Y \subset X$. Darin zeichnet man zwei verschiedene Punkte p_0 und p_1 aus. Rein geometrisch wird eine Addition und Multiplikation der Punkte von Y erklärt, so daß p_0 zur Null und p_1 zur Eins wird (Bild 1.6).

Die Definition der Multiplikation ist motiviert durch den „Strahlensatz" der elementaren Geometrie. Daraus folgt

$$\frac{z - p_0}{y - p_0} = \frac{x - p_0}{p_1 - p_0} \, , \quad \text{also } z = xy \quad .$$

Nun aber sind die Körperaxiome für die so erklärten Verknüpfungen nachzuweisen. Die Assoziativität folgt aus dem „Satz von Desargues" und die Kommutativität aus dem „Satz von Pappos" (vgl. 3.3.7). Diese beiden Sätze kann man aber mit den angegebenen Axiomen nicht beweisen. Ein Ausweg besteht darin, sie als neue Axiome zu fordern.

Weiter kann man sich fragen, unter welchen geometrischen Annahmen man folgern kann, daß man als Koordinatenkörper die reellen Zahlen erhält. Darüber gibt es eine vielfältige Literatur (vgl. etwa [17]).

Wir begnügen uns hier damit, den möglichen synthetischen Zugang zur Geometrie als Rechtfertigung für die analytischen Hilfsmittel zur Kenntnis zu nehmen. Etwa so, wie es einen Automobilisten beruhigt, gehört zu haben, daß man auch zu Fuß gehen könnte.

1.1. Affine Abbildungen und Unterräume

1.1.0. Bevor wir allgemeine affine Abbildungen einführen, sehen wir uns den Fall affiner Unterräume von Vektorräumen an. Seien also V und W Vektorräume. Eine Abbildung

$$f: V \to W$$

nennen wir *affin*, wenn es eine lineare Abbildung

$$F: V \to W \quad \text{gibt, mit } f(x) = f(o) + F(x) \quad \text{für alle } x \in V \quad .$$

f entsteht also durch Translation einer linearen Abbildung. Für $V = W = \mathbb{R}^2$ ist ein Beispiel in Bild 1.7 skizziert.

Ist speziell $V = K^n$ und $W = K^m$, so kann man eine affine Abbildung durch Matrizen beschreiben:

$$K^n \to K^m, \quad x \mapsto b + Ax =: y$$

mit einem Spaltenvektor b und einer $(m \times n)$-Matrix A. Ausgeschrieben lautet diese Beziehung

$$
\begin{aligned}
y_1 &= b_1 + a_{11}x_1 + \ldots + a_{1n}x_n \quad , \\
&\vdots \\
y_m &= b_m + a_{m1}x_1 + \ldots + a_{mn}x_n \quad .
\end{aligned}
$$

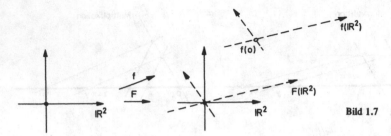

Bild 1.7

Als nächst allgemeineren Fall betrachten wir affine Unterräume $X = v + T(X) \subset V$ und $Y = w + T(Y) \subset W$. Eine Abbildung

$$f: X \to Y$$

heißt affin, wenn es eine lineare Abbildung,

$$F: T(X) \to T(Y)$$

gibt, mit (siehe Bild 1.8)

$$f(x) = f(v) + F(x - v) \quad \text{für alle } x \in X \quad .$$

Bemerkung. Seien X, Y wie oben. Eine Abbildung $f: X \to Y$ ist genau dann affin, wenn

$$f(q) - f(p) = F(q - p) \tag{*}$$

für alle $p, q \in X$.

Den einfachen Beweis überlassen wir dem Leser. Man kann die Bedingung (*) in $T(Y)$ auch als

$$\overrightarrow{f(p)\,f(q)} = F(\overrightarrow{pq})$$

schreiben. In dieser Form läßt sie sich für allgemeine affine Räume stellen.

1.1.1. *Definition.* Seien $(X, T(X), \tau)$ und $(Y, T(Y), \sigma)$ affine Räume über dem gleichen Körper K. Dann heißt eine Abbildung

$$f: X \to Y$$

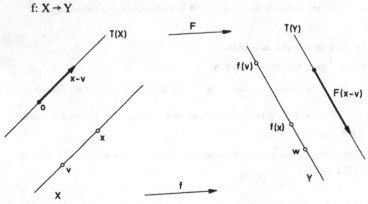

Bild 1.8

affin, wenn es eine K-lineare Abbildung

$$T(f): T(X) \to T(Y)$$

gibt, so daß für alle Punkte p, q $\in$ X

$$\overrightarrow{f(p)\,f(q)} = T(f)\,(\overrightarrow{pq}) \qquad . \qquad (**)$$

Um die Notation $T(f)$ zu rechtfertigen, bemerken wir, daß $T(f)$ durch f eindeutig bestimmt ist, denn alle Translationen von X lassen sich in der Form $\overrightarrow{pq}$ schreiben. Man beachte, daß es für eine beliebige Abbildung f überhaupt keine Abbildung $T(f)$ (auch keine unlineare) zu geben braucht, so daß (**) gilt. Denn aus der Existenz eines solchen $T(f)$ erhält man für p, q, p', $q' \in$ X

$$\overrightarrow{pq} = \overrightarrow{p'q'} \Rightarrow \overrightarrow{f(p)\,f(q)} = \overrightarrow{f(p')\,f(q')} \qquad ,$$

d.h. f erhält Parallelogramme (vgl. 1.0.7 und Bild 1.9).

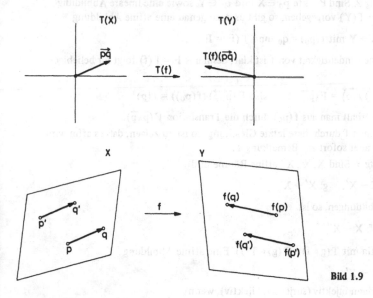

Bild 1.9

1.1.2. Um das Rechnen mit den Translationsvektoren etwas zu üben, beweisen wir die folgende

Bemerkung 1. Eine Abbildung f: X $\to$ Y ist schon dann affin, wenn es ein $p_0 \in$ X gibt, so daß die Abbildung

$$T(f): T(X) \to T(Y), \qquad \overrightarrow{p_0 x} \mapsto \overrightarrow{f(p_0)\,f(x)} \qquad ,$$

wobei x $\in$ X beliebig ist, linear wird.

Beweis. Sind p, q $\in$ X beliebig, so machen wir von p nach q den Umweg über p_0.

Aus

$$\vec{pq} = \vec{pp_0} + \vec{p_0q} = \vec{p_0q} - \vec{p_0p}$$

folgt wegen der Linearität von $T(f)$

$$T(f)(\vec{pq}) = T(f)(\vec{p_0q}) - T(f)(\vec{p_0p}) = \overrightarrow{f(p_0)f(q)} - \overrightarrow{f(p_0)f(p)} = \overrightarrow{f(p)f(q)} .$$

Also ist f affin.

Wir empfehlen dem Leser, diesen Beweis zur Übung im konkreten Fall affiner Unterräume eines Vektorraumes zu wiederholen (vgl. 1.1.0). Dabei kann man stets eine Translation $\vec{pq}$ durch den Differenzvektor $q - p$ ersetzen. Vom handwerklichen Standpunkt besteht darin der einzige Unterschied zwischen abstrakten und konkreten affinen Räumen.

Man kann sich eine affine Abbildung vorstellen als lineare Abbildung, die in festen Punkten angeheftet wird. Dies wird präzisiert in

Bemerkung 2. Sind Punkte $p_0 \in X$ und $q_0 \in Y$ sowie eine lineare Abbildung $F: T(X) \to T(Y)$ vorgegeben, so gibt es dazu genau eine affine Abbildung

$$f: X \to Y \text{ mit } f(p_0) = q_0 \text{ und } T(f) = F .$$

Beweis. Die Eindeutigkeit von f ist klar, denn aus $F = T(f)$ folgt für beliebiges $p \in X$

$$\overrightarrow{f(p_0)f(p)} = F(\vec{p_0p}), \quad \text{also } F(\vec{p_0p})(f(p_0)) = f(p) ,$$

d.h. $f(p)$ erhält man aus $f(p_0)$ durch die Translation $F(\vec{p_0p})$.

Definiert man f durch diese letzte Gleichung, so ist zu zeigen, daß es affin wird. Dies folgt aber sofort aus Bemerkung 1.

Bemerkung 3. Sind X, X', X'' affine Räume und

$$f: X \to X', \quad g: X' \to X''$$

affine Abbildungen, so ist

$$g \circ f: X \to X''$$

wieder affin mit $T(g \circ f) = T(g) \circ T(f)$. Eine affine Abbildung

$$f: X \to X'$$

ist genau dann injektiv (surjektiv, bijektiv), wenn

$$T(f): T(X) \to T(X')$$

injektiv (surjektiv, bijektiv) ist. Ist f bijektiv, so ist auch

$$f^{-1}: X' \to X$$

affin mit $T(f^{-1}) = T(f)^{-1}$.

Den *Beweis* überlassen wir dem Leser zur Übung.

Man nennt eine bijektive affine Abbildung auch *Affinität.*

1.1.3. Die Translationen eines affinen Raumes sind als Strukturbestandteil vorgegeben. Wir können sie im nachhinein charakterisieren als besonders einfache Affinitäten.

Bemerkung. Die Translationen eines affinen Raumes X sind genau diejenigen Affinitäten

$$f: X \to X \quad \text{mit} \quad T(f) = id_{T(X)} \quad .$$

Nach der Bemerkung aus 1.0.7 ist dies gleichbedeutend mit

$$\overrightarrow{f(p)\,f(q)} = \overrightarrow{pq}$$

und daraus folgt die Behauptung.

Beweis. Daß eine bijektive Abbildung $f \in S(X)$ eine Translation ist, bedeutet

$$\overrightarrow{pf(p)} = \overrightarrow{qf(q)} \quad \text{für alle} \quad p, q \in X \quad .$$

1.1.4. Die einfachsten Gegenstände der Geometrie des Raumes sind Punkte, Geraden und Ebenen. Zu ihnen gehört jeweils ein Untervektorraum des Vektorraumes aller Translationen, unter dem sie invariant bleiben.

Definition. Sei $(X, T(X), \tau)$ ein affiner Raum. Eine Teilmenge $Y \subset X$ heißt *affiner Unterraum*, wenn $Y = \phi$ oder wenn es ein $p_0 \in Y$ gibt, so daß

$$T(Y) := \{\overrightarrow{p_0 q} \in T(X): q \in Y\}$$

ein Untervektorraum von $T(X)$ ist. Anders ausgedrückt bedeutet dies, daß Y die Bahn eines Punktes p_0 unter der Operation eines Untervektorraumes von $T(X)$ ist.

Bemerkung. Ist $Y \subset X$ ein affiner Unterraum, so ist für jedes beliebige $p \in Y$

$$W := \{\overrightarrow{pq} \in T(X): q \in Y\}$$

ein Untervektorraum von $T(X)$, der nicht von der Auswahl von p abhängt.

Beweis. Sei Y die Bahn von $p_0 \in Y$ unter $T(Y)$. Dann ist $W = T(Y)$ zu zeigen. Das ist klar, denn aus

$$\overrightarrow{pq} = \overrightarrow{pp_0} + \overrightarrow{p_0 q} \quad \text{folgt} \quad W = \overrightarrow{pp_0} + T(Y) = T(Y) \subset T(X) \quad .$$

Dabei haben wir benutzt, daß $\overrightarrow{pp_0} = -\overrightarrow{p_0 p} \in T(Y)$.

Wie die Bemerkung zeigt, ist zu jedem affinen Unterraum $Y \subset X$ der Translationsvektorraum $T(Y)$ eindeutig bestimmt. Man kann daher

$$\dim Y := \dim T(Y)$$

als *Dimension* von Y erklären. Es ist wieder $\dim \phi = -1$.

Insbesondere nennt man $Y \subset X$ eine *Hyperebene*, wenn

$$\dim Y = \dim X - 1 \quad .$$

Übungsaufgabe 1. Man beweise oder widerlege: Eine Teilmenge $Y \subset X$ ist genau dann affiner Unterraum, wenn

$$\{\overrightarrow{pq} \in T(X): p, q \in Y\}$$

ein Untervektorraum von $T(X)$ ist.

Übungsaufgabe 2. Ist $f: X \to Y$ eine affine Abbildung und $Y' \subset Y$ ein affiner Unterraum, so ist auch $f^{-1}(Y') \subset X$ ein affiner Unterraum.

1.1.5. Wir erledigen die kleine Formalität, zu zeigen, daß jeder affine Unterraum Y eines affinen Raumes $(X, T(X), \tau)$ in kanonischer Weise selbst zu einem affinen Raum gemacht werden kann. Dazu zeigen wir zunächst, daß jede in $T(Y)$ enthaltene Translation Y invariant läßt, d.h.

$$t \in T(Y) \Rightarrow t(Y) = Y \quad . \qquad\qquad\qquad\qquad (*)$$

Sei also $Y \neq \phi$ und $p \in Y$ ein beliebiger Punkt. Nach 1.1.4 gilt

$$T(Y) = \{\overrightarrow{pq} \in T(X): q \in Y\} \quad ,$$

daher gibt es für jedes $t \in T(Y)$ genau ein $q \in Y$ mit $t = \overrightarrow{pq}$, d.h. $q = t(p)$. Somit folgt $t(Y) \subset Y$. Zu $p \in Y$ und $t \in T(Y)$ ist $q := (-t)(p) \in Y$. Wegen $p = t(q)$ folgt $Y \subset t(Y)$ und $(*)$ ist bewiesen. Betrachten wir die Operation

$$\tau: T(X) \to S(X) \quad ,$$

so folgt aus $(*)$, daß sie eine Operation

$$\sigma: T(Y) \to S(Y), \quad t \mapsto t|Y \quad ,$$

induziert. Diese ist trivialerweise wieder einfach transitiv, also ist

$$(Y, T(Y), \sigma)$$

ein affiner Raum.

Übungsaufgabe. Ist $f: X \to X'$ eine affine Abbildung und $Y \subset X$ ein affiner Unterraum, so ist auch

$$f|Y: Y \to X'$$

eine affine Abbildung mit $T(f|Y) = T(f)|T(Y)$.

1.1.6. Die elementarsten Fragen der affinen Geometrie betreffen die gegenseitige Lage affiner Unterräume.

Bemerkung. Ist $(Y_i)_{i \in I}$ eine Familie affiner Unterräume Y_i eines affinen Raumes X, so ist

$$Y := \bigcap_{i \in I} Y_i \subset X$$

wieder ein affiner Unterraum. Ist $Y \neq \emptyset$, so gilt

$$T(Y) = \bigcap_{i \in I} T(Y_i) \quad .$$

Beweis. Für $Y = \emptyset$ ist nichts zu beweisen. Andernfalls gilt für einen festen Punkt $p_0 \in Y$

$$T(Y) = \left\{ \overrightarrow{p_0 q} \in T(X) : q \in \bigcap_{i \in I} Y_i \right\} = \bigcap_{i \in I} \{ \overrightarrow{p_0 q} \in T(X) : q \in Y_i \} = \bigcap_{i \in I} T(Y_i) \ .$$

Daraus folgen beide Behauptungen.

Im Gegensatz zum Durchschnitt ist für affine Unterräume $Y_i \subset X$ die Vereinigung

$$\bigcup_{i \in I} Y_i \subset X$$

fast nie ein affiner Unterraum. Man nennt den Durchschnitt aller affinen Unterräume Y von X mit

$$\bigcup_{i \in I} Y_i \subset Y$$

den *Verbindungsraum* der Unterräume Y_i und bezeichnet ihn mit

$$\bigvee_{i \in I} Y_i \ .$$

Ist die Familie endlich, so schreibt man dafür auch

$$Y_1 \vee Y_2 \vee \ldots \vee Y_n \quad .$$

Übungsaufgabe. Für zwei verschiedene Punkte $p, q \in X$ gilt für die Verbindungsgerade

$$p \vee q = \{ (\lambda \overrightarrow{pq}) (p) : \lambda \in K \} \quad .$$

1.1.7. Der Verbindungsraum von zwei verschiedenen Punkten ist die Verbindungsgerade.
Allgemeiner besteht eine Beziehung zwischen dem Verbindungsraum und der Menge der Punkte, die auf Verbindungsgeraden liegen.

Hierzu müssen wir Körper mit allzu ungeometrischen Eigenschaften ausschließen. Ist K ein Körper mit Einselement 1 und $n \in \mathbb{N}$, so definieren wir

$$n \cdot 1 := \underbrace{1 + \ldots + 1}_{n\text{-mal}} \quad .$$

Dann ist die *Charakteristik* von K definiert durch

$$\text{char}(K) := \begin{cases} 0 & \text{falls } n \cdot 1 \neq 0 \text{ für alle } n > 0 \\ \min \{n: n > 0 \text{ und } n \cdot 1 = 0\} & \text{sonst.} \end{cases}$$

Übungsaufgabe 1. Ist die Charakteristik von Null verschieden, so ist sie eine Primzahl.

Der Körper mit zwei Elementen (L.A. 1.3.4 Beispiel c) hat die Charakteristik 2. Wie man in der Algebra lernt, enthält jeder Körper der Charakteristik 2 den Körper mit zwei Elementen; der ganze Körper kann aber unendlich sein (vgl. etwa [21]).

Satz. Sei X ein affiner Raum über einem Körper K mit $\text{char}(K) \neq 2$. Dann sind für eine Teilmenge $Y \subset X$ folgende Bedingungen äquivalent:

i) Y ist affiner Teilraum von X.

ii) Zu je zwei verschiedenen Punkten $p, q \in Y$ ist $p \vee q \subset Y$.

Beweis. i) ⇒ ii) folgt aus der Übungsaufgabe in 1.1.6. Diese Implikation gilt auch im Fall char (K) = 2.

ii) ⇒ i). Wir wählen einen festen Punkt p ∈ Y und definieren

$$T(Y) := \{\overrightarrow{px} \in T(X): x \in Y\} \subset T(X) \quad .$$

Es ist zu zeigen, daß dies ein Untervektorraum ist. Seien also $\overrightarrow{px}, \overrightarrow{py} \in T(Y)$, d. h. x, y ∈ Y. Dann ist

$$z := \left(\frac{1}{2}\,\overrightarrow{xy}\right)(x) \in Y$$

der *Mittelwert* zwischen x und y. Weiter definieren wir (Bild 1.10)

$$z' := (2\,\overrightarrow{pz})\,(p) \in Y \ .$$

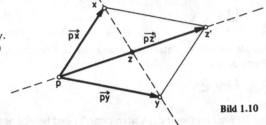

Bild 1.10

Dann ist

$$\overrightarrow{pz'} = 2\,\overrightarrow{pz} = \overrightarrow{pz} + \overrightarrow{pz} = \overrightarrow{px} + \overrightarrow{xz} + \overrightarrow{py} + \overrightarrow{yz} = \overrightarrow{px} + \overrightarrow{py} \quad . \tag{*}$$

Bei der letzten Gleichung haben wir $\overrightarrow{xz} + \overrightarrow{yz} = 0$ benutzt. Aus (*) folgt $\overrightarrow{px} + \overrightarrow{py} \in T(Y)$ wegen z' ∈ Y.

Ist $\overrightarrow{px} \in T(Y)$ und λ ∈ K, so ist

$$\lambda \cdot \overrightarrow{px} = \overrightarrow{px'}, \qquad \text{für} \quad x' := (\lambda\overrightarrow{px})\,(p) \in Y \ .$$

also $\lambda\,\overrightarrow{px} \in T(Y)$ und i) ist bewiesen.

Beispiel. Ist K = {0, 1} der Körper mit zwei Elementen, so besteht in einem affinem Raum X über K jede Gerade aus zwei Punkten. Jede Teilmenge Y ⊂ X erfüllt daher Bedingung ii) aus obigem Lemma. Aber etwa die Teilmenge

$$Y = \{(0, 0), (1, 0), (0, 1)\} \subset K^2$$

ist kein affiner Unterraum (warum?).

Übungsaufgabe 2. Man zeige, daß obiger Satz für jeden Körper K mit mindestens drei Elementen gilt.

Anleitung. In K gibt es ein λ ≠ 1 mit $\mu := \frac{\lambda}{\lambda-1} \neq 0$. Man betrachte nun Bild 1.11.

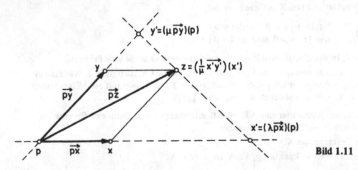

Bild 1.11

1.1.8. Wie wir in 1.1.6 gesehen hatten, ist der Translationsvektorraum des Durchschnittes affiner Unterräume gleich dem Durchschnitt der jeweiligen Translationsvektorräume. Um die entsprechende Frage für den Verbindungsraum zu klären, ist eine Fallunterscheidung nötig.

Lemma. Sei X ein affiner Raum mit nicht leeren affinen Unterräumen $Y_1, Y_2 \subset X$.

a) Ist $Y_1 \cap Y_2 \neq \emptyset$, so ist

$$T(Y_1 \vee Y_2) = T(Y_1) + T(Y_2)$$

b) Ist $Y_1 \cap Y_2 = \emptyset$, so bezeichne Y die Verbindungsgerade von zwei festen Punkten $p_1 \in Y_1$ und $p_2 \in Y_2$ (Bild 1.12). Dann ist

$$T(Y_1 \vee Y_2) = (T(Y_1) + T(Y_2)) \oplus T(Y) \quad .$$

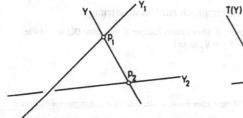

Bild 1.12

Beweis. a) Sei $p \in Y_1 \cap Y_2$ fest gewählt. Dann ist

$$T(Y_i) = \{\overrightarrow{pq}: q \in Y_i\} \quad \text{für } i = 1, 2 \quad .$$

Da

$$T(Y_1) \cup T(Y_2) = \{\overrightarrow{pq}: q \in Y_1 \cup Y_2\} \subset T(Y_1 \vee Y_2) \quad ,$$

folgt aus der Definition der Summe von Untervektorräumen

$$T(Y_1) + T(Y_2) \subset T(Y_1 \vee Y_2) \quad .$$

Zum Nachweis der umgekehrten Inklusion betrachten wir den affinen Unterraum

$$Y := \{t(p): t \in T(Y_1) + T(Y_2)\} \subset X \quad .$$

Aus $Y_1 \subset Y$ und $Y_2 \subset Y$ folgt $Y_1 \vee Y_2 \subset Y$, also

$$T(Y_1 \vee Y_2) \subset T(Y) = T(Y_1) + T(Y_2) \quad .$$

Man kann diese Argumente so zusammenfassen: Den affinen Unterräumen von X, die p enthalten, entsprechen eineindeutig die Untervektorräume von T(X). Da Verbindung und Summe die jeweils kleinsten in Frage kommenden sind, folgt die Behauptung.

b) Aus $Y \subset Y_1 \vee Y_2$ folgt $Y_1 \vee Y_2 = Y_1 \vee Y \vee Y_2$. Wenden wir zweimal die in a) bewiesene Formel an, so folgt

$$T(Y_1 \vee Y_2) = T(Y_1) + T(Y \vee Y_2) = (T(Y_1) + T(Y_2)) + T(Y) \quad .$$

Es bleibt zu zeigen, daß die zweite Summe direkt ist (siehe L.A. 1.6.2). $T(Y)$ wird erzeugt von $\overrightarrow{p_1 p_2}$, also genügt es,

$$\overrightarrow{p_1 p_2} \notin T(Y_1) + T(Y_2)$$

nachzuweisen. Wäre dies der Fall, so gäbe es eine Darstellung

$$\overrightarrow{p_1 p_2} = \overrightarrow{p_1 q_1} + \overrightarrow{q_2 p_2}$$

mit $q_1 \in Y_1$, $q_2 \in Y_2$. Aus

$$\overrightarrow{q_1 q_2} = \overrightarrow{q_1 p_1} + \overrightarrow{p_1 p_2} + \overrightarrow{p_2 q_2} = 0$$

folgt $q_1 = q_2$, also $Y_1 \cap Y_2 \neq \emptyset$ im Widerspruch zur Voraussetzung.

1.1.9. Satz. Gegeben seien ein affiner Raum X über einem Körper K mit char$(K) \neq 2$, sowie affine Unterräume $Y_1, Y_2 \subset X$. Ist $Y_1 \cap Y_2 \neq \emptyset$, so gilt

$$Y_1 \vee Y_2 = \bigcup_{\substack{p_1 \in Y_1 \\ p_2 \in Y_2}} p_1 \vee p_2 \quad ,$$

d. h. der Verbindungsraum ist gleich der Menge aller Punkte, die auf Verbindungsgeraden liegen.

Beweis. Wir bezeichnen mit Y die rechts vom Gleichheitszeichen stehende Vereinigung der Verbindungsgeraden. Da ein affiner Unterraum alle Verbindungsgeraden enthält, gilt $Y \subset Y_1 \vee Y_2$.

Zum Beweis der umgekehrten Inklusion wählen wir einen festen Punkt $p \in Y_1 \cap Y_2$. Ist $q \in Y_1 \vee Y_2$, so gibt es nach 1.1.8 Punkte $p_1 \in Y_1$ und $p_2 \in Y_2$ mit

$$\overrightarrow{pq} = \overrightarrow{pp_1} + \overrightarrow{pp_2} \quad .$$

Es genügt, den Fall zu behandeln, daß p, p_1, p_2 paarweise verschieden sind. Wir definieren

$$p_1' := (2\,\overrightarrow{pp_1})\,(p) \in Y_1 \quad \text{und} \quad p_2' := (2\,\overrightarrow{pp_2})\,(p) \in Y_2 \quad .$$

Dann ist (siehe Bild 1.13)

$$\overrightarrow{p_1' q} = \overrightarrow{p_1' p} + \overrightarrow{pq} = 2\,\overrightarrow{p_1 p} + \overrightarrow{pq} = 2\,\overrightarrow{p_1 p} + \overrightarrow{pp_1} + \overrightarrow{pp_2} = \overrightarrow{p_1 p_2}$$

und analog

$$\overrightarrow{p_2' q} = \overrightarrow{p_2 p_b}$$

somit

$$\overrightarrow{p_1' q} = -\,\overrightarrow{p_2' q} \quad .$$

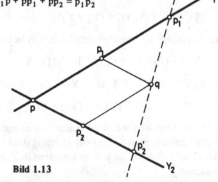

Bild 1.13

Also ist $q \in p_1' \vee p_2'$.

Übungsaufgabe 1. Man beweise obigen Satz unter der Voraussetzung, daß K mindestens drei Elemente enthält (vgl. Übungsaufgabe 2 in 1.1.7).

Selbstverständlich wird der Satz falsch, wenn man die Voraussetzung $Y_1 \cap Y_2 \neq \emptyset$ wegläßt (Bild 1.14).

Übungsaufgabe 2. Sei

$$Y_1 := \mathbb{R} \cdot (1, 0, 1) \subset \mathbb{R}^3, \quad Y_2 := (0, 1, 0) + \mathbb{R} \cdot (0, 1, 1) \subset \mathbb{R}^3 .$$

Man bestimme die Menge all der $x \in \mathbb{R}^3$, so daß $x \notin p_1 \vee p_2$, wobei $p_1 \in Y_1$ und $p_2 \in Y_2$ beliebig sind.

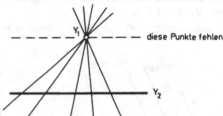

Bild 1.14

1.1.10. Nachdem wir etwas die geometrische Bedeutung des Verbindungsraumes erläutert haben, beweisen wir eine wichtige Beziehung zwischen den Dimensionen von Verbindung und Durchschnitt. Im Gegensatz zur entsprechenden Dimensionsformel der linearen Algebra (L.A. 1.6.1) ist dabei eine Fallunterscheidung nötig.

Dimensionsformel. Seien Y_1 und Y_2 nicht leere affine Unterräume eines affinen Raumes X. Dann gilt:

a) Ist $Y_1 \cap Y_2 \neq \emptyset$, so ist

$$\dim(Y_1 \vee Y_2) = \dim Y_1 + \dim Y_2 - \dim(Y_1 \cap Y_2)$$

b) Ist $Y_1 \cap Y_2 = \emptyset$, so ist

$$\dim(Y_1 \vee Y_2) = \dim Y_1 + \dim Y_2 - \dim(T(Y_1) \cap T(Y_2)) + 1 .$$

Beweis. Wir verwenden Lemma 1.1.8 und die Dimensionsformel für Untervektorräume (L.A. 1.6.2).

a) $\dim(Y_1 \vee Y_2) = \dim T(Y_1 \vee Y_2) = \dim(T(Y_1) + T(Y_2)) =$
$\quad\quad = \dim T(Y_1) + \dim T(Y_2) - \dim(T(Y_1) \cap T(Y_2)) =$
$\quad\quad = \dim Y_1 + \dim Y_2 - \dim(Y_1 \cap Y_2) \quad .$

b) Seien $p_1 \in Y_1, p_2 \in Y_2$ und $Y := p_1 \vee p_2$ die Verbindungsgerade. Dann ist wegen 1.1.8 und $\dim Y = \dim T(Y) = 1$

$\dim(Y_1 \vee Y_2) = \dim T(Y_1 \vee Y_2) = \dim((T(Y_1) + T(Y_2)) \oplus T(Y)) =$
$\quad\quad = \dim(T(Y_1) + T(Y_2)) + 1 =$
$\quad\quad = \dim T(Y_1) + \dim T(Y_2) - \dim(T(Y_1) \cap T(Y_2)) + 1 =$
$\quad\quad = \dim Y_1 + \dim Y_2 - \dim(T(Y_1) \cap T(Y_2)) + 1 \quad .$

Beispiel. Sind $Y_1, Y_2 \subset IR^3$ windschiefe Geraden, so ist

$$\dim(Y_1 \vee Y_2) = 1 + 1 + 0 + 1 = 3 \quad ,$$

also $Y_1 \vee Y_2 = IR^3$. Es sei dem Leser zur Übung empfohlen, diese Beziehung direkt (d. h. ohne Benutzung der Dimensionsformel) nachzuweisen.

1.1.11. Einer der Ausgangspunkte für die Entwicklung der affinen Geometrie war die Untersuchung von *Parallelprojektionen* in der darstellenden Geometrie. Besonders wichtige Fälle davon sind die Projektion π des 3-dimensionalen Raumes auf eine darin enthaltene Ebene Y_1 oder die Projektion π' zweier Ebenen Y_0 und Y_1 aufeinander (Bild 1.15).

Wir wollen zeigen, daß man auf diese Weise stets affine Abbildungen erhält.

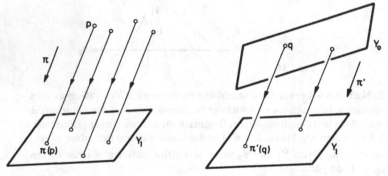

Bild 1.15

Es ist bei Parallelprojektionen wesentlich, daß die Projektionsstrahlen die Bildebene in genau einem Punkt schneiden.

In Vektorräumen kann man solche Abbildungen ganz allgemein wie folgt erhalten:

Sei V ein K-Vektorraum mit einer direkten Summenzerlegung

$$V = W \oplus W_1$$

(L.A. 1.6.2). Dann gestattet jedes $v \in V$ eine eindeutige Darstellung $v = w + w_1$ mit $w \in W, w_1 \in W_1$ und wir erhalten eine Abbildung

$$P_W : V \to W_1, \quad v = w + w_1 \mapsto w_1 \quad ,$$

die offensichtlich die folgenden Eigenschaften hat:

a) P_W ist linear,

b) $\operatorname{Ker} P_W = W$,

c) $P_W | W_1 = \operatorname{id}_{W_1}$.

P_W heißt *Projektion längs* W. Man kann sie nun auf einen weiteren direkten Summanden W_0 von W beschränken.

Lemma. Sei V ein K-Vektorraum mit direkten Summenzerlegungen

$$V = W \oplus W_0 = W \oplus W_1 \quad .$$

Dann ist die Beschränkung der Projektion längs W

$$P_W|W_0 : W_0 \to W_1 \,, \quad w_0 = w + w_1 \mapsto w_1 \,,$$

ein Isomorphismus (Bild 1.16).

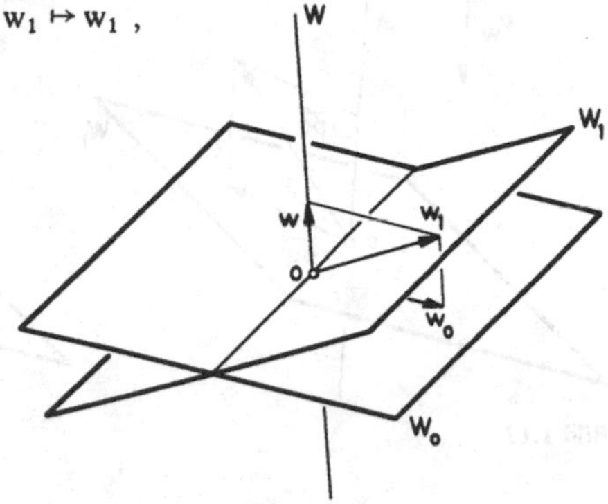

Bild 1.16

Beweis. Zu $w_1 \in W_1$ gibt es eindeutig bestimmte Vektoren $w \in W$ und $w_0 \in W_0$ mit

$$w_1 = w + w_0 \quad \text{und} \quad w_0 = w_1 - w \mapsto w_1 \,.$$

Also hat w_1 genau ein Urbild, nämlich w_0, und die Abbildung ist bijektiv.

1.1.12. Nach diesen algebraischen Vorbereitungen betrachten wir einen affinen Raum X. Zwei affine Unterräume $Y, Y' \subset X$ heißen *parallel*, wenn

$$T(Y) \subset T(Y') \quad \text{oder} \quad T(Y') \subset T(Y) \quad .$$

Sei nun $Y_1 \subset X$ ein fester affiner Unterraum und sei

$$T(X) = W \oplus T(Y_1) \quad ,$$

d.h. W ein direkter Summand von $T(Y_1)$. Zu jedem Punkt $p \in X$ definiert W eine Bahn

$$W(p) := \{x \in X : \overrightarrow{px} \in W\} \quad ,$$

und all diese Bahnen sind parallel, denn W ist ihr gemeinsamer Translationsvektor-raum (Bild 1.17).

Wir zeigen nun, daß zu jedem $p \in X$ der Durchschnitt $W(p) \cap Y_1$ aus genau einem Punkt besteht. Dazu berechnen wir $\dim(W(p) \cap Y_1)$ nach der Dimensionsformel 1.1.10. Sei $n := \dim X$. Aus $W(p) \cap Y_1 = \emptyset$ würde folgen

$$n \geqslant \dim(W(p) \vee Y_1) = n - 0 + 1 = n + 1 \quad .$$

Also ist

$$n = \dim(W(p) \vee Y_1) = n - \dim(W(p) \cap Y_1) \quad \text{und}$$
$$\dim(W(p) \cap Y_1) = 0 \quad .$$

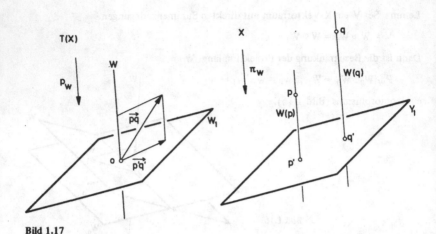

Bild 1.17

Damit erhalten wir eine Abbildung

$$\pi_W: X \to Y_1, \quad p \mapsto W(p) \cap Y_1 \quad ,$$

die wir die *Parallelprojektion längs* W nennen.

Es ist nun leicht zu sehen, daß π_W affin und surjektiv ist (Bild 1.17). Für $p, q \in X$ sei $p' = \pi_W(p)$ und $q' = \pi_W(q)$. Dann ist

$$\overrightarrow{pq} = \overrightarrow{pp'} + \overrightarrow{p'q'} + \overrightarrow{q'q} = (\overrightarrow{pp'} + \overrightarrow{q'q}) + \overrightarrow{p'q'} \in T(X) = W \oplus T(Y_1) \quad ,$$

also

$$P_W(\overrightarrow{pq}) = \overrightarrow{p'q'}, \quad \text{d.h. } P_W = T(\pi_W) \quad .$$

Dabei ist P_W die Projektion aus 1.1.11. Da sie surjektiv ist, ist auch π_W surjektiv. Ist nun $Y_0 \subset X$ ein weiterer affiner Unterraum mit

$$T(X) = W \oplus T(Y_0) \quad ,$$

so bezeichne

$$\pi'_W: Y_0 \to Y_1$$

die Beschränkung von π_W. Nach der Übungsaufgabe aus 1.1.5 ist

$$T(\pi'_W) = P_W | T(Y_0) \quad ,$$

und nach 1.1.11 ist das ein Isomorphismus. Insgesamt haben wir also bewiesen:

Satz. Gegeben sei ein affiner Raum X mit affinen Unterräumen $Y_0, Y_1 \subset X$ sowie einem Untervektorraum $W \subset T(X)$ mit

$$T(X) = W \oplus T(Y_0) = W \oplus T(Y_1) \quad .$$

Dann ist die Parallelprojektion längs W

$$\pi_W: X \to Y_1, \quad p \mapsto W(p) \cap Y_1$$

eine surjektive affine Abbildung, und ihre Beschränkung auf Y_0 ist eine Affinität.

Übungsaufgabe 1. Sind $Y, Y' \subset X$ parallel und ist $Y \cap Y' \neq \emptyset$, so ist $Y \subset Y'$ oder $Y' \subset Y$.

Übungsaufgabe 2. Ist f: $X \to Y$ eine affine Abbildung, und sind $X_1, X_2 \subset X$ parallele affine Unterräume, so sind $f(X_1), f(X_2) \subset Y$ parallel. Kurz ausgedrückt: *Die Parallelität ist eine affine Invariante.*

1.2. Affine Koordinaten

Ist in einem K-Vektorraum V eine Basis $v_1, \ldots, v_n$ gegeben, so definiert diese ein Koordinatensystem

$$K^n \to V, \quad (x_1, \ldots, x_n) \mapsto x_1 v_1 + \ldots + x_n v_n$$

und man kann die Vektoren aus V durch ihre Koordinatenvektoren im K^n ersetzen (siehe L.A. 2.4.2). Dies ermöglicht die Anwendung des Matrizenkalküls auf Fragen der linearen Algebra. Ganz analog kann man in der affinen Geometrie vorgehen. Dazu sind wieder einige Begriffe erforderlich.

1.2.1. *Definition.* Seien Punkte $p_0, p_1, \ldots, p_n$ eines affinen Raumes X gegeben. Das $(n + 1)$-tupel

$$(p_0, p_1, \ldots, p_n)$$

heißt *affin unabhängig* (bzw. *affine Basis*), wenn das n-tupel

$$(\overrightarrow{p_0 p_1}, \overrightarrow{p_0 p_2}, \ldots, \overrightarrow{p_0 p_n})$$

in T(X) linear unabhängig (bzw. eine Basis) ist (Bild 1.18).

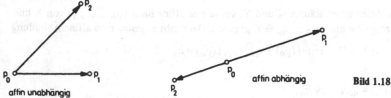

Bild 1.18

Standardbeispiel. Im affinen Raum $A_n(K)$ ist $(0, e_1, \ldots, e_n)$ eine affine Basis (dabei bezeichnen $e_1, \ldots, e_n$ die kanonischen Basisvektoren des K^n).

Bemerkung 1. Die Definition der affinen Unabhängigkeit hängt nicht von der Reihenfolge der Punkte ab. Genauer gesagt: Ist $(p_0, \ldots, p_n)$ affin unabhängig, so ist für jede Permutation σ von $\{0, \ldots, n\}$ auch $(p_{\sigma(0)}, \ldots, p_{\sigma(n)})$ affin unabhängig.

Beweis. Da die lineare Unabhängigkeit nicht von der Reihenfolge der Vektoren abhängt, genügt es zu zeigen, daß für jedes $i \in \{0, \ldots, n\}$ die Vektoren

$$\overrightarrow{p_i p_0}, \overrightarrow{p_i p_1}, \ldots, \overrightarrow{p_i p_{i-1}}, \overrightarrow{p_i p_{i+1}}, \ldots, \overrightarrow{p_i p_n}$$

linear unabhängig sind. Seien also $\lambda_0, \ldots, \lambda_{i-1}, \lambda_{i+1}, \ldots, \lambda_n \in K$ gegeben mit

$$\lambda_0 \overrightarrow{p_i p_0} + \ldots + \lambda_{i-1} \overrightarrow{p_i p_{i-1}} + \lambda_{i+1} \overrightarrow{p_i p_{i+1}} + \ldots + \lambda_n \overrightarrow{p_i p_n} = 0 \quad .$$

Wegen $\overrightarrow{p_i p_j} = \overrightarrow{p_i p_0} + \overrightarrow{p_0 p_j}$ folgt

$$\lambda_1 \overrightarrow{p_0 p_1} + \ldots + \lambda_{i-1} \overrightarrow{p_0 p_{i-1}} - (\lambda_0 + \ldots + \lambda_{i-1} + \lambda_{i+1} + \ldots + \lambda_n) \overrightarrow{p_0 p_i}$$
$$+ \lambda_{i+1} \overrightarrow{p_0 p_{i+1}} + \ldots + \lambda_n \overrightarrow{p_0 p_n} = 0 \quad .$$

Daraus folgt

$$\lambda_1 = \ldots = \lambda_{i-1} = \lambda_{i+1} = \ldots = \lambda_n = 0 \quad \text{und} \quad \lambda_0 = 0 \quad .$$

Bemerkung 2. Für ein affin unabhängiges $(n+1)$-tupel $(p_0, \ldots, p_n)$ aus X sind folgende Bedingungen gleichwertig:

i) $(p_0, \ldots, p_n)$ ist eine affine Basis
ii) $n = \dim X$
iii) $X = p_0 \vee p_1 \vee \ldots \vee p_n$.

Den einfachen *Beweis* überlassen wir dem Leser.

Bemerkung 3. Ist X ein affiner Raum, $p_0 \in X$ und $(t_1, \ldots, t_n)$ eine Basis von $T(X)$, so ist offensichtlich

$$(p_0, t_1(p_0), \ldots, t_n(p_0))$$

eine affine Basis von X. Damit ist gezeigt, daß es in jedem affinen Raum (endlicher Dimension) sehr viele affine Basen gibt.

1.2.2. Es ist die wichtigste Eigenschaft affiner Basen, daß man darauf einer affinen Abbildung die Bilder willkürlich vorschreiben kann.

Satz. Seien affine Räume X und Y, sowie eine affine Basis $(p_0, \ldots, p_n)$ von X und beliebige Punkte $q_0, \ldots, q_n \in Y$ gegeben. Dann gibt es genau eine affine Abbildung

$$f: X \to Y \quad \text{mit} \quad f(p_0) = q_0, \ldots, f(p_n) = q_n \quad .$$

Weiter gilt:

a) $f(X) = q_0 \vee \ldots \vee q_n$.
b) f injektiv $\iff (q_0, \ldots, q_n)$ affin unabhängig.
c) f Affinität $\iff (q_0, \ldots, q_n)$ affine Basis.

Beweis. Wir benutzen den entsprechenden Satz für Vektorräume (L.A. 2.4.1). Danach gibt es genau eine lineare Abbildung

$$F: T(X) \to T(Y) \quad \text{mit} \quad F(\overrightarrow{p_0 p_i}) = \overrightarrow{q_0 q_i} \quad \text{für } i = 1, \ldots, n \quad ,$$

also nach Bemerkung 2 aus 1.1.2 genau eine affine Abbildung

$$f: X \to Y \quad \text{mit} \quad T(f) = F \quad \text{und} \quad f(p_0) = q_0 \quad .$$

Unter Verwendung von Bemerkung 3 aus 1.1.2 erhält man sofort die Aussagen a), b), c).

1.2.3. Hat man in einem affinen Raum X über K eine affine Basis $(p_0, p_1, \ldots, p_n)$ ausgewählt, so gibt es nach 1.2.2 genau eine Affinität

$$\varphi: K^n \to X \quad \text{mit} \quad \varphi(0) = p_0, \varphi(e_1) = p_1, \ldots, \varphi(e_n) = p_n \quad .$$

Dabei ist $(0, e_1, \ldots, e_n)$ die kanonische affine Basis des kanonischen affinen Raumes $\mathbb{A}_n(K)$ mit der zugrundeliegenden Menge K^n (vgl. 1.0.5).

Ganz allgemein nennen wir eine Affinität

$$\varphi: K^n \to X$$

ein *affines Koordinatensystem* in X. Setzen wir

$$p_0 := \varphi(0), \quad p_1 = \varphi(e_1), \ldots, p_n = \varphi(e_n) \quad ,$$

so ist $(p_0, p_1, \ldots, p_n)$ eine affine Basis von X und für jeden Punkt $p \in X$ heißt

$$\varphi^{-1}(p) =: (x_1, \ldots, x_n) \in K^n$$

der *Koordinatenvektor* von p bezüglich der affinen Basis $(p_0, p_1, \ldots, p_n)$. Die Skalare $x_1, \ldots, x_n$ heißen die *Koordinaten* von p bezüglich $(p_0, \ldots, p_n)$ (Bild 1.19).

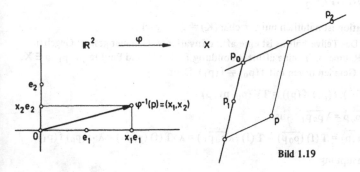

Bild 1.19

1.2.4. Ein wichtiger Grundbegriff der affinen Geometrie ist das Teilverhältnis. Sei X ein affiner Raum über K, $Y \subset X$ eine Gerade und $p_0, p_1, p \in Y$ mit $p_0 \neq p_1$. Dann ist

$$T(Y) = K \cdot \overrightarrow{p_0 p_1} \subset T(X) \quad .$$

Es gibt also ein eindeutig bestimmtes $\lambda \in K$ mit

$$\overrightarrow{p_0 p} = \lambda \overrightarrow{p_0 p_1}$$

und wir definieren das *Teilverhältnis von* p_0, p_1, p als

$$\mathrm{TV}(p_0, p_1, p) := \lambda \quad .$$

Diese Definition kann man noch etwas anders ansehen. (p_0, p_1) ist eine affine Basis von Y. Also gibt es auf Y ein Koordinatensystem

$$\varphi: K \to Y \quad \text{mit } \varphi(0) = p_0 \quad \text{und } \varphi(1) = p_1 \quad .$$

Dann ist (siehe Bild 1.20)

$$\mathrm{TV}(p_0, p_1, p) = \varphi^{-1}(p) \quad ,$$

d.h. gleich der Koordinate von p bezüglich (p_0, p_1).

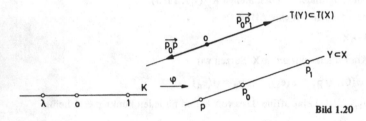

Bild 1.20

Insbesondere heißt p *Mittelpunkt* von p_0, p_1, wenn

$$\mathrm{TV}(p_0, p_1, p) = \frac{1}{2} \quad .$$

(Diese Definition ist natürlich nur für $\mathrm{char}(K) \neq 2$ möglich.)

Bemerkung. Das Teilverhältnis ist eine affine Invariante. Genauer gesagt: Gegeben seien affine Räume X, Y, eine affine Abbildung f: X → Y und Punkte $p_0, p_1, p \in X$, die auf einer Geraden liegen mit $f(p_0) \neq f(p_1)$. Dann ist

$$\mathrm{TV}(f(p_0), f(p_1), f(p)) = \mathrm{TV}(p_0, p_1, p) \quad .$$

Beweis. Sei $\overrightarrow{p_0 p} = \lambda \, \overrightarrow{p_0 p_1}$. Aus

$$\overrightarrow{f(p_0) f(p)} = \mathrm{T}(f)(\overrightarrow{p_0 p}) = \mathrm{T}(f)(\lambda \, \overrightarrow{p_0 p_1}) = \lambda \cdot \mathrm{T}(f)(\overrightarrow{p_0 p_1}) = \lambda \cdot \overrightarrow{f(p_0) f(p_1)}$$

folgt die Behauptung.

Übungsaufgabe. Seien

$$p_0 = (x_1^{(0)}, \ldots, x_n^{(0)}), \quad p_1 = (x_1^{(1)}, \ldots, x_n^{(1)}), \quad p = (x_1, \ldots, x_n) \in K^n$$

auf einer Geraden gelegen und sei $p_0 \neq p_1$. Dann ist $x_i^{(0)} \neq x_i^{(1)}$ für mindestens ein $i \in \{1, \ldots, n\}$ und es gilt

$$\mathrm{TV}(p_0, p_1, p) = \frac{x_i - x_i^{(0)}}{x_i^{(1)} - x_i^{(0)}} \quad .$$

1.2.5. Wir wollen an sehr einfachen Beispielen erläutern, wie man mit Hilfe von affinen Koordinaten Aussagen der elementaren ebenen Geometrie schnell einsehen kann.

1. Die Diagonalen eines Parallelogramms schneiden sich in den Mittelpunkten.

In der Ebene $X = A_2$ (IR) seien p_0, p_1, p_2, p_3 die Ecken des Parallelogramms, wobei $\overrightarrow{p_0 p_1} = \overrightarrow{p_2 p_3}$. Ist das Parallelogramm nicht ausgeartet, so sind $\overrightarrow{p_0 p_1}$ und $\overrightarrow{p_0 p_2}$ linear unabhängig, also ist (p_0, p_1, p_2) eine affine Basis von X und wir haben ein Koordinatensystem

$$\varphi: IR^2 \to X \quad \text{mit} \quad \varphi(0) = p_0, \quad \varphi(e_1) = p_1, \quad \varphi(e_2) = p_2 \quad .$$

Wegen der Invarianz des Teilverhältnisses genügt es, die Aussage für das Quadrat mit den Ecken $(0, 0), (1, 0), (0, 1), (1, 1)$ zu beweisen, und dafür ist sie offensichtlich (Bild 1.21).

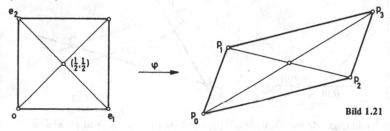

Bild 1.21

2. Die Seitenhalbierenden eines Dreiecks schneiden sich in einem Punkt und teilen sich im Verhältnis 2:1.

Sind p_0, p_1, p_2 die Ecken eines nicht ausgearteten Dreiecks, so ist (p_0, p_1, p_2) eine affine Basis der Ebene $X = A_2$ (IR) und mit Hilfe des Koordinatensystems

$$\varphi: IR^2 \to X, \quad \varphi(1, 0) = p_0, \quad \varphi\left(-\frac{1}{2}, \frac{1}{2}\sqrt{3}\right) = p_1, \quad \varphi\left(-\frac{1}{2}, -\frac{1}{2}\sqrt{3}\right) = p_2$$

genügt es, die Aussage für das entstandene gleichseitige Dreieck zu prüfen (Bild 1.22).

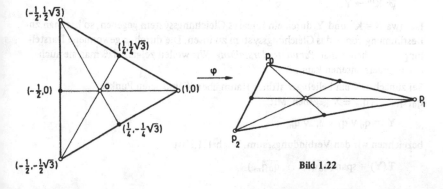

Bild 1.22

In diesem Fall ist sie aber klar, da sich die Seitenhalbierenden im Ursprung schneiden.

3. Der Strahlensatz.

Seien p_0, p_1, p_2 affin unabhängige Punkte eines affinen Raumes X über K und seien $q_1 \in p_0 \vee p_1, q_2 \in p_0 \vee p_2$ von p_0 verschieden. Sind die Geraden $p_1 \vee p_2$ und $q_1 \vee q_2$ parallel, so ist

$$TV(p_0, p_1, q_1) = TV(p_0, p_2, q_2) \quad .$$

Beweis. In der von p_0, p_1, p_2 aufgespannten Ebene $Y \subset X$ gibt es ein affines Ko-ordinatensystem (Bild 1.23)

$$\varphi: K^2 \to Y, \quad \text{mit } \varphi(0,0) = p_0, \quad \varphi(1,0) = p_1, \quad \varphi(0,1) = p_2 \quad .$$

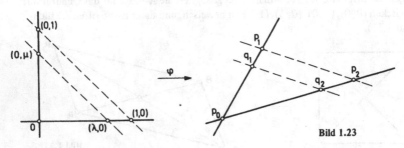

Bild 1.23

Die Verbindungsgerade von $(\lambda, 0) := \varphi^{-1}(q_1)$ und $(0, \mu) := \varphi^{-1}(q_2)$ ist parallel zu $(1, 0) \vee (0, 1)$ (1.1.12, Aufgabe 2). Also ist $\lambda = \mu$ und

$$TV(\varphi^{-1}(p_0), \varphi^{-1}(p_1), \varphi^{-1}(q_1)) = TV(\varphi^{-1}(p_0), \varphi^{-1}(p_2), \varphi^{-1}(q_2)) \quad .$$

Da φ das Teilverhältnis invariant läßt (1.2.4), folgt die Behauptung.

Übungsaufgabe. Man beweise die obigen Aussagen ohne Verwendung neuer Ko-ordinaten durch Rechnen mit Translationsvektoren.

1.2.6. Ist $Y \subset X$ ein affiner Unterraum der Dimension m, so gibt es ein affines Ko-ordinatensystem

$$\varphi: K^m \to Y \quad .$$

Ist etwa $X = K^n$ und Y durch ein lineares Gleichungssystem gegeben, so hat man zur Bestimmung von φ das Gleichungssystem zu lösen. Die durch φ gewonnene Darstellung von Y nennt man *Parameterdarstellung*. Wir wollen zeigen, daß man sie auch etwas anders ansehen kann.

Sei zunächst X ein beliebiger affiner Raum über K und seien Punkte $q_0, q_1, \ldots, q_m \in X$ gegeben. Mit

$$Y := q_0 \vee q_1 \vee \ldots \vee q_m$$

bezeichnen wir den Verbindungsraum. Nach 1.1.8 ist

$$T(Y) = \text{span}(\overrightarrow{q_0 q_1}, \ldots, \overrightarrow{q_0 q_m}) \quad .$$

Also liegt ein Punkt $q \in X$ genau dann in Y, wenn es $\lambda_1, \ldots, \lambda_m \in K$ gibt mit

$$\overrightarrow{q_0 q} = \lambda_1 \overrightarrow{q_0 q_1} + \ldots + \lambda_m \overrightarrow{q_0 q_m} \quad . \tag{*}$$

Dabei sind $\lambda_1, \ldots, \lambda_m$ genau dann durch p eindeutig bestimmt, wenn $q_0, \ldots, q_m$ affin unabhängig sind.

Wir wählen nun ein beliebiges Koordinatensystem

$$\varphi: K^n \to X \quad .$$

Ist dann $p_i := \varphi^{-1}(q_i)$ für $i = 0, \ldots, n$ und $p := \varphi^{-1}(q)$, so folgt aus (*)

$$\overrightarrow{p_0 p} = \lambda_1 \overrightarrow{p_0 p_1} + \ldots + \lambda_m \overrightarrow{p_0 p_m} \quad , \tag{**}$$

denn $T(\varphi): K^n \to T(X)$ ist ein Isomorphismus. Die Gleichung (**) im K^n kann man auch schreiben als

$$p - p_0 = \lambda_1 (p_1 - p_0) + \ldots + \lambda_m (p_m - p_0), \quad \text{oder}$$
$$p = \lambda_0 p_0 + \lambda_1 p_1 + \ldots + \lambda_m p_m \quad \text{mit } \lambda_0 := 1 - (\lambda_1 + \ldots + \lambda_m) \quad .$$

Nennen wir ganz allgemein für $p_0, \ldots, p_m \in K^n$ eine Linearkombination

$$\lambda_0 p_0 + \lambda_1 p_1 + \ldots + \lambda_m p_m$$

affin (oder *Affinkombination*), wenn $\lambda_0 + \ldots + \lambda_m = 1$, so können wir folgendes Ergebnis notieren:

Satz. Für beliebige Punkte $p_0, \ldots, p_m \in K^n$ ist der Verbindungsraum $p_0 \vee \ldots \vee p_m$ gleich der Menge der Affinkombinationen von $p_0, \ldots, p_m$, also

$$p_0 \vee \ldots \vee p_m = \left\{ \sum_{i=0}^m \lambda_i p_i \in K^n : \lambda_0, \ldots, \lambda_m \in K, \sum_{i=0}^m \lambda_i = 1 \right\} \quad .$$

Die Skalare $\lambda_0, \ldots, \lambda_m$ sind dabei genau dann eindeutig bestimmt, wenn $p_0, \ldots, p_m$ affin unabhängig sind.

Vorsicht! Die Menge der *Linear*kombinationen ist gleich dem von $p_0, \ldots, p_m$ aufgespannten Unter*vektor*raum des K^n. Dieser ist im allgemeinen größer als der affine Verbindungsraum.

Im Spezialfall $m = 1$ erhält man für $p_0 \neq p_1$ die Darstellung der Verbindungsgeraden als

$$p_0 \vee p_1 = \{ \lambda p_0 + (1 - \lambda) p_1 \in K^n : \lambda \in K \}$$

(siehe Bild 1.24).

Übungsaufgabe 1. Man stelle den affinen Unterraum

$$Y := \{ (x_1, x_2, x_3) \in \mathbb{R}^3 : 2 x_1 + x_2 - 3 x_3 = 1 \} \subset \mathbb{R}^3$$

als Menge von Affinkombinationen dar.

Übungsaufgabe 2. Man bestimme für jeden der Punkte

$$(2, 5, -1), (-2, 5, 2), (-5, 2, 5) \in \mathbb{R}^3$$

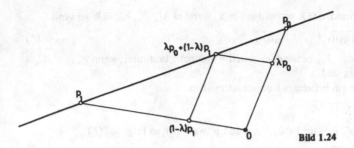

Bild 1.24

eine Affinkombination bezüglich

$$p_0 = (1, 0, 1), \quad p_1 = (0, 3, 1), \quad p_2 = (2, 1, 0) \quad .$$

1.2.7. Gegeben seien affine Unterräume $X, Y \subset K^n$ in Parameterdarstellung. Wir behandeln nun die Aufgabe, eine *Parameterdarstellung für den Durchschnitt* $X \cap Y$ zu berechnen. Seien also

$$X = v + V, \quad Y = w + W \quad ,$$

mit Punkten $v, w \in K^n$ und Untervektorräumen $V, W \subset K^n$. In der linearen Algebra (L.A. 6.1.7) haben wir gesehen, wie man durch Lösen von linearen Gleichungssystemen X und Y durch Gleichungssysteme darstellen kann; dazu berechnet man Matrizen

$$A \in M(r \times n; K), \quad B \in M(s \times n; K)$$

und Spaltenvektoren $a \in K^r, b \in K^s$, so daß

$$X = \{x \in K^n : Ax = a\}, \quad Y = \{x \in K^n : Bx = b\} \quad .$$

Dann ist $X \cap Y$ Lösungsmenge von beiden Gleichungssystemen zusammen, d.h.

$$X \cap Y = \left\{ x \in K^n : \begin{pmatrix} A \\ B \end{pmatrix} x = \begin{pmatrix} a \\ b \end{pmatrix} \right\} \quad .$$

Durch Lösung dieses Gleichungssystems erhält man die gesuchte Parameterdarstellung. Man hat also insgesamt drei lineare Gleichungssysteme zu lösen.

Beispiel. Seien

$$X = (2, 0, 0) + \mathbb{R} \cdot (2, -1, 1) + \mathbb{R} \cdot (2, -1, -1) \subset \mathbb{R}^3$$
$$Y = (-1, 0, 0) + \mathbb{R} \cdot (1, 3, 0) + \mathbb{R} \cdot (0, 3, 1) \subset \mathbb{R}^3 \quad .$$

In diesem Fall kann man die Gleichungen von X und Y besonders einfach mit Hilfe des Vektorprodukts erhalten (L.A. 5.2.1):

$$(2, -1, 1) \times (2, -1, -1) = (2, 4, 0) \quad \text{und}$$
$$(1, 3, 0) \times (0, 3, 1) = (3, -1, 3) \quad ,$$

also

$$X = \{(x_1, x_2, x_3) \in \mathbb{R}^3 : x_1 + 2x_2 = 2\} \quad \text{und}$$
$$Y = \{(x_1, x_2, x_3) \in \mathbb{R}^3 : 3x_1 - x_2 + 3x_3 = -3\} \quad .$$

Durch Lösung dieser beiden Gleichungen erhält man

$$X \cap Y = \left(0, 1, -\frac{2}{3}\right) + \mathbb{R} \cdot (6, -3, -7) \quad .$$

Übungsaufgabe. Man löse die folgende (zu obiger Aufgabe duale) Aufgabe: Gegeben seien zwei affine Unterräume $X, Y \subset K^n$ durch lineare Gleichungssysteme. Man bestimme ein lineares Gleichungssystem für den Verbindungsraum $X \vee Y$.

In dem Beispiel

$$X = \{(x_1, x_2, x_3) \in \mathbb{R}^3 : x_1 + 2x_2 = 2, 3x_1 - x_2 + 3x_3 = -3\}$$
$$Y = \{(x_1, x_2, x_3) \in \mathbb{R}^3 : x_1 + 2x_2 + x_3 = 2, x_1 + 2x_2 - x_3 = 2\}$$

führe man das Verfahren durch.

1.2.8. Mit Hilfe von affinen Koordinaten kann man *affine Abbildungen durch Matrizen beschreiben.* Sind affine Räume X, Y über K, sowie eine affine Abbildung $f: X \to Y$ gegeben, so wähle man affine Koordinatensysteme $\varphi: K^n \to X$ und $\psi: K^m \to Y$. Dann ist die Abbildung $g := \psi^{-1} \circ f \circ \varphi$ wieder affin und das Diagramm

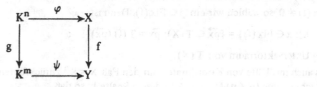

ist kommutativ.

Zu g gibt es eine $(m \times n)$-Matrix A, so daß mit dem Spaltenvektor $b := g(0)$

$$g(x) = b + Ax \quad \text{für alle} \quad x \in K^n \quad ,$$

wobei x als Spaltenvektor geschrieben ist (siehe 1.1.0).

Wir wollen noch zeigen, wie man A und b berechnen kann, wenn eine affine Abbildung

$$g: K^n \to K^m, \quad x \mapsto b + Ax \quad ,$$

durch eine affine Basis $(p_0, \ldots, p_n)$ von K^n und die Bilder $q_0 = g(p_0), \ldots, q_n = g(p_n)$ gegeben ist (vgl. 1.2.2).

Dazu bilden wir die Matrizen

B mit $\overrightarrow{q_0 q_1}, \overrightarrow{q_0 q_2}, \ldots, \overrightarrow{q_0 q_n}$ als Spaltenvektoren und

S mit $\overrightarrow{p_0 p_1}, \overrightarrow{p_0 p_2}, \ldots, \overrightarrow{p_0 p_n}$ als Spaltenvektoren.

Wie wir in der linearen Algebra gesehen haben (L.A. 2.6.9), gilt dann für

$$A := B \cdot S^{-1}, \quad \text{daß} \quad g(x) = q_0 + A(x - p_0)$$

für alle $x \in K^n$. Also folgt

$$g(x) = b + Ax \quad \text{mit} \quad b := q_0 - Ap_0 \quad .$$

Beispiel. Für

$$p_0 = (0, 1, 0), \quad p_1 = (0, 2, 1), \quad p_2 = (1, 3, 1), \quad p_3 = (-4, 0, 2) \in \mathbb{R}^3$$

und $\quad q_0 = (1, 1), \quad q_1 = (-1, 2), \quad q_2 = (1, -1), \quad q_3 = (-1, -1) \in \mathbb{R}^2$

ist

$$A = \begin{pmatrix} -8 & 10 & -12 \\ 13 & -16 & 17 \end{pmatrix} \quad \text{und} \quad b = \begin{pmatrix} -9 \\ 17 \end{pmatrix}.$$

Der Leser möge die erforderlichen Rechnungen zur Übung durchführen und für einige $x \in \mathbb{R}^3$ die Bildpunkte $g(x) \in \mathbb{R}^2$ bestimmen.

1.2.9. Ist X ein affiner Raum und f: X → X eine affine Abbildung, so heißt

$$\text{Fix}(f) := \{x \in X: f(x) = x\}$$

die Menge der *Fixpunkte* von f.

Bemerkung. Fix $(f) \subset X$ ist ein affiner Unterraum.

Beweis. Ist Fix $(f) \neq \emptyset$, so wählen wir ein $p \in \text{Fix}(f)$. Dann ist

$$\{\overrightarrow{px} \in T(X): x \in \text{Fix}(f)\} = \{\overrightarrow{px} \in T(X): \overrightarrow{px} = T(f)(\overrightarrow{px})\} \quad ;$$

also ist dies ein Untervektorraum von $T(X)$.

Man kann dies auch mit Hilfe von Koordinaten auf den Fall $X = K^n$ zurückführen. In diesem Fall gibt es eine (n × n)-Matrix A und eine Spalte b, so daß

$$f: K^n \to K^n, \quad x \mapsto b + Ax \quad .$$

Also ist

$$\text{Fix}(f) = \{x \in K^n: (A - E_n) x = -b\} \quad ,$$

und dies ist als Lösungsmenge eines linearen Gleichungssystems ein affiner Unterraum.

Übungsaufgabe 1. Man bestimme Fix $(f) \subset \mathbb{R}^3$ für $f(x) = b + Ax$, wobei

$$b = \begin{pmatrix} -8 \\ -4 \\ 22 \end{pmatrix} \quad \text{und} \quad A = \begin{pmatrix} 10 & 5 & 10 \\ 5 & -14 & 2 \\ 10 & 2 & -11 \end{pmatrix} \quad .$$

Übungsaufgabe 2. Sei f: X → X affin derart, daß 1 kein Eigenwert von T(f): T(X) → T(X) ist. Dann hat f genau einen Fixpunkt.

Anleitung: Man zeige die Aussage zunächst für $X = \mathbb{R}^n$ mit Hilfe von Matrizen.

1.2.10. Eine affine Abbildung $f: X \rightarrow X$ heißt *Dilatation*, wenn es ein $\lambda \in K$ gibt mit

$$T(f) = \lambda \cdot id_{T(X)} \quad .$$

λ heißt der *Faktor* von f. Ist $\lambda = 0$, so ist f konstant, für $\lambda = 1$ erhält man eine Translation (1.1.3).

Bemerkung. Eine Dilatation mit Faktor $\lambda \neq 0, 1$ hat genau einen Fixpunkt.

Beweis. Ist $X = K^n$, so haben wir

$$f(x) = b + \lambda x$$

und

$$x := \frac{1}{1-\lambda} h$$

ist der eindeutig bestimmte Fixpunkt.

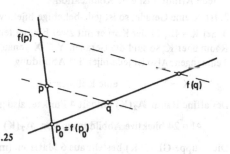

Bild 1.25

Das kann man auch ohne Koordinaten beweisen. Angenommen, $p_0 \in X$ sei ein Fixpunkt von f. Dann gilt für einen beliebigen Punkt $p \in X$

$$\overrightarrow{f(p) \, p_0} = \overrightarrow{f(p) \, f(p_0)} = \lambda \overrightarrow{pp_0}, \quad \text{also}$$

$$\overrightarrow{p \, f(p)} = \overrightarrow{pp_0} + \overrightarrow{p_0 f(p)} = (1-\lambda) \overrightarrow{pp_0}, \quad \text{d.h.}$$

$$\overrightarrow{pp_0} = \frac{1}{1-\lambda} \overrightarrow{p \, f(p)} \quad . \tag{*}$$

Also gibt es höchstens einen Fixpunkt p_0. Geht man von einem beliebigen Punkt $p \in X$ aus und definiert man p_0 durch (*) auf der Geraden durch p und $f(p)$, so ist dies ein Fixpunkt von f (Bild 1.25).

Übungsaufgabe 1. Eine Dilatation mit zwei verschiedenen Fixpunkten ist die Identität.

Übungsaufgabe 2. Sei $f: X \rightarrow X$ eine Affinität. f ist genau dann Dilatation, wenn für jede Gerade $Y \subset X$ die Bildgerade $f(Y)$ parallel zu Y ist.

1.3. Kollineationen

In 1.0.8 hatten wir angedeutet, wie man die algebraische Einführung affiner Räume geometrisch rechtfertigen kann. Die analoge Frage stellt sich für affine Abbildungen, die mit Hilfe linearer Abbildungen erklärt wurden. In diesem Abschnitt beginnen wir den Beweis des sogenannten *Hauptsatzes der affinen Geometrie* (siehe 1.3.4), welcher aussagt, unter welchen Voraussetzungen jede Kollineation eine Affinität ist. Für mindestens zweidimensionale reell-affine Räume sind diese Voraussetzungen erfüllt.

1.3.1. *Definition.* Drei Punkte p_1, p_2, p_3 eines affinen Raumes X heißen *kollinear*, wenn sie auf einer Geraden $Y \subset X$ liegen. Eine bijektive Abbildung $f: X \rightarrow X$ heißt

Kollineation, wenn für jede Gerade $Y \subset X$ auch $f(Y)$ eine Gerade ist. Insbesondere sind also für kollineare Punkte p_1, p_2, p_3 die Bildpunkte $f(p_1), f(p_2), f(p_3)$ kollinear.

Dies ist eine vom geometrischen Standpunkt einleuchtende Bedingung. Man könnte sie noch etwas abschwächen, aber darauf wollen wir nicht eingehen.

Beispiele.

1. Jede Affinität ist eine Kollineation.

2. Ist X eine Gerade, so ist jede beliebige bijektive Abbildung von X eine Kollineation.

3. Sei $K = \{0, 1\}$ der Körper mit zwei Elementen (L.A. 1.3.4). Ist X ein affiner Raum über K, so sind die Geraden $Y \subset X$ genau die aus zwei Punkten bestehenden Teilmengen. Also ist jede bijektive Abbildung

$$f: X \to X \qquad \text{eine Kollineation.}$$

Der affine Raum $\mathbb{A}_2(K)$ enthält 4 Punkte, also gibt es

$$4! = 24 \text{ bijektive Abbildungen von } \mathbb{A}_2(K) \quad .$$

Die Gruppe GL(2; K) besteht aus 6 Matrizen (man gebe sie an!) und für einen festen Punkt $p \in \mathbb{A}_2(K)$ hat eine Affinität die Auswahl unter 4 Bildpunkten. Also gibt es

$$4 \cdot 6 = 24 \text{ Affinitäten von } \mathbb{A}_2(K) \quad ,$$

und somit ist jede bijektive Abbildung affin.

Der affine Raum $\mathbb{A}_3(K)$ enthält 8 Punkte, also gibt es

$$8! = 40\,320 \text{ bijektive Abbildungen von } \mathbb{A}_2(K) \quad .$$

Wie man leicht nachrechnet, besteht GL(3; K) aus $7 \cdot 6 \cdot 4 = 168$ Matrizen, also gibt es

$$8 \cdot 168 = 1344 \text{ Affinitäten von } \mathbb{A}_3(K) \quad ,$$

somit 38 976 Kollineationen, die nicht affin sind.

4. In $\mathbb{A}_2(\mathbb{C})$ betrachten wir die bijektive Abbildung

$$f: \mathbb{C}^2 \to \mathbb{C}^2, \quad (\lambda, \mu) \mapsto (\bar{\lambda}, \bar{\mu}) \quad ,$$

wobei der Querstrich die komplexe Konjugation bedeutet (L.A. 1.3.4). Für eine komplexe Gerade

$$Y = (\lambda_0, \mu_0) + \mathbb{C} \cdot (\lambda, \mu) \subset \mathbb{C}^2 \quad \text{ist } f(Y) = (\bar{\lambda}_0, \bar{\mu}_0) + \mathbb{C} \cdot (\bar{\lambda}, \bar{\mu}) \quad ,$$

also wieder eine Gerade und somit ist f eine Kollineation. Offensichtlich ist f nicht affin.

1.3.2. Wir werden sehen, daß die Beispiele 2 bis 4 aus 1.3.1 charakteristisch sind für die Fälle, in denen der Hauptsatz der affinen Geometrie nicht gilt. Das größte Hindernis sind bijektive Abbildungen des Grundkörpers auf sich, die die Eigenschaften der komplexen Konjugation besitzen (Beispiel 4).

Definition. Sei K ein Körper. Eine bijektive Abbildung

$$\alpha: K \to K$$

heißt *Automorphismus* von K, wenn für alle $\lambda, \mu \in K$ gilt:

A1 $\quad \alpha(\lambda + \mu) = \alpha(\lambda) + \alpha(\mu)$.

A2 $\quad \alpha(\lambda \cdot \mu) = \alpha(\lambda) \cdot \alpha(\mu)$.

Offensichtlich sind diese Bedingungen für die komplexe Konjugation erfüllt.

Zunächst ein erfreuliches Ergebnis:

Satz. Der einzige Automorphismus des Körpers IR der reellen Zahlen ist die Identität.

Beweis. Sei α ein Automorphismus von IR. Aus **A1** folgt

$$\alpha(0) = 0 \quad \text{und} \quad \alpha(-\lambda) = -\alpha(\lambda) \quad \text{für} \quad \lambda \in \text{IR},$$

und aus **A2** folgt

$$\alpha(1) = 1, \quad \text{also} \quad \alpha(n) = n \quad \text{für} \quad n \in \mathbb{Z} .$$

Als nächstes zeigen wir

$$\alpha(\rho) = \rho \quad \text{für} \quad \rho \in \mathbb{Q} . \tag{*}$$

Ist $\rho = p/q$ mit $p, q \in \mathbb{Z}, q \neq 0$, so ist

$$q \cdot \alpha(\rho) = \alpha(q) \cdot \alpha(\rho) = \alpha(q \cdot \rho) = \alpha(p) = p$$

und daraus folgt (*). Sei nun $\lambda \in \text{IR}$ und $\lambda > 0$. Dann gibt es ein $\mu \in \text{IR}$ mit $\lambda = \mu^2$, also ist

$$\alpha(\lambda) = \alpha(\mu)^2 > 0, \quad \text{falls} \quad \lambda > 0 . \tag{**}$$

Sei nun $\lambda \in \text{IR}$ beliebig und $\alpha(\lambda) \neq \lambda$. Ist $\alpha(\lambda) < \lambda$, so gibt es ein $\rho \in \mathbb{Q}$ mit

$$\alpha(\lambda) < \rho < \lambda .$$

Dann ist

$$\alpha(\lambda - \rho) = \alpha(\lambda) - \alpha(\rho) = \alpha(\lambda) - \rho < 0$$

im Widerspruch zu (**), denn $\lambda - \rho > 0$. Analog erledigt man den Fall $\alpha(\lambda) > \lambda$, und damit ist der Satz bewiesen.

Wie man in der Algebra lernt, ist die komplexe Konjugation der einzige nicht-triviale Automorphismus von $\mathbb{C}$, der IR in sich überführt. Läßt man diese Zusatzbedingung fallen, so gibt es überabzählbar viele weitere Automorphismen (etwa einen mit $\alpha(e) = \pi$, aber $\alpha(\text{IR}) \neq \text{IR}$).

1.3.3. Wie wir in Beispiel 4 von 1.3.1 gesehen haben, gibt es in $\mathbb{A}_2(\mathbb{C})$ nicht affine Kollineationen. Um das Beispiel zu verallgemeinern, wieder ein paar neue Begriffe.

Definition. Seien V und W Vektorräume über dem Körper K. Eine Abbildung

$$F: V \to W$$

heißt *semilinear*, wenn es einen Automorphismus α von K gibt, so daß für alle
$v, w \in V$ und $\lambda \in K$ gilt:

SL1 $F(v + w) = F(v) + F(w)$
SL2 $F(\lambda \cdot v) = \alpha(\lambda) \cdot F(v)$.

Übungsaufgabe 1. Eine Abbildung

$$F: K^n \to K^m$$

ist genau dann semilinear, wenn es einen Automorphismus α von K und eine
Matrix $A \in M(m \times n; K)$ gibt, so daß

$$F \begin{pmatrix} x_1 \\ \vdots \\ x_n \end{pmatrix} = A \cdot \begin{pmatrix} \alpha(x_1) \\ \vdots \\ \alpha(x_n) \end{pmatrix}$$

für alle Spaltenvektoren ${}^t(x_1, \ldots, x_n) \in K^n$.

Übungsaufgabe 2. Sei $F: V \to W$ semilinear. Dann ist für jeden Untervektorraum
$V' \subset V$ auch $F(V') \subset W$ ein Untervektorraum. Ist F injektiv, so gilt
$\dim F(V') = \dim V'$.

Definition. Sind X und Y affine Räume über dem Körper K, so heißt eine Abbildung

$$f: X \to Y$$

semiaffin, wenn es eine semilineare Abbildung $F: T(X) \to T(Y)$ gibt, so daß

$$\overrightarrow{f(p) f(q)} = F(\overrightarrow{pq})$$

für alle $p, q \in X$. Wie bei affinen Abbildungen setzt man $T(f) := F$. Eine bijektive
semiaffine Abbildung f heißt *Semiaffinität*. In diesem Fall ist auch $T(f)$ bijektiv.

Übungsaufgabe 3. Eine Abbildung $f: \mathbb{A}_n(K) \to \mathbb{A}_m(K)$ ist genau dann semiaffin,
wenn es eine Spalte $b \in K^m$, eine Matrix $A \in M(m \times n; K)$, und einen Automorphismus α von K gibt, so daß

$$f \begin{pmatrix} x_1 \\ \vdots \\ x_n \end{pmatrix} = b + A \cdot \begin{pmatrix} \alpha(x_1) \\ \vdots \\ \alpha(x_n) \end{pmatrix}$$

für alle Spaltenvektoren ${}^t(x_1, \ldots, x_n) \in K^n$.

Bemerkung. Jede Semiaffinität $f: X \to X$ ist eine Kollineation.

Beweis. Ist $Y \subset X$ eine Gerade, so ist nach Übungsaufgabe 2

$$T(f) T(Y) \subset T(X)$$

ein Untervektorraum der Dimension 1, also ist $f(Y) \subset X$ wieder eine affine Gerade.

1.3.4. Es ist ein zentrales Ergebnis der affinen Geometrie, daß man die Aussage der obigen Bemerkung (abgesehen von trivialen Ausnahmefällen, siehe 1.3.1, Beispiele 2 und 3) umkehren kann. Dieses hat auch Anwendungen in der Relativitätstheorie (zur Begründung der Linearität der Lorentz-Transformationen, siehe [20]) und der geometrischen Optik (zum Nachweis, daß ein ideales optisches System weder vergrößern noch verkleinern kann, siehe [27]).

Hauptsatz der affinen Geometrie. Sei K ein Körper mit mindestens drei Elementen und X ein affiner Raum über K mit $\dim_K X \geqslant 2$. Dann ist jede Kollineation

$$f: X \to X$$

eine Semiaffinität. Im Spezialfall $K = \mathbb{R}$ ist f sogar eine Affinität (Satz 1.3.2).

Wir beweisen hier nur ein wichtiges Lemma, das es später gestatten wird, den Hauptsatz der affinen Geometrie aus dem analogen Hauptsatz der projektiven Geometrie abzuleiten (siehe 3.3.10). Zur Ermutigung des Lesers sei bemerkt, daß im Beweis des letzteren Satzes nur die einfachsten Grundbegriffe der projektiven Geometrie verwendet werden. Eine affine Version dieses Beweises findet man zum Beispiel in [1].

Hauptlemma. Ist K ein Körper mit mindestens drei Elementen, X ein affiner Raum über K und

$$f: X \to X$$

eine Kollineation, so sind für je zwei parallele Geraden $Y_1, Y_2 \subset X$ auch die Bildgeraden $f(Y_1), f(Y_2)$ parallel.

Beweis. Ist X eine Ebene, so ist dies trivial, denn dort sind verschiedene Geraden genau dann parallel, wenn sie sich nicht schneiden. Da f bijektiv ist, haben auch die Bildgeraden keinen Schnittpunkt. Um den allgemeinen Fall darauf zurückzuführen, notieren wir zunächst

Hilfssatz 1. Zwei verschiedene Geraden $Y_1, Y_2 \subset X$ sind genau dann parallel, wenn $Y_1 \cap Y_2 = \emptyset$ und $\dim(Y_1 \vee Y_2) \leqslant 2$ (d.h. die Geraden liegen in einer Ebene).

Dies folgt sofort aus der Dimensionsformel 1.1.10.

Zum Beweis des Hauptlemmas genügt es daher, folgendes zu zeigen.

Hilfssatz 2. Ist $f: X \to X$ eine Kollineation und ist $X_0 \subset X$ eine Ebene, so ist $f(X_0)$ eine Ebene.

Beweis. Seien Y, Y' zwei verschiedene Geraden mit einem Schnittpunkt, so daß

$$X_0 = Y \vee Y' \quad .$$

Da K mindestens drei Elemente enthält, ist X_0 nach 1.1.9 gleich der Menge der Punkte, die auf Verbindungsgeraden zwischen Y und Y' liegen. Da f Kollineation ist, folgt

$$f(X_0) = f(Y) \vee f(Y') \quad ,$$

und daraus ergibt sich die Behauptung.

1.4. Quadriken

1.4.0. Nur sehr elementare geometrische Untersuchungen führen zu affinen Räumen. Das einfachste Beispiel für einen nicht geraden „geometrischen Ort" ist die Menge all der Punkte $(x,y) \in IR^2$, die von einem festen Punkt (x_0, y_0) den Abstand $r \geqslant 0$ haben, also der *Kreis*

$$K = \{(x,y) \in IR^2 : (x - x_0)^2 + (y - y_0)^2 = r^2\}.$$

Etwas allgemeinere Abstandsbedingungen führen zu den *Kegelschnitten*, die schon vor über zweitausend Jahren von *Euklid* und *Appolonius* systematisch untersucht wurden. *Dürer* hat in seiner *Underweysung* [32] die klassische Theorie erläutert und mit schönen Zeichnungen illustriert (Bilder 1.27 und 1.43 bis 1.46). Bis vor einigen Jahren gehörten die Kegelschnitte zu den obligaten Gegenständen des Schulunterrichtes, aber seither sind sie von „moderneren" Dingen verdrängt worden. Um mit dazu beizutragen, daß sie nicht ganz in Vergessenheit geraten, wollen wir hier die systematische Darstellung der analytischen Geometrie für ein paar Seiten unterbrechen und einen Ausflug in die gute alte Zeit unternehmen.

A Ellipsen

Immer dann, wenn man eine Kreisscheibe schräg von der Seite anschaut, sieht man eine Ellipse. Die Schattenkontur am Mond ist ein Beispiel dafür (warum?). Wir behandeln zunächst den einfachsten Spezialfall der Parallelprojektion (vgl. 1.1.11) eines Kreises. Durch geeignete Wahl der Koordinaten können wir dies wie folgt beschreiben. Sei

$$K = \{(\tilde{x}, \tilde{y}) \in IR^2 : \tilde{x}^2 + \tilde{y}^2 = r^2\} \qquad \text{mit } r > 0$$

und

$$f : IR^2 \to IR^2, (\tilde{x}, \tilde{y}) \longmapsto (x,y) = (\tilde{x}, \alpha\tilde{y}) \qquad \text{mit } 0 < \alpha \leqslant 1.$$

Setzen wir $a := r$ und $b := \alpha r$, so ist $0 < b \leqslant a$ und

$$E := f(K) = \left\{(x,y) \in IR^2 : \frac{x^2}{a^2} + \frac{y^2}{b^2} = 1\right\}.$$

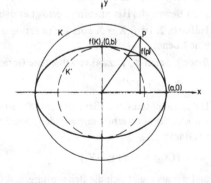

Bild 1.26

Man nennt E *Ellipse*, a und b die *Hauptachsen*. Die Punkte (a, 0) und (−a, 0) sowie (0, b) und (0, −b) heißen *Scheitel*.

Zur punktweisen geometrischen Konstruktion von E benutzt man den Kreis K, sowie den Kreis K′ vom Radius b und den Strahlensatz (Bilder 1.26 und 1.27).

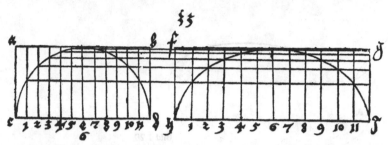

Bild 1.27

Die erste überraschende geometrische Eigenschaft erhalten wir, wenn wir $c := \sqrt{a^2 - b^2}$ berechnen und die *Brennpunkte*

$$F := (c, 0) \quad \text{und} \quad F' = (-c, 0)$$

betrachten. Bezeichnen wir mit d(p, q) den Abstand zwischen den Punkten p und q so gilt (Bild 1.28)

Satz 1.. Für jeden Punkt p der Ellipse gilt

$$d(p, F) + d(p, F') = 2a.$$

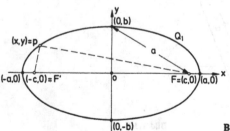

Bild 1.28

Beweis. Die zu beweisende Aussage bedeutet für p = (x, y)

$$\sqrt{(x - c)^2 + y^2} + \sqrt{(x + c)^2 + y^2} = 2a.$$

Indem man durch zweimaliges Quadrieren die Wurzeln beseitigt, ergibt sich daraus die Ellipsengleichung

$$\frac{x^2}{a^2} + \frac{y^2}{b^2} = 1.$$

Übungsaufgabe 1. Man begründe die folgenden Konstruktionsverfahren für eine Ellipse bei gegebenen Hauptachsen a und b.

a) Man konstruiere die Brennpunkte, befestige darin die Enden eines Fadens der Länge 2a und lasse einen Bleistift bei gespanntem Faden gleiten (Bild 1.29).

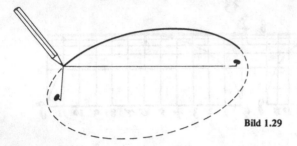

Bild 1.29

b) Man markiert auf einem Lineal die Punkte 0, a und a + b.

Läßt man 0 auf der y-Achse und a + b auf der x-Achse gleiten, so läuft a auf der Ellipse. Ein analoges Verfahren erhält man durch Benutzung der Punkte 0, a − b und a (Bild 1.30).

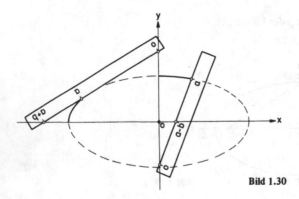

Bild 1.30

Ein nützliches Hilfsmittel beim Zeichnen von Ellipsen sind die *Scheitelkreise* oder *Krümmungskreise* mit den Radien $R = \frac{a^2}{b}$ und $r = \frac{b^2}{a}$, die man mit der Konstruktion von Bild 1.31 finden kann. Außerhalb der Scheitel liegt die Ellipse zwischen den beiden Scheitelkreisen, zum Scheitel hin wird sie durch den entsprechenden Scheitelkreis gut approximiert. Näheres über Krümmungskreise lernt man in der Differentialgeometrie.

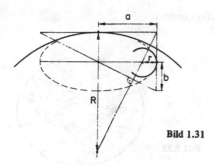

Bild 1.31

Eine weitere wichtige Abstandseigenschaft der Punkte auf der Ellipse erhalten wir im Fall $c > 0$ mit Hilfe der *Leitlinie* (oder *Direktrix*)

$$L = \left\{ (x, y) \in \mathbb{R}^2 : x = \frac{a^2}{c} \right\}$$

und

$$L' = \left\{ (x, y) \in \mathbb{R}^2 : x = -\frac{a^2}{c} \right\} .$$

Als Maß für die Abweichung der Ellipse vom Kreis dient die *Exzentrizität*

$$e := \frac{c}{a} \quad \text{mit} \quad 0 \leqslant e < 1 .$$

Wie man sofort nachrechnet, teilt der Scheitel $S = (a, 0)$ die Strecke vom Brennpunkt F zur Leitlinie L im Verhältnis $e : 1$ (anlalog für S', F', L', Bild 1.32).

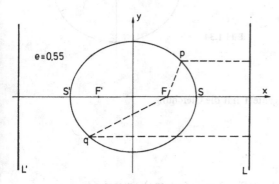

Bild 1.32

Satz 2. Für jeden Punkt p der Ellipse gilt

$$\frac{d(p, F)}{d(p, L)} = e .$$

Beweis. Die zu beweisende Bedingung lautet quadriert

$$\frac{(x-c)^2 + y^2}{\left(\frac{a^2}{c} - x\right)^2} = \frac{c^2}{a^2} \,.$$

Eine triviale Rechnung ergibt daraus

$$\frac{x^2}{a^2} + \frac{y^2}{b^2} = 1 \,.$$

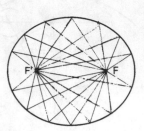

Bild 1.33

Der Name *Brennpunkt* rührt daher, daß jeder von F ausgehende Lichtstrahl an der Ellipse so reflektiert wird, daß er danach durch F' geht (Bild 1.33). Diese *Reflexionseigenschaft* in mehreren Schritten zu beweisen, überlassen wir dem Leser als

Übungsaufgabe 2. Gegeben sei ein beliebiger Punkt $p = (x_0, y_0)$ der Ellipse mit der Gleichung

$$\frac{x^2}{a^2} + \frac{y^2}{b^2} = 1 \,.$$

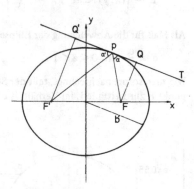

Bild 1.34

Man beweise:

a) Die durch p gehende Tangente T hat die Gleichung

$$\frac{x_0 x}{a^2} + \frac{y_0 y}{b^2} = 1 \,.$$

b) Es ist

$$d(F, T) = \frac{b}{b'}(a - e x_0), \quad d(F', T) = \frac{b}{b'}(a + e x_0), \quad \text{wobei}$$

$$b' = \sqrt{\frac{x_0^2 b^2}{a^2} + \frac{y_0^2 a^2}{b^2}} \,.$$

c) Es ist

$$d(F, p) = a - ex_0, \quad d(F', p) = a + ex_0 .$$

d) Die Dreiecke FQP und F'Q'P sind ähnlich, also ist

$$\alpha = \alpha' \quad \text{(Bild 1.34)}.$$

Zum Schluß dieses Abschnittes über Ellipsen wollen wir noch an einige schon in den Büchern von *Apollonius* enthaltene Aussagen über konjugierte Durchmesser erinnern. Wie bisher sei die Ellipse C = f(K) mit ihren Hauptachsen a und b das Bild des Kreises K vom Radius a unter der Abbildung

$$f : \mathbb{R}^2 \to \mathbb{R}^2 : (\tilde{x}, \tilde{y}) \longmapsto \left(\tilde{x}, \frac{b}{a} \tilde{y}\right) \dashv (x, y) .$$

Zwei Durchmesser D und D' von C heißen *konjugiert*, wenn ihre Urbilder unter f aufeinander senkrecht stehen. Die folgenden Aussagen sind nun elementar zu beweisen (Bezeichnungen wie in Bild 1.35).

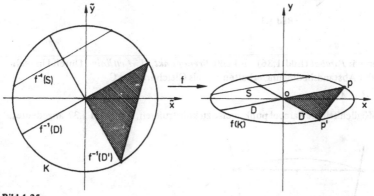

Bild 1.35

Übungsaufgabe 3.

a) Jede zu D parallele Sehne S wird durch D' halbiert.

b) $d(0, p)^2 + d(0, p')^2 = a^2 + b^2$.

c) Das Dreieck opp' hat die Fläche $\frac{1}{2}$ ab.

Bisher haben wir die Koordinaten stets so gelegt, daß die vier Scheitel der Ellipse auf den Achsen lagen. Wählt man allgemeinere Koordinaten, so werden die Ellipsen gleichungen komplizierter. Damit beschäftigen wir uns in allgemeinerem Rahmen in den Abschnitten 1.4.1 bis 1.4.7.

B Parabeln

Die in Satz 2 bewiesene Leitlinieneigenschaft der Ellipse legt es nahe, die Exzentrizität e gegen den Grenzwert 1 gehen zu lassen, Dazu betrachten wir für ein $c > 0$ den Punkt $F = (c, 0)$ und die Gerade L mit der Gleichung $x = -c$. Die Kurve

$$C = \{p \in \mathbb{R}^2 : d(p, F) = d(p, L)\}$$

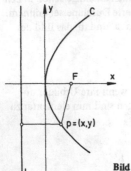

Bild 1.36

nennen wir *Parabel* (Bild 1.36). F heißt *Brennpunkt*, L *Leitlinie*. Durch Umrechnung der Abstandsbedingung erhalten wir als Gleichung von C

$$y^2 = 4cx.$$

Eine Möglichkeit die Parabel punktweise zu konstruieren, ist in Bild 1.37 angedeutet.

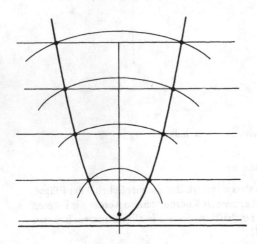

Bild 1.37

Übungsaufgabe 4. Man bestimme die Bahnkurve eines Steines, der unter einem Winkel φ abgeworfen wird und auf den senkrecht nach unten eine Gravitationskraft wirkt (Bild 1.38).

Wie muß man den Winkel φ wählen, damit bei vorgegebener Abwurfgeschwindigkeit der Abstand x_0 maximal wird?

Wie lautet die Gleichung der Bahnkurve, wenn man den Ursprung in den Scheitel s verschiebt?

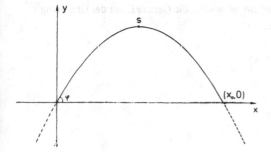

Bild 1.38

Als Grenzfall der Ellipse hat die Parabel folgende *Reflexionseigenschaft*. Alle aus dem Brennpunkt kommenden Strahlen sind nach Reflexion aus der Parabel parallel (siehe auch Bild 1.45).

Der *Beweis* ist wesentlich einfacher als bei der Ellipse (Bild 1.39). Wegen der Leitlinieneigenschaft ist das Dreieck $F p p'$ gleichschenklig. Daher ist die Mittelsenkrechte gleich der Winkelhalbierenden. Es genügt also zu zeigen, daß die Tangente in $p = (x, y)$ durch $q = (\frac{x}{2}, 0)$ geht. Das ist aber klar, denn die Gerade durch p und q hat die Steigung

$$\frac{2y}{x} = \frac{x}{2c} = \frac{dy}{dx}.$$

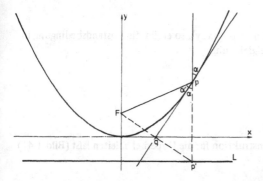

Bild 1.39

C Hyperbeln

Ellipsen hatten eine Exzentrizität e kleiner als 1; läßt man e gegen 1 gehen, entsteht eine Parabel. Die für e > 1 analog entstehende Kurve nennen wir *Hyperbel*.

Wir fixieren zunächst beliebige reelle Zahlen, a, b > 0 (die bei der Ellipse übliche Voraussetzung a > b ist nun überflüssig) und erklären

$$c := \sqrt{a^2 + b^2}, \quad e := \frac{c}{a}.$$

$F = (c, 0)$ und $F' = (-c, 0)$ heißen *Brennpunkte*, die Gerade L mit der Gleichung $x = \frac{a^2}{c}$ heißt *Leitlinie*. Die Kurve

$$H := \left\{ p \in \mathbb{R}^2 : \frac{d(p, F)}{d(p, L)} = e \right\}$$

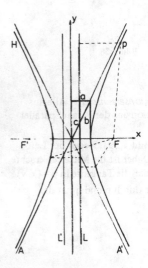

Bild 1.40

heißt *Hyperbel* (Bild 1.40). Setzt man $p = (x, y)$, so ergibt die Abstandsbedingung in der Definition von H die Hyperbelgleichung

$$\frac{x^2}{a^2} - \frac{y^2}{b^2} = 1.$$

Diese ist gleichbedeutend mit

$$|d(p, F) - d(p, F')| = 2a,$$

woraus sich wieder eine Fadenkonstruktion für die Hyperbel ableiten läßt (Bild 1.41)

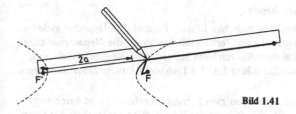

Bild 1.41

Besonders sei auf zwei Eigenschaften der Hyperbel hingewesen, die gegenüber Ellipse und Parabel neu sind. Aus e > 1 folgt, daß es auch links von der Leitlinie L Punkte gibt, die der Abstandsbedingung genügen. Die Hyperbel ist also eine unzusammenhängende Kurve mit zwei „Ästen".

Weiterhin nähert sich die Hyperbel für großes |x| an die Geraden

$$y = \frac{b}{a}x \quad \text{und} \quad y = -\frac{b}{a}x$$

beliebig nahe an. Das sieht man am einfachsten dadurch, daß man die Hyperbelgleichung durch

$$y = \pm \frac{b}{a} \sqrt{x^2 - a^2}$$

explizit macht. Daher nennt man die beiden Geraden A und A' *Asymptoten*.

Übungsaufgabe 5. Man beweise die in Bild 1.42 skizzierte *Reflexionseigenschaft* der Hyperbel.

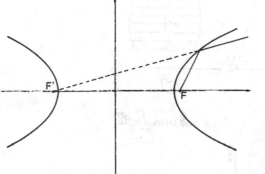

Bild 1.42

D Ebene Schnitte eines Kreiskegels

Wie wir gesehen haben, bestehen zwischen Ellipse, Parabel und Hyperbel viele
Gemeinsamkeiten. Der Schlüssel zum Verständnis hierfür ist die *Menächmus* zuge-
schriebene Entdeckung, daß diese Kurven beim Schnitt eines Kreiskegels mit einer
geeigneten Ebene entstehen. Die Bilder 1.43 bis 1.46 von *Albrecht Dürer* illustrieren
das besonders schön.

Wie wir gesehen haben, hat die Ellipse zwei Symmetrieachsen. Es ist keineswegs
selbstverständlich, daß ein schräger Schnitt des Kegels diese Eigenschaft hat (man
betrachte hierzu Dürers „eyer Lini Elipsis" in Bild 1.43). Obwohl wir später im Rahmen der projektiven Geometrie viel allgemeinere Ergebnisse erhalten werden, soll
doch kurz ausgeführt werden, wie man die klassischen Spezialfälle mit ein klein
wenig Rechnung ganz elementar erhalten kann.

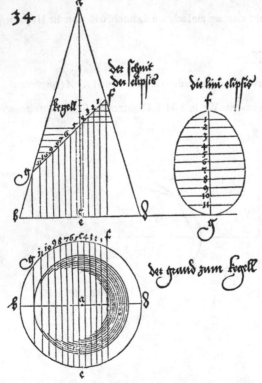

Bild 1.43

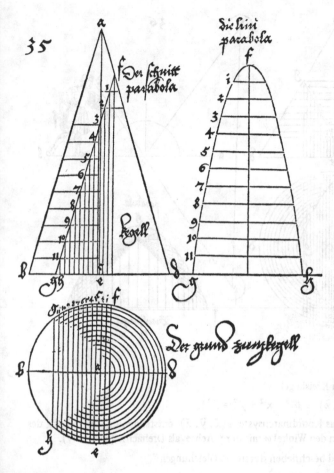

Bild 1.44

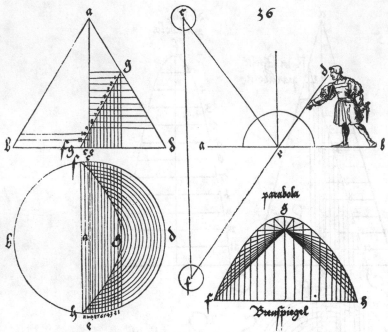

Bild 1.45

Wir betrachten den Kreiskegel

$$C = \{(\tilde{x}, \tilde{y}, \tilde{z}) \in \mathbb{R}^3 : \tilde{x}^2 + \tilde{y}^2 = \tilde{z}^2\}$$

und denken uns das Koordinatensystem $(\tilde{x}, \tilde{y}, \tilde{z})$ entstanden durch Drehung des (x, y, z)-Systems um den Winkel φ mit der y-Achse als Drehachse (Bild 1.47).

Diese Drehung wird beschrieben durch die Gleichungen

$$\tilde{x} = (\cos\varphi)x + (\sin\varphi)z$$
$$\tilde{z} = (-\sin\varphi)x + (\cos\varphi)z$$
$$\tilde{y} = y$$

Setzt man dies in die Kegelgleichung ein, so erhält man

$$(\cos^2\varphi - \sin^2\varphi)x^2 + (4\cos\varphi\sin\varphi)zx + y^2 = (\cos^2\varphi - \sin^2\varphi)z^2 .$$

Dies ist die Gleichung im (x, y, z)-Koordinatensystem des gedrehten Kegels. In der Eber

$$Z = \{(x, y, z) \in \mathbb{R}^3 : z = 1\}$$

hat man Koordinaten (x, y) und $Z \cap C$ ist beschrieben durch die Gleichung

$$(\cos^2\varphi - \sin^2\varphi)x^2 + (4\cos\varphi\sin\varphi)x + y^2 = (\cos^2\varphi - \sin^2\varphi) . \qquad (*)$$

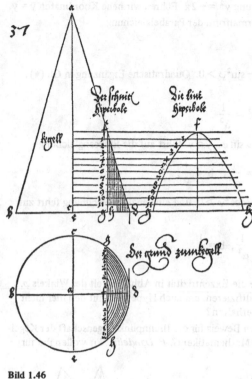

Bild 1.46

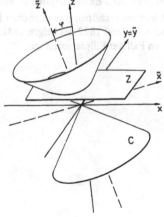

Wir behaupten nun, daß sich in Abhängigkeit
von φ folgende Schnittkurve ergibt
(vgl. auch Bild 3.30):

$0 \leqslant \varphi < \dfrac{\pi}{4}$: Ellipse

$\varphi = \dfrac{\pi}{4}$: Parabel

$\dfrac{\pi}{4} < \varphi \leqslant \dfrac{\pi}{2}$: Hyperbel

Bild 1.47

Aus Symmetriegründen ergibt sich für die anderen Winkel nichts Neues.

Für $\varphi = \frac{\pi}{2}$ erhalten wir die Gleichung $y^2 = -2x$. Führen wir neue Koordinaten $\bar{y} = y$, $\bar{x} = -x$ ein, so ergibt sich die Normalform der Parabelgleichung

$$\bar{y}^2 = 2\bar{x} \quad \left(c = \frac{1}{2}\right).$$

Für $0 \leqslant \varphi < \frac{\pi}{4}$ ist $\alpha^2 := \cos^2\varphi - \sin^2\varphi > 0$. Quadratische Ergänzung in Gl. (*) ergibt

$$\alpha^2 \left(x + \frac{2}{\alpha^2} \cos\varphi \sin\varphi\right)^2 + y^2 = \frac{1}{\alpha^2}.$$

Die Translation $\bar{x} = x + \frac{2}{\alpha^2} \cos\varphi \sin\varphi$, $\bar{y} = y$ führt auf die Ellipsengleichung

$$\frac{\bar{x}^2}{a^2} + \frac{\bar{y}^2}{b^2} = 1 \quad \text{mit} \quad a = \frac{1}{\alpha^2}, \quad b = \frac{1}{\alpha}.$$

Für $\frac{\pi}{4} < \varphi \leqslant \frac{\pi}{2}$ ist $\alpha^2 := \sin^2\varphi - \cos^2\varphi > 0$ und eine analoge Rechnung führt zur Hyperbelgleichung

$$\frac{\bar{x}^2}{a^2} - \frac{\bar{y}^2}{b^2} = 1 \quad \text{mit} \quad a = \frac{1}{\alpha^2}, \quad b = \frac{1}{\alpha}.$$

Übungsaufgabe 6. Man berechne die Exzentrizität in Abhängigkeit des Winkels φ. Wie kann man das Verfahren modifizieren, um auch Hyperbeln mit den hier nicht auftretenden Exzentrizitäten zu erhalten?

Einen sehr schönen geometrischen Beweis für die Brennpunktseigenschaft der Kegelschnitte fand 1822 der belgische Mathematiker *G. P. Dandelin*. Wir wollen ihn für den Fall der Ellipse vorführen.

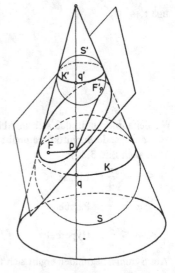

Bild 1.48

Man lege zwei Kugeln S und S′ in den Kegel, die jeweils die Schnittebene in einem Punkt F bzw. F′ und den Kegel in einem Kreis K bzw. K′ berühren (Bild 1.48). Für einen beliebigen Punkt p der Schnittkurve gilt dann

$$d(p, q) = d(p, F) \quad \text{und} \quad d(p, q′) = d(p, F′),$$

denn die Abstände von einem Punkt p außerhalb einer Kugel zu den Berührpunkten der durch p gehenden Tangenten sind gleich. Also ist

$$d(p, F) + d(p, F′) = d(q, q′)$$

und somit unabhängig von p. S und S′ heißen *Dandelinsche Kugeln*.

E Brennpunktsgleichungen

Gestützt auf die astronomischen Messungen von *Tycho de Brahe* entdeckte *Johannes Kepler*, daß sich die Planeten um die Sonne nicht auf Kreisbahnen sondern auf elliptischen Bahnen mit der Sonne im Brennpunkt bewegen. Wir wollen zeigen, wie sich die Lösungen eines solchen „Zweikörperproblems" durch explizite Formeln beschreiben lassen.

Dazu ist es vorteilhaft, als Parameter für die Beschreibung der Kegelschnitte nicht die Längen a und b der Hauptachsen sondern die Exzentrizität e und den Abstand s zwischen Brennpunkt und Leitlinie zu verwenden. Bei Ellipse und Hyperbel hatten wir

$$e = \frac{c}{a} \quad \text{und} \quad s = \frac{b^2}{c}.$$

Für die Ellipse ist $c^2 = a^2 - b^2$ und $0 < e < 1$, also folgt

$$a = \frac{e\,s}{1 - e^2}, \quad b = \frac{e\,s}{\sqrt{1 - e^2}};$$

bei der Hyperbel ist $c^2 = a^2 + b^2$ und $e > 1$, also

$$a = \frac{e\,s}{e^2 - 1}, \quad b = \frac{e\,s}{\sqrt{e^2 - 1}}.$$

Ist der Ursprung Brennpunkt und die Gerade $x = -s$ Leitlinie, so ergibt die Abstandsbedingung

$$\frac{d(p, F)}{d(p, L)} = e$$

für den Punkt $p = (x, y)$ die Gleichung

$$x^2(1 - e^2) - 2e^2 s x + y^2 = e^2 s^2.$$

Dies nennt man die *Brennpunktsgleichung*.

Der Wert von e bestimmt den Typ des Kegelschnitts (Bild 1.49)

$$0 < e < 1: \text{ Ellipse}$$
$$e = 1: \text{ Parabel}$$
$$e > 1: \text{ Hyperbel}$$

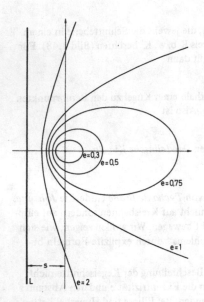

Bild 1.49

Für den Kreis ist e = 0 und s = ∞. Daher erhalten wir für endliches s nur Kreise vom Radius Null.

Noch einfacher wird die Brennpunktsgleichung in Polarkoordinaten $r = \sqrt{x^2 + y^2}$, $\varphi = \arctan \frac{y}{x}$. Für $x \geqslant -s$ lautet die Brennpunktsgleichung

$$r = e(x + s),$$

also wegen $x = r \cdot \cos \varphi$

$$r = \frac{es}{1 - e \cos \varphi}.$$

Setzt man schließlich $\rho := \frac{1}{r}$, so ergibt sich

$$\rho = \frac{1}{es} - \frac{\cos \varphi}{s}$$

und Differentiation ergibt

$$\frac{d^2 \rho}{d\varphi^2} + \rho = \frac{1}{es} \ . \tag{*}$$

Physikalische Überlegungen zeigen, daß man die Differentialgleichung des Zweikörperproblems bei einer zu $\frac{1}{r^2}$ proportionalen Anziehungskraft auf die Form (*) bringen kann (siehe etwa *Berkeley*, Physik Kurs 1, § 9, Vieweg 1973). Damit ist gezeigt, daß unsere Kegelschnitte als Bahnkurven auftreten. Bild 1.50 zeigt einige solcher Kurven, deren Tangente in p senkrecht zur Geraden pq ist. Welche Bahnkurve entsteht, hängt von der Geschwindigkeit im Punkt p ab.

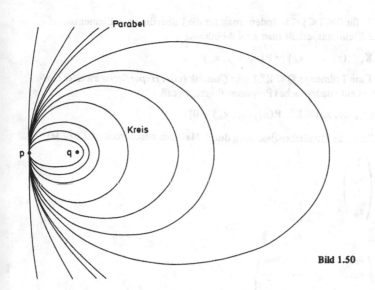

Parabel

Kreis

p

q

Bild 1.50

Im Gegensatz zum eben beschriebenen Zweikörperproblem ist es beim „Mehrkörperproblem" bisher nicht gelungen, die Lösungen explizit anzugeben. Man hilft sich mit Approximationsverfahren.

Wie wir gesehen haben, hängt die Gleichung eines Kegelschnittes von den gewählten Koordinaten ab. Bei einer beliebigen affinen Transformation bleibt sie aber stets von der Form

$$\alpha_1 x^2 + \alpha_2 y^2 + \alpha_3 xy + \alpha_4 x + \alpha_5 y + \alpha_6 = 0 \, ,$$

wobei $\alpha_1, \ldots, \alpha_6 \in \mathbb{R}$.

Wir wollen nun in beliebigen affinen Räumen über allgemeineren Körpern durch derartige Gleichungen beschriebene Punktmengen untersuchen. Dabei wird sich ergeben, daß in der Ebene Ellipse, Parabel und Hyperbel die einzigen nichtentarteten Beispiele sind. Einen tieferen Einblick in die Klassifikation erhält man erst vom Standpunkt der projektiven Geometrie (siehe 3.5).

1.4.1. Im folgenden bezeichne K stets einen Körper mit (siehe 1.1.7)

char $K \neq 2$.

Unter einem quadratischen Polynom über K in den Unbestimmten $t_1, \ldots, t_n$ verstehen wir einen Ausdruck der Gestalt

$$P(t_1, \ldots, t_n) = \sum_{1 \leqslant i \leqslant j \leqslant n} \alpha_{ij} t_i t_j + \sum_{1 \leqslant i \leqslant n} \alpha_{0i} t_i + \alpha_{00} \, ,$$

wobei $\alpha_{ij} \in K$ für $0 \leqslant i \leqslant j \leqslant n$. Indem man für die Unbestimmten Elemente $x_1, \ldots, x_n \in K$ einsetzt, erhält man eine Abbildung

$$K^n \to K, \quad (x_1, \ldots, x_n) \mapsto P(x_1, \ldots, x_n) \quad .$$

Definition. Eine Teilmenge $Q \subset K^n$ heißt *Quadrik* (oder *Hyperfläche zweiter Ordnung*), wenn es ein quadratisches Polynom P gibt, so daß

$$Q = \{(x_1, \ldots, x_n) \in K^n : P(x_1, \ldots, x_n) = 0\} \quad .$$

Es ist vorteilhaft, die Quadrikengleichung durch Matrizen auszudrücken. Dazu sei

$$x' := \begin{pmatrix} 1 \\ x_1 \\ \cdot \\ \cdot \\ \cdot \\ x_n \end{pmatrix}$$

und

$$A' := \begin{pmatrix} a_{00} & a_{01} & \cdots & a_{0n} \\ a_{10} & \cdot & \cdots & \cdot \\ \cdot & \cdot & & \cdot \\ \cdot & \cdot & & \cdot \\ a_{n0} & \cdot & \cdots & a_{nn} \end{pmatrix}$$

mit $a_{ii} := \alpha_{ii}$ und $a_{ij} := a_{ji} := \frac{1}{2} \alpha_{ij}$ für $i < j$, wobei α_{ij} die Koeffizienten des Polynoms P sind. Dann ist A' symmetrisch, und es ist

$$P(x_1, \ldots, x_n) = {}^t x' \cdot A' \cdot x' \quad ,$$

also

$$Q = \{x = {}^t(x_1, \ldots, x_n) \in K^n : {}^t x' \cdot A' \cdot x' = 0\} \quad .$$

Ist

$$A = \begin{pmatrix} a_{11} & \cdots & a_{1n} \\ \cdot & & \cdot \\ \cdot & & \cdot \\ a_{n1} & & a_{nn} \end{pmatrix} \quad ,$$

so nennt man A' die *erweiterte Matrix* A und x' den *erweiterten Spaltenvektor* x. Diese merkwürdige Schreibweise dient zunächst nur zur Vereinfachung der Notationen. Ihr Hintergrund wird erst in der projektiven Geometrie klar.

Wir überlegen nun, wie sich die Gleichung einer Quadrik beim Übergang zu neuen Koordinaten verändert.

Beispiel. Wir gehen aus von der Parabel

$$Q = \{(x_1, x_2) \in \mathbb{R}^2 : x_1^2 + 2 x_2 = 0\}$$

und führen neue Koordinaten ein durch

$$y_1 = 2x_1 + 3x_2 + 1 \quad ,$$
$$y_2 = 5x_1 + x_2 \quad .$$

Dann wird (wie man leicht ausrechnet)

$$x_1 = -\frac{1}{13} (y_1 - 3y_2 - 1) \quad ,$$

$$x_2 = -\frac{1}{13} (-5y_1 + 2y_2 + 5) \quad .$$

Setzt man das in die Gleichung der Parabel ein, so erhält man nach Multiplikation mit 169 die neue Gleichung

$$y_1^2 + 9y_2^2 - 6y_1y_2 + 128y_1 - 46y_2 - 129 = 0 \quad ,$$

die wieder quadratisch ist, also wieder eine Quadrik beschreibt.

Allgemein gilt:

Bemerkung. Ist $Q \subset K^n$ eine Quadrik und f: $K^n \to K^n$ eine Affinität, so ist auch $f(Q) \subset K^n$ eine Quadrik.

Beweis. Zu f gehört ein Spaltenvektor $b \in K^n$ und eine Matrix $S \in GL(n; K)$, so daß (1.1.0)

$$y := f(x) = b + Sx \quad \text{für alle } x \in K^n \quad .$$

Auch diese Beziehung kann man mit Hilfe erweiterter Matrizen einfacher schreiben. Ist

$$b = \begin{pmatrix} b_1 \\ \vdots \\ b_n \end{pmatrix}, \quad y = \begin{pmatrix} y_1 \\ \vdots \\ y_n \end{pmatrix}, \quad y' = \begin{pmatrix} 1 \\ y_1 \\ \vdots \\ y_n \end{pmatrix} \quad \text{und} \quad S' = \left(\begin{array}{c|ccc} 1 & 0 & \ldots & 0 \\ \hline b_1 & & & \\ \vdots & & S & \\ b_n & & & \end{array} \right),$$

so wird sie zu

$$y' = S'x' \quad .$$

Die Abbildung $f^{-1} : K^n \to K^n$ wird beschrieben durch

$$y \mapsto -S^{-1}b + S^{-1}y \quad .$$

Ist $T := S^{-1}$ und

$$T' = \left(\begin{array}{c|ccc} 1 & 0 \ldots 0 \\ \hline -S^{-1}b & & T & \end{array} \right),$$

so ist $T' \cdot S' = E_{n+1}$ und $x' = T' \cdot y'$. Damit ist die Behauptung klar, denn

$$y = f(x) \in f(Q) \Longleftrightarrow x \in Q \Longleftrightarrow 0 = {}^t x' \cdot A' \cdot x' = {}^t y' ({}^t T' \cdot A' \cdot T') y' \quad ,$$

also
$$f(Q) = \{y \in K^n : {}^ty' \cdot B' \cdot y' = 0\} \quad , \quad \text{wobei } B' = {}^tT' \cdot A' \cdot T' \quad .$$

Der Leser wird dem Formalismus der erweiterten Matrizen vielleicht nicht sofort trauen. Er möge damit das obige Beispiel noch einmal durchrechnen, wobei

$$A' = \begin{pmatrix} 0 & 0 & 1 \\ 0 & 1 & 0 \\ 1 & 0 & 0 \end{pmatrix}, \quad S' = \begin{pmatrix} 1 & 0 & 0 \\ 1 & 2 & 3 \\ 0 & 5 & 1 \end{pmatrix} \quad .$$

Als Ergebnis erhält man

$$169\, B' = \begin{pmatrix} -129 & 64 & 23 \\ 64 & 1 & -3 \\ -23 & -3 & 9 \end{pmatrix} \quad \text{und} \quad -13\, T' = \begin{pmatrix} -13 & 0 & 0 \\ -1 & 1 & -3 \\ 5 & -5 & 2 \end{pmatrix} \quad .$$

Wir sagen, daß eine symmetrische Matrix $A' \in M((n + 1) \times (n + 1); K)$ die Quadrik $Q \subset K^n$ *beschreibt*, wenn

$$Q = \{x \in K^n : {}^tx' \cdot A' \cdot x' = 0\} \quad .$$

Ist A' eine beschreibende Matrix für Q, so auch $\rho \cdot A'$ für jedes $\rho \in K^*$. Es ist eine nicht triviale Frage, wann es noch andere beschreibende Matrizen gibt. In der projektiven Geometrie werden wir das klären (3.5.8, vgl. auch 1.4.6).

1.4.2. In 1.4.1 haben wir gesehen, wie man eine beschreibende Matrix für das Bild einer Quadrik unter einer Affinität finden kann. Wir wollen versuchen, die Affinität so zu wählen, daß die neue Gleichung so einfach wie möglich wird. Zunächst behandeln wir ein

Beispiel. Es sei $Q \subset \mathbb{R}^2$ gegeben durch die Gleichung

$$x_1^2 + 9\,x_2^2 - 6\,x_1 x_2 + 128\,x_1 - 46\,x_2 - 129 = 0 \quad .$$

Es ist

$$x_1^2 + 9\,x_2^2 - 6\,x_1 x_2 = (x_1 - 3\,x_2)^2 \quad ,$$

also wird Q nach der Koordinatentransformation

$$\begin{aligned} z_1 &= x_1 - 3\,x_2, & \text{also} \quad x_1 &= z_1 + 3\,z_2 \quad , \\ z_2 &= x_2, & x_2 &= z_2 \end{aligned} \tag{1}$$

durch die Gleichung

$$z_1^2 + 128\,z_1 + 338\,z_2 - 129 = 0 \tag{1'}$$

beschrieben, in der kein „gemischter" Term $z_1 z_2$ mehr auftritt. Im nächsten Schritt kann man die linearen Terme reduzieren. Man schreibt (1') in der Form (*quadratische Ergänzung*, vgl. hierzu auch L.A. 5.7.6)

$$(z_1 + 64)^2 + 388\,z_2 - 129 - 64^2 = 0.$$

Nach der Transformation

$$w_1 = z_1 + 64, \quad \text{also} \quad z_1 = w_1 - 64 \quad,$$
$$w_2 = z_2, \quad\quad\quad\quad z_2 = w_2 \tag{2}$$

erhält man die Gleichung

$$w_1^2 + 338\, w_2 - 4225 = 0. \tag{2'}$$

Setzt man schließlich

$$y_1 = w_1 \quad\quad\quad\quad \text{also} \quad w_1 = y_1$$
$$2\, y_2 = 338\, w_2 - 4225, \quad\quad w_2 = \frac{1}{169}\, y_2 + 12{,}5, \tag{3}$$

so wird Q beschrieben durch die Gleichung

$$y_1^2 + 2\, y_2 = 0. \tag{3'}$$

Die insgesamt nötige Transformation erhält man durch Komposition von (1), (2) und (3), also

$$y_1 = x_1 - 3\, x_2 + 64 \quad\quad \text{und} \quad x_1 = y_1 + \frac{3}{169}\, y_2 - 26{,}5$$

$$y_2 = 169\, x_2 - 2112{,}5 \quad\quad x_2 = \frac{1}{169}\, y_2 + 12{,}5.$$

Es sei bemerkt, daß man dasselbe Ergebnis z. B. mit der Transformation

$$x_1 = 2\, y_1 + 3\, y_2 + 1$$
$$x_2 = 5\, y_1 + y_2$$

erhält (vgl. Beispiel 1.4.1).

Übungsaufgabe. Man transformiere die Hyperbelgleichung $x_1\, x_2 = 1$ auf $y_1^2 - y_2^2 = 1$.

1.4.3. Wir behandeln nun die in 1.4.2 gestellte Aufgabe, eine Quadrikengleichung durch eine geeignete Koordinatentransformation auf eine besonders einfache Form zu bringen im Spezialfall $K = \mathbb{R}$. Dabei werden lediglich die Überlegungen aus Beispiel 1.4.2 verallgemeinert und in den Matrizenkalkül übersetzt.

Sei also die Quadrik $Q \subset \mathbb{R}^n$ beschrieben durch die symmetrische Matrix

$$A' = \begin{pmatrix} a_{00} & a_{01} \;\ldots\; a_{0n} \\ a_{10} & \\ \vdots & A \\ a_{n0} & \end{pmatrix}.$$

Im ersten Schritt betrachten wir die symmetrische Teilmatrix A. Nach dem Ortho-
gonalisierungssatz der linearen Algebra (L.A. 5.7.1, siehe auch 3.5.5) gibt es eine
Matrix $T_1 \in GL(n; \mathbb{R})$ mit

$$^tT_1 \cdot A \cdot T_1 = \begin{pmatrix} E_k & 0 & 0 \\ 0 & -E_{m-k} & 0 \\ 0 & 0 & 0 \end{pmatrix} \ ,$$

wobei $m = \text{rang } A$ und $k = \text{Index } A$, also $2k - m = \text{Sign } A$. Ist

$$T_1' = \begin{pmatrix} 1 & 0 \ \ldots \ 0 \\ \hline 0 & \\ \vdots & T_1 \\ 0 & \end{pmatrix} \ ,$$

so wird

$$B_1' := {}^tT_1' \cdot A' \cdot T_1' = \begin{pmatrix} c_{00} & c_{01} & \cdots\cdots & c_{0n} \\ \hline c_{10} & \begin{matrix}1 \ \ 0 \\ \ \ \ddots \\ 0 \ \ 1\end{matrix} & 0 & 0 \\ \vdots & 0 & \begin{matrix}-1 \ \ 0 \\ \ \ \ddots \\ 0 \ -1\end{matrix} & 0 \\ c_{n0} & 0 & 0 & 0 \end{pmatrix} \begin{matrix} \\ \left.\vphantom{\begin{matrix}1\\0\end{matrix}}\right\}k \text{ mal} \\ \left.\vphantom{\begin{matrix}1\\0\end{matrix}}\right\}m-k \text{ mal} \\ \ \end{matrix}$$

In den durch T_1' bestimmten neuen Koordinaten kann man also die gegebene Quadrik
durch eine von gemischten Termen freie Gleichung

$$z_1^2 + \ldots + z_k^2 - z_{k+1}^2 - \ldots - z_m^2 + 2(c_{01}z_1 + \ldots + c_{0n}z_n) + c_{00} = 0$$

beschreiben.

Im zweiten Schritt werden durch eine Translation die linearen Terme reduziert.
Setzt man

$$T_2' = \begin{pmatrix} 1 & & & & & 0 \\ -c_{10} & 1 & & & & \\ \vdots & & & & & \\ -c_{k0} & & & 0 & & \\ c_{k+1,0} & & & & & \\ \vdots & & & & & \\ c_{m0} & & 0 & & & \\ 0 & & & & & \\ \vdots & & & & & \\ 0 & & & & & 1 \end{pmatrix}$$

so ist

$$B_2' := {}^tT_2' \cdot B_1' \cdot T_2' = {}^tT_2' \cdot {}^tT_1' \cdot A' \cdot T_1' \cdot T_2' =$$

$$= \begin{pmatrix}
d_{00} & 0 & . & . & . & 0 & c_{0,m+1} & . & . & . & c_{0n} \\
\hline
0 & +1 & & & & 0 & & & & & \\
. & & +1 & & & & & & & & \\
. & & & +1 & & & & & 0 & & \\
. & & & & -1 & & & & & & \\
0 & 0 & & & & -1 & & & & & \\
\hline
c_{m+1,0} & & & & & & 0 & & & & \\
. & & & 0 & & & & . & & & \\
. & & & & & & & & . & & \\
c_{n0} & & & & & & 0 & & & . &
\end{pmatrix}.$$

Das bedeutet, daß Q nach einer Translation beschrieben werden kann durch die Gleichung

$$w_1^2 + \ldots + w_k^2 - w_{k+1}^2 - \ldots - w_m^2 + 2(c_{m+1,0}\, w_{m+1} + \ldots + c_{n0} w_n) + d_{00} = 0$$

Nun sind drei Fälle zu unterscheiden:

(a) $d_{00} = c_{m+1,0} = \ldots = c_{n0} = 0$.

(b) $d_{00} \neq 0$, $c_{m+1,0} = \ldots = c_{n0} = 0$.

(c) $c_{r0} \neq 0$ für mindestens ein $r \in \{m+1, \ldots, n\}$.

Im Fall (a) sind wir schon fertig. Nach einer Affinität wird Q beschrieben durch die Gleichung

$$w_1^2 + \ldots + w_k^2 - w_{k+1}^2 - \ldots - w_m^2 = 0 \quad .$$

Im Fall (b) können wir $d_{00} < 0$ annehmen (andernfalls multipliziere man die Gleichung mit -1 und ordne durch eine weitere Transformation $w_1, \ldots, w_m$ um). Wir setzen

$$(w_1, \ldots, w_n) = \rho \cdot (y_1, \ldots, y_n), \quad \text{wobei } \rho = \sqrt{-d_{00}} \quad .$$

Dividiert man die entstehende Gleichung durch ρ^2, so erhält man

$$y_1^2 + \ldots + y_k^2 - y_{k+1}^2 - \ldots - y_m^2 = 1 \quad .$$

Diese Umformung wird durch

$$T_3' := \begin{pmatrix}
1 & 0 & 0 \\
\hline
0 & \rho \cdot E_m & 0 \\
\hline
0 & 0 & 0
\end{pmatrix}$$

bewirkt, d.h.

$$^t T_3' \cdot B_2' \cdot T_3' = \rho^2 \begin{pmatrix} -1 & 0 & & & & & 0 \\ \hline 0 & +1 & & & & & \\ \cdot & & +1 & & & 0 & \\ \cdot & & & -1 & & & \\ \cdot & & & & -1 & & \\ \cdot & & 0 & & & 0 & \\ 0 & & & & & & 0 \end{pmatrix} =: \rho^2 \cdot B' =$$

$$= {}^t T' \cdot A' \cdot T',$$

wobei $T' = T_1' \cdot T_2' \cdot T_3'$.

Im Fall (c) können wir $r = m + 1$ annehmen (andernfalls ordne man in einer weiteren Transformation $w_{m+1}, \ldots, w_n$ um). Setzen wir

$$y_i = w_i \quad \text{für } i \neq m+1 \quad,$$
$$2 y_{m+1} = 2(c_{m+1,0} w_{m+1} + \ldots + c_{n0} w_n) + d_{00} \quad,$$

so erhalten wir als neue Gleichung für Q

$$y_1^2 + \ldots + y_k^2 - y_{k+1}^2 - \ldots - y_m + 2 y_{m+1} = 0 \quad.$$

Diesen Schritt kann man auch so beschreiben: Durch simultane Zeilen- und Spaltenumformungen von B_2' beseitigt man mit Hilfe von $c_{m+1,0} = c_{0,m+1}$ nacheinander die Komponenten

$$d_{00}, c_{m+2,0} = c_{0,m+2}, \ldots, c_{n0} = c_{0n} \quad.$$

Insgesamt erhält man eine Matrix $T_3 \in GL(n; \mathbb{R})$, so daß

$$^t T_3' \cdot B_2' \cdot T_3' = \begin{pmatrix} 0 & 0 & \cdot & \cdot & \cdot & 0 & 1 & 0 & \ldots & 0 \\ \hline \cdot & +1 & & & & & & & & \\ \cdot & & +1 & & & & & 0 & & \\ \cdot & & & -1 & & & & & & \\ 0 & & & & -1 & & & & & \\ \hline 1 & & & & & & & & & \\ 0 & & & & & & & & & \\ \cdot & & 0 & & & & & 0 & & \\ \cdot & & & & & & & & & \\ 0 & & & & & & & & & \end{pmatrix} =: B' =$$

$$= {}^t T' \cdot A' \cdot T',$$

wobei $T' = T_1' \cdot T_2' \cdot T_3'$.

Damit haben wir folgendes Ergebnis bewiesen:

Satz über die affine Hauptachsentransformation von reellen Quadriken.

Gegeben sei eine Quadrik

$$Q = \{x \in \mathbb{R}^n : {}^t x' \cdot A' \cdot x' = 0\} \quad ,$$

wobei A' eine symmetrische $(n + 1)$-reihige Matrix bezeichnet.
Es sei (vgl. 1.4.1)

$$m := \operatorname{rang} A, \quad m' := \operatorname{rang} A' \quad .$$

Dann gibt es eine Affinität $f \colon \mathbb{R}^n \to \mathbb{R}^n$, so daß $f(Q)$ beschrieben wird durch eine
Gleichung in *Hauptachsenform*, d. h. von der Form

(a) $y_1^2 + \ldots + y_k^2 - y_{k+1}^2 - \ldots - y_m^2 = 0,$ falls $m = m'$,

(b) $y_1^2 + \ldots + y_k^2 - y_{k+1}^2 - \ldots - y_m^2 = 1,$ falls $m + 1 = m'$,

(c) $y_1^2 + \ldots + y_k^2 - y_{k+1}^2 - \ldots - y_m^2 + 2 y_{m+1} = 0,$ falls $m + 2 = m'$.

Ob Q vom *Typ* (a), (b) oder (c) ist, kann man also an den Rängen von A und A'
ablesen. Die geometrischen Eigenschaften der drei verschiedenen Typen werden wir
in 1.4.6 etwas kennenlernen.

Aufgabe 1. Man leite obigen Satz aus dem Satz über die projektive Hauptachsentransformation (3.5.5) her.

Aufgabe 2. Man zeige, daß man für Gleichungen von Quadriken im $\mathbb{C}^n$ folgende
Hauptachsenformen erhält:

(a) $y_1^2 + \ldots + y_m^2 = 0$,

(b) $y_1^2 + \ldots + y_m^2 = 1$,

(c) $y_1^2 + \ldots + y_m^2 + 2 y_{m+1} = 0$.

Dabei ist stets $0 \leqslant m \leqslant n$.

1.4.4. Will man eine vorgegebene Quadrikengleichung auf Hauptachsen transformieren,
so hat man entsprechend 1.4.3 in zwei Etappen vorzugehen:

1) Beseitigung der gemischten Terme.
2) Reduktion der linearen Terme.

Das kann man entweder direkt durch quadratische Ergänzung oder schematisch
durch Matrizenumformungen bewerkstelligen. Dazu schreibt man die Matrizen A'
und E_{n+1} nebeneinander. An A' führt man sowohl Zeilen- als auch die entsprechenden Spaltenumformungen durch, an E_{n+1} nur die Spaltenumformungen. Ist A'
in die Hauptachsenform B' übergeführt, so ist aus E_{n+1} die gesuchte Transformationsmatrix T' entstanden (in 3.5.6 wird das ausführlich erläutert).

Wir behandeln das Beispiel aus 1.4.2 noch einmal nach diesem Schema:

Beispiel 1.

$$\underset{=}{A'} \qquad\qquad \underset{=}{E_3}$$

Multiplikation der linken Matrix von links mit:							Multiplikation der linken und rechten Matrix von rechts mit:
	-129	64	-23	1	0	0	
	64	1	-3	0	1	0	
$Q_3^2(3)$	-23	-3	9	0	0	1	$Q_2^3(3)$
	-129	64	169	1	0	0	
	64	1	0	0	1	3	
$Q_1^2(-64)$	169	0	0	0	0	1	$Q_2^1(-64)$
	-4225	0	169	1	0	0	
	0	1	0	-64	1	3	
$S_3\left(\dfrac{1}{169}\right)$	169	0	0	0	0	1	$S_3\left(\dfrac{1}{169}\right)$
	-4225	0	1	1	0	0	
	0	1	0	-64	1	$\dfrac{3}{169}$	
$Q_1^3\left(\dfrac{4225}{2\cdot}\right)$	1	0	0	0	0	$\dfrac{1}{169}$	$Q_3^1\left(\dfrac{4225}{2}\right)$
	0	0	1	1	0	0	
	0	1	0	$-26{,}5$	1	$\dfrac{3}{169}$	
	1	0	0	$12{,}5$	0	$\dfrac{1}{169}$	

$$\underset{=}{B'} \qquad\qquad\qquad \underset{=}{T'}$$

Die Berechnung von

$$S' = (T')^{-1} = \begin{pmatrix} 1 & 0 & 0 \\ 64 & 1 & -3 \\ -\dfrac{4225}{2} & 0 & 169 \end{pmatrix}$$

kann man mit in das Schema aufnehmen. Allgemein ist

$$T' = C_1 \ldots C_r, \quad \text{also} \quad (T')^{-1} = C_r^{-1} \ldots C_1^{-1} \quad .$$

Dabei sind $C_1, \ldots, C_r$ Elementarmatrizen, also auch $C_1^{-1}, \ldots, C_r^{-1}$ (L.A. 2.7.2). Man erhält somit S', indem man an E_{n+1} nacheinander die Zeilenumformungen vornimmt, die der Multiplikation von links mit $C_1^{-1}, \ldots, C_r^{-1}$ entsprechen. Unser obiges Schema kann man daher durch eine weitere Spalte ergänzen:

Multiplikation von links mit:

1	0	0	
0	1	0	$= E_3$
0	0	1	

$Q_2^1(-3)$

1	0	0
0	1	-3
0	0	1

$Q_2^2(64)$

1	0	0
64	1	-3
0	0	1

$S_3(169)$

1	0	0
64	1	-3
0	0	169

$Q_3^1\left(\dfrac{-4225}{2}\right)$

1	0	0
64	1	-3
$\dfrac{-4225}{2}$	0	169

$= S'$.

Beispiel 2. Im $\mathbb{R}^3$ betrachten wir die Quadrik Q mit der Gleichung

$$x_1^2 + 5x_2^2 + 9x_3^2 + 4x_1x_2 + 2x_1x_3 + 10x_2x_3 - 2x_3 = 2 \quad .$$

Das ergibt folgendes Schema:

E_4				A'				E_4				
1	0	0	0	-2	0	0	-1	1	0	0	0	
0	1	0	0	0	1	2	1	0	1	0	0	
0	0	1	0	0	2	5	5	0	0	1	0	
0	0	0	1	-1	1	5	9	0	0	0	1	$Q_2^3(-2)$
1	0	0	0	-2	0	0	-1	1	0	0	0	
0	1	2	0	0	1	0	1	0	1	-2	0	
0	0	1	0	0	0	1	3	0	0	1	0	
0	0	0	1	-1	1	3	9	0	0	0	1	$Q_2^4(-1)$
1	0	0	0	-2	0	0	-1	1	0	0	0	
0	1	2	1	0	1	0	0	0	1	-2	-1	
0	0	1	0	0	0	1	3	0	0	1	0	
0	0	0	1	-1	0	3	8	0	0	0	1	$Q_3^4(-3)$
1	0	0	0	-2	0	0	-1	1	0	0	0	
0	1	2	1	0	1	0	0	0	1	-2	5	
0	0	1	3	0	0	1	0	0	0	1	-3	
0	0	0	1	-1	0	0	-1	0	0	0	1	$Q_4^1(-1)$
1	0	0	0	-1	0	0	0	1	0	0	0	
0	1	2	1	0	1	0	0	-5	1	-2	5	
0	0	1	3	0	0	1	0	3	0	1	-3	
1	0	0	1	0	0	0	-1	-1	0	0	1	
S'				B'				T'				

Ist $y' = S' \cdot x'$, so lautet also die neue Gleichung in Hauptachsenform

$$y_1^2 + y_2^2 - y_3^2 = 1 \quad .$$

Man führe zur Übung die Rechnungen explizit mit quadratischer Ergänzung durch.

1.4.5. In den Abschnitten 1.4.2 bis 1.4.4 hatten wir zu einer Quadrik eine feste Gleichung gewählt, und diese durch Koordinatentransformationen und Multiplikation mit Skalaren auf eine besonders einfache Form gebracht.

Im allgemeinen erhält man nicht alle möglichen Gleichungen einer Quadrik als skalare Vielfache einer festen Gleichung. Als Beispiel betrachten wir für $m \leqslant n$ den durch

$$x_1 = \ldots = x_m = 0$$

beschriebenen affinen Unterraum des $\mathbb{R}^n$. Er ist eine Quadrik, denn er kann beschrieben werden durch jede der Gleichungen

$$\lambda_1 x_1^2 + \ldots + \lambda_m x_m^2 = 0 \quad ,$$

wenn nur $\lambda_1, \ldots, \lambda_m$ beliebig positiv gewählt sind. Die leere Quadrik kann man mit beliebigen positiven $\lambda_1, \ldots, \lambda_n$ durch

$$\lambda_1 x_1^2 + \ldots + \lambda_n x_n^2 = -1 \qquad \text{beschreiben.}$$

Wir beschäftigen uns nun mit der etwas verzwickten Frage nach Eigenschaften einer Quadrik, die *geometrische Invarianten* sind, d. h. nur von der Teilmenge und nicht von der Auswahl einer beschreibenden Gleichung abhängen.

Definition. Zwei Quadriken $Q_1, Q_2 \subset \mathbb{R}^n$ heißen *geometrisch äquivalent,* wenn es eine Affinität

$$f: \mathbb{R}^n \to \mathbb{R}^n \quad \text{gibt, mit } f(Q_2) = Q_1 \quad .$$

Um unsere Frage zu beantworten, werden wir Quadriken bis auf geometrische Äquivalenz klassifizieren. Dazu benutzen wir sowohl Hilfsmittel aus der projektiven Geometrie, wie sie in Kapitel 3 entwickelt werden, als auch elementare topologische Überlegungen. Der damit noch nicht vertraute Leser möge den Rest von 1.4 bei der ersten Lektüre nur überfliegen.

Die Beschreibung von affinen Quadriken mit Hilfe erweiterter Matrizen legt den projektiven Abschluß besonders nahe. Ist

$$Q = \{x = {}^t(x_1, \ldots, x_n) \in \mathbb{R}^n : {}^t x' \cdot A' \cdot x' = 0\} \subset \mathbb{R}^n \quad ,$$

wobei $A' \in M((n+1) \times (n+1); \mathbb{R})$ symmetrisch ist, so definieren wir die Quadrik (vgl. 3.5.3)

$$\overline{Q}_{A'} := \{\overline{x} = {}^t(x_0 : \ldots : x_n) \in \mathbb{P}_n(\mathbb{R}) : {}^t\overline{x} \cdot A' \cdot \overline{x} = 0\} \subset \mathbb{P}_n(\mathbb{R})$$

als *projektiven Abschluß* von Q bezüglich A'. Die Gleichung von $\overline{Q}_{A'}$ entsteht durch *Homogenisierung* der Gleichung von Q. Diesen Vorgang wollen wir ganz explizit aufschreiben:

Ist

$$x' = \begin{pmatrix} 1 \\ x_1 \\ \vdots \\ x_n \end{pmatrix}, \quad A' = \begin{pmatrix} a_{00} & a_{01} & \cdots & a_{0n} \\ a_{10} & a_{11} & \cdots & a_{1n} \\ \vdots & \vdots & & \vdots \\ a_{n0} & a_{n1} & \cdots & a_{nn} \end{pmatrix} \quad \text{und} \quad \bar{x} = \begin{pmatrix} x_0 \\ x_1 \\ \vdots \\ x_n \end{pmatrix},$$

so ist

$${}^t x' \cdot A' \cdot x' = \sum_{i=1}^{n} a_{ii} x_i^2 + 2 \cdot \sum_{1 \le i < j \le n} a_{ij} x_i x_j + 2 \cdot \sum_{i=1}^{n} a_{0i} x_i + a_{00} \quad \text{und}$$

$${}^t \bar{x} \cdot A' \cdot \bar{x} = \sum_{i=0}^{n} a_{ii} x_i^2 + 2 \sum_{0 \le i < j \le n} a_{ij} x_i x_j \quad .$$

Betrachtet man die kanonische Einbettung

$$\iota: \mathbb{R}^n \to \mathbb{P}_n(\mathbb{R}), \quad (x_1, \ldots, x_n) \mapsto (1 : x_1 : \ldots : x_n) ,$$

so ist $\iota^{-1}(\bar{Q}_{A'}) = Q$, d.h. man erhält Q als affinen Teil von $\bar{Q}_{A'}$ zurück. In der homogenen Gleichung setzt man dazu einfach $x_0 = 1$.

Vorsicht! Der projektive Abschluß einer Quadrik kann tatsächlich von der Auswahl der Gleichung abhängen.

Beispiel 1. Die leere Quadrik im $\mathbb{R}^n$ kann man mit beliebigem $m \le n$ beschreiben durch

$$x_1^2 + \ldots + x_m^2 = -1 \quad .$$

Bezüglich dieser Gleichung wird der projektive Abschluß beschrieben durch

$$x_0^2 + x_1^2 + \ldots + x_m^2 = 0 \quad .$$

Das ist ein in der unendlich fernen Hyperebene enthaltener projektiver Unterraum der Dimension $n - m - 1$.

Beispiel 2. Die Gleichungen

$$x_1 = 0 \quad \text{bzw.} \quad x_1^2 = 0$$

beschreiben dieselbe Hyperebene im $\mathbb{R}^n$. Die projektiven Abschlüsse sind gegeben durch

$$x_0 x_1 = 0 \quad \text{bzw.} \quad x_1^2 = 0 \quad .$$

Das ist die Vereinigung von zwei Hyperebenen bzw. eine einzige Hyperebene.

Der Leser möge sich nicht zu sehr beunruhigen, denn in 1.4.6 werden wir zeigen, daß es keine anderen Beispiele gibt.

1.4.6. Wir wollen zunächst überlegen, wie sich der projektive Abschluß transformiert. Sei also wie in 1.4.5

$$Q = \{x \in \mathbb{R}^n : {}^t x' \cdot A' \cdot x' = 0\} \quad \text{und}$$

$$\bar{Q}_{A'} = \{\bar{x} \in \mathbb{P}_n(\mathbb{R}) : {}^t \bar{x} \cdot A' \cdot \bar{x} = 0\} \quad .$$

Ist eine Affinität

$$f: \mathbb{R}^n \to \mathbb{R}^n$$

beschrieben durch die erweiterte Matrix

$$S' = \begin{pmatrix} 1 & 0 \dots 0 \\ b_1 & \\ \vdots & S \\ b_n & \end{pmatrix},$$

wobei $S \in GL(n; \mathbb{R})$, d. h. $f(x) = b + Sx$ (siehe 1.4.1), so betrachten wir den Isomorphismus

$$F: \mathbb{R}^{n+1} \to \mathbb{R}^{n+1}, \quad \overline{x} = {}^t(x_0, \dots, x_n) \mapsto S' \cdot \overline{x} \quad .$$

Er bestimmt eine Projektivität

$$\overline{f} := \mathbb{P}(F): \mathbb{P}_n(\mathbb{R}) \to \mathbb{P}_n(\mathbb{R}) \quad .$$

Ist $H \subset \mathbb{P}_n(\mathbb{R})$ die unendlich ferne Hyperebene mit $x_0 = 0$, so gilt wegen der speziellen Gestalt von S'

$$\overline{f}(H) = H \quad \text{und} \quad \overline{f} \mid \mathbb{P}_n \diagdown H = f \quad .$$

Ist weiter $T' = (S')^{-1}$ und $B' = {}^tT' \cdot A' \cdot T'$, so gilt nach der Bemerkung aus 1.4.1

$$f(Q) = \{x \in \mathbb{R}^n : {}^tx' \cdot B' \cdot x' = 0\} \quad .$$

Nach Definition von $\overline{f}$ folgt daraus

$$\overline{f(Q)}_{B'} = \overline{f}(\overline{Q}_{A'}) \quad .$$

Um den Weg freizumachen für die Anwendung projektiver Hilfsmittel bei der affinen Klassifikation von Quadriken, benötigen wir das folgende entscheidende

Lemma. Sei $Q \subset \mathbb{R}^n$ eine Quadrik, die weder leer noch eine Hyperebene ist. Dann ist der projektive Abschluß von Q in $\mathbb{P}_n(\mathbb{R})$ bezüglich einer beliebigen Gleichung gleich dem topologischen Abschluß $\overline{Q} \subset \mathbb{P}_n(\mathbb{R})$.

Insbesondere *hängt der projektive Abschluß von Q nicht von der Auswahl der Gleichung ab.*

Um den topologischen Abschluß erklären zu können, führen wir zunächst in $\mathbb{P}_n(\mathbb{R})$ einen Konvergenzbegriff ein. Dazu verwenden wir für $i = 0, \dots, n$ die Abbildungen (man nennt sie *Karten*)

$$\kappa_i : \mathbb{R}^n \to \mathbb{P}_n(\mathbb{R}), \quad (\mu_1, \dots, \mu_n) \mapsto (\mu_1 : \dots : \mu_i : 1 : \mu_{i+1} : \dots : \mu_n) \quad .$$

$U_i := \kappa_i(\mathbb{R}^n)$ ist das Komplement der Hyperebene $x_i = 0$. Eine Teilmenge $U \subset \mathbb{P}_n(\mathbb{R})$ heißt *offen*, wenn für $i = 0, \dots, n$ die Mengen

$$\kappa_i^{-1}(U \cap U_i) \subset \mathbb{R}^n$$

offen sind. Damit wird $\mathbb{P}_n(\mathbb{R})$ zu einem topologischen Raum (vgl. [22, 23]).

Eine Folge von Punkten $p_\nu \in \mathbb{P}_n(\mathbb{R})$ heißt *konvergent* gegen $p \in \mathbb{P}_n(\mathbb{R})$, wenn in jeder offenen Menge $U \subset \mathbb{P}_n(\mathbb{R})$ mit $p \in U$ fast alle p_ν enthalten sind. Dafür schreibt man

$$\lim_{\nu \to \infty} p_\nu = p \quad .$$

Für unsere gegebene Quadrik $Q \subset \mathbb{R}^n$ ist der *topologische Abschluß* definiert als

$$\overline{Q} := \{ p \in \mathbb{P}_n(\mathbb{R}) : \text{es gibt eine Folge von Punkten } p_\nu \in Q \text{ mit } \lim_{\nu \to \infty} p_\nu = p \} \quad .$$

Dabei ist $\mathbb{R}^n$ bezüglich der kanonischen Einbettung κ_0 (vgl. 3.1.4) als Teilmenge von $\mathbb{P}_n(\mathbb{R})$ angesehen.

Beweis des Lemmas. Ist $Q \subset \mathbb{R}^n$ durch die symmetrische $(n + 1)$ reihige Matrix A' beschrieben, so ist $\overline{Q}_{A'} \subset \mathbb{P}_n(\mathbb{R})$ eine abgeschlossene Menge, denn bezüglich jeder Karte wird sie als Nullstellenmenge eines Polynoms beschrieben, und ein Polynom ist eine stetige Funktion. Also ist $\overline{Q} \subset \overline{Q}_{A'}$, und es bleibt

$$\overline{Q}_{A'} \subset \overline{Q}$$

zu zeigen. Ist

$$Q_\infty := \{ (x_0 : \ldots : x_n) \in \overline{Q_{A'}} : x_0 = 0 \} \subset \mathbb{P}_n(\mathbb{R}) \smallsetminus \mathbb{R}^n \quad ,$$

so genügt es nachzuweisen, daß es zu jedem Punkt aus Q_∞ eine dagegen konvergente Folge von Punkten aus Q gibt.

Nach 1.4.3 gibt es eine Affinität $f: \mathbb{R}^n \to \mathbb{R}^n$, so daß $f(q)$ durch eine transformierte Matrix $B' = \rho \cdot ({}^t T' \cdot A' \cdot T')$ in Hauptachsenform beschrieben wird. Wie wir oben gesehen haben, kann man f zu einer Projektivität $\overline{f}: \mathbb{P}_n(\mathbb{R}) \to \mathbb{P}_n(\mathbb{R})$ fortsetzen, so daß

$$\overline{f(Q)}_{B'} = \overline{f}(\overline{Q}_{A'}) \quad .$$

Da $\overline{f}$ eine topologische Abbildung ist, können wir also o.B.d.A. annehmen, daß Q durch eine Gleichung in Hauptachsenform gegeben ist.

Entsprechend 1.4.3 haben wir drei Typen zu unterscheiden.

Typ (a). $x_1^2 + \ldots + x_k^2 - x_{k+1}^2 - \ldots - x_m^2 = 0$, wobei $0 \leqslant k \leqslant m \leqslant n$.

In diesem Fall ist Q ein Kegel (vgl. 3.5.1). Die homogenisierte Gleichung ist dieselbe und es ist

$$Q_\infty = \{ (0 : x_1 : \ldots : x_n) \in \mathbb{P}_n(\mathbb{R}) : x_1^2 + \ldots + x_k^2 - x_{k+1}^2 - \ldots - x_m^2 = 0 \} \quad .$$

Sei $p = (0 : \lambda_1 : \ldots : \lambda_n) \in Q_\infty$. Für $\nu = 1, 2, \ldots$ setzen wir

$$p_\nu := (\nu \lambda_1, \ldots, \nu \lambda_n) \in \mathbb{R}^n \quad .$$

Offensichtlich gilt $p_\nu \in Q$. In homogenen Koordinaten ist

$$p_\nu = \left(\frac{1}{\nu} : \lambda_1 : \ldots : \lambda_n \right) \in \mathbb{P}_n(\mathbb{R}) \quad ,$$

woraus man sofort $\lim_{\nu \to \infty} p_\nu = p$ abliest.

Typ (b). $x_1^2 + \ldots + x_{k+1}^2 - \ldots - x_m^2 = 1$, wobei $1 \leq k \leq m \leq n$, denn für $k = 0$ ist $Q = \emptyset$. Die homogenisierte Gleichung lautet

$$x_1^2 + \ldots + x_k^2 - x_{k+1}^2 - \ldots - x_m^2 = x_0^2 \quad ,$$

also ist

$$Q_\infty = \{(0 : x_1 : \ldots : x_n) \in \mathbb{P}_n(\mathbb{R}) : x_1^2 + \ldots + x_k^2 - x_{k+1}^2 - \ldots - x_m^2 = 0\} \quad .$$

Wir nennen den Kegel

$$C(Q) := \{(x_1, \ldots, x_n) \in \mathbb{R}^n : x_1^2 + \ldots + x_k^2 = x_{k+1}^2 + \ldots + x_m^2\}$$

Asymptotenkegel von Q (Bild 1.51). Jedem Punkt

$$p = (0 : \lambda_1 : \ldots : \lambda_n) \in Q_\infty$$

entspricht eine *Mantellinie*

$$\mathbb{R} \cdot (\lambda_1, \ldots, \lambda_n) \subset C(Q) \quad .$$

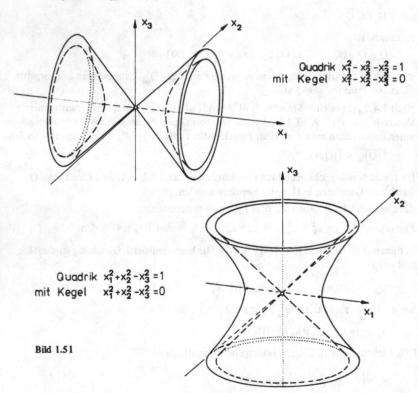

Quadrik $x_1^2 - x_2^2 - x_3^2 = 1$
mit Kegel $x_1^2 - x_2^2 - x_3^2 = 0$

Quadrik $x_1^2 + x_2^2 - x_3^2 = 1$
mit Kegel $x_1^2 + x_2^2 - x_3^2 = 0$

Bild 1.51

Ist $p = (0 : \lambda_1 : \ldots : \lambda_n) \in Q_\infty$ vorgegeben, so gibt es ein $i \in \{1, \ldots, k\}$ mit $\lambda_i \neq 0$. Zur Vereinfachung der Bezeichnungen nehmen wir $i = 1$, also $\lambda_1 \neq 0$, an. Wir behaupten, daß es genügt für die Mantellinie $\mathbb{R} \cdot (\lambda_1, \ldots, \lambda_n)$ folgende *Asymptoteneigenschaft* zu zeigen: Zu $\epsilon > 0$ gibt es ein $\lambda \in \mathbb{R}$ und einen Punkt $(\mu_1, \ldots, \mu_n) \in Q$ mit

$$\lambda\lambda_1 = \mu_1, \quad |\mu_1| > \frac{1}{\epsilon} \quad \text{und} \quad |\lambda\lambda_i - \mu_i| < \epsilon \quad \text{für } i = 2, \ldots, n \quad . \quad (A)$$

Dazu betrachten wir in $\mathbb{P}_n(\mathbb{R})$ die Punkte

$$q = (1 : \mu_1 : \ldots : \mu_n) \quad \text{und} \quad p = (0 : \lambda\lambda_1 : \ldots : \lambda\lambda_n) \quad .$$

Verwenden wir die oben erklärte Abbildung κ_1, so erhalten wir

$$\kappa_1^{-1}(q) = \left(\frac{1}{\mu_1}, \frac{\mu_2}{\mu_1}, \ldots, \frac{\mu_n}{\mu_1} \right) \quad \text{und} \quad \kappa_1^{-1}(p) = \left(0, \frac{\lambda\lambda_2}{\mu_1}, \ldots, \frac{\lambda\lambda_n}{\mu_1} \right) \quad ,$$

und wegen

$$\frac{|\lambda\lambda_i - \mu_i|}{\mu_1} < \epsilon^2 \quad \text{für } i = 2, \ldots, n$$

folgt die Behauptung. Es bleibt also (A) zu zeigen.

Im Fall $k = m$ ist nichts zu beweisen, denn $Q_\infty = \emptyset$. Für $k < m$ wählen wir orthogonale Matrizen $S_1 \in O(k)$ und $S_2 \in O(m - k)$, so daß für die durch

$$\begin{pmatrix} S_1 & 0 & 0 \\ 0 & S_2 & 0 \\ 0 & 0 & E_{n-m} \end{pmatrix}$$

beschriebene Transformation $g : \mathbb{R}^n \to \mathbb{R}^n$ gilt:

$$g(\mathbb{R}(\lambda_1, \ldots, \lambda_n)) = \mathbb{R} \cdot (1, 0, \ldots, 0, \underbrace{1}_{(k+1)\text{-te Stelle}}, 0, \ldots, 0, \lambda_{m+1}, \ldots, \lambda_n) \quad .$$

Also ist das Bild der Mantellinie in der Ebene

$$X = \{(x_1, \ldots, x_n) \in \mathbb{R}^n : x_2 = \ldots = x_k = x_{k+2} = \ldots = x_m = 0, x_{m+1} = \lambda_{m+1}, \ldots, x_n = \lambda_n$$

enthalten. Offensichtlich bleibt die Gleichung von Q unter g invariant und $g(Q) \cap X$ ist eine Hyperbel. Dafür ist die Asymptoteneigenschaft (A) trivial (vgl. 1.4.0).

Typ (c). $x_1^2 + \ldots x_k^2 - x_{k+1}^2 - \ldots - x_m^2 + 2x_{m+1} = 0$, wobei $1 \leqslant k \leqslant m \leqslant n$, denn für $m = 0$ ist Q eine Hyperebene. Die homogenisierte Gleichung lautet

$$x_1^2 + \ldots + x_k^2 - x_{k+1}^2 - \ldots - x_m^2 + 2x_0 x_{m+1} = 0, \quad \text{also}$$

$$Q_\infty = \{(0 : x_1 : \ldots : x_n) \in \mathbb{P}_n(\mathbb{R}) : x_1^2 + \ldots + x_k^2 - x_{k+1}^2 - \ldots - x_m^2 = 0\} \quad .$$

Als Beispiel betrachte man etwa das hyperbolische Paraboloid (siehe Bild 3.36). Ist $p = (0 : \lambda_1 : \ldots : \lambda_m : \lambda_{m+1} : \lambda_{m+2} : \ldots : \lambda_n) \in Q$, so unterscheiden wir zwei Fälle.

Ist $\lambda_{m+1} = 0$, so setzen wir für $\nu = 1, 2, \ldots$

$$p_\nu = (1 : \nu\lambda_1 : \ldots : \nu\lambda_m : 0 : \nu\lambda_{m+2} : \ldots : \nu\lambda_n) \quad .$$

Dann folgt $\lim\limits_{\nu \to \infty} p_\nu = p$ wie bei Typ (a).

Um den Fall $\lambda_{m+1} = 1$ zu behandeln, überlegen wir zunächst folgendes: Ist

$$P(x_1, \ldots, x_m) := x_1^2 + \ldots + x_k^2 - x_{k+1}^2 - \ldots - x_m^2 \quad ,$$

so setzen wir für $\nu = -1, -2, \ldots$

$$Q_\nu := \left\{ (x_1, \ldots, x_m) \in \mathbb{R}^m : P(x_1, \ldots, x_m) = \frac{-2}{\nu} \right\} \quad ,$$

$$C := \{ (x_1, \ldots, x_m) \in \mathbb{R}^m : P(x_1, \ldots, x_m) = 0 \} \quad .$$

Dann gibt es zu $q = (\lambda_1, \ldots, \lambda_m) \in C$ eine Folge von Punkten $q_\nu = (\lambda_1^{(\nu)}, \ldots, \lambda_m^{(\nu)}) \in Q_\nu$ mit

$$\lim\limits_{\nu \to -\infty} q_\nu = q \quad .$$

Wegen $k \geqslant 1$ folgt dies leicht aus der Stetigkeit der Polynomfunktion P. Geometrisch bedeutet diese Aussage, daß die Quadriken Q_ν gegen den gemeinsamen Asymptotenkegel C konvergieren.

Definieren wir nun für $\nu = -1, -2, \ldots$

$$p_\nu := \left(\frac{1}{\nu} : \lambda_1^{(\nu)} : \ldots : \lambda_m^{(\nu)} : 1 : \lambda_{m+2} : \ldots : \lambda_n \right) \in \mathbb{P}_n(\mathbb{R}) \quad ,$$

so folgt sofort $p_\nu \in Q$ und weiter $\lim\limits_{\nu \to -\infty} p_\nu = p$.

Damit ist das Lemma bewiesen.

1.4.7. Nun können wir die Frage nach den geometrischen Invarianten affiner Quadriken beantworten.

Geometrischer Klassifikationssatz. Gegeben seien für $i = 1, 2$ Quadriken $Q_i \subset \mathbb{R}^n$, sowie symmetrische Matrizen A_i', die Q_i beschreiben. A_i' sei Erweiterung von A_i (1.4.1). Die beiden Quadriken seien weder leer noch Hyperebenen. Dann sind folgende Bedingungen gleichwertig:

i) Q_1 und Q_2 sind geometrisch äquivalent.

ii) rang A_1 = rang A_2, rang A_1' = rang A_2' und

   $|\operatorname{Sign} A_1| = |\operatorname{Sign} A_2|$, $\quad |\operatorname{Sign} A_1'| = |\operatorname{Sign} A_2'|$.

Beweis. ii) $\Rightarrow$ i). Wir transformieren Q_1 und Q_2 auf Hauptachsen, d.h. wir nehmen erweiterte Transformationsmatrizen $T_i' \in GL(n+1; \mathbb{R})$ und $\mu_i \in \mathbb{R}^*$ (1.4.1), so daß die den Matrizen

$$B_i' = \mu_i \, (^t T_i' \cdot A_i' \cdot T_i')$$

entsprechenden Gleichungen Hauptachsenform haben (1.4.3).

Wegen der speziellen Form der Matrizen T_i' gilt

$$\text{rang } A_i = \text{rang } B_i, \quad \text{rang } A_i' = \text{rang } B_i' \quad ,$$

daher folgt aus der Voraussetzung

$$\text{rang } B_1 = \text{rang } B_2, \quad \text{rang } B_1' = \text{rang } B_2' \quad .$$

Also haben B_1' und B_2' den gleichen Typ (a), (b) oder (c) mit gleichem m (1.4.3).
Nach dem Sylvesterschen Trägheitsgesetz ist

$$|\text{Sign } A_i| = |\text{Sign } B_i|, \quad |\text{Sign } A_i'| = |\text{Sign } B_i'|, \quad \text{also}$$
$$|\text{Sign } B_1| = |\text{Sign } B_2|, \quad |\text{Sign } B_1'| = |\text{Sign } B_2'| \quad . \tag{1}$$

Jetzt muß man etwas fummeln. Bei den Typen (a) und (c) ist

$$\text{Sign } B_i = \text{Sign } B_i' \quad .$$

Ist $B_1' \neq B_2'$, so kann man wegen (1) die B_2' entsprechende Gleichung durch Multiplikation mit -1 und eine Koordinatentransformation (Umnumerierung der ersten m Koordinaten und Multiplikation der (m + 1)-ten Koordinate mit -1) in die B_1' entsprechende Gleichung überführen, d.h. es gibt eine Matrix $T_0' \in GL(n+1; \mathbb{R})$, so daß

$$B_1' = -({}^t T_0' \cdot B_2' \cdot T_0') \quad .$$

Beim Typ (b) lauten die Gleichungen

$$x_1^2 + \ldots + x_{k_i}^2 - x_{k_i+1}^2 - \ldots - x_m^2 = 1 \quad .$$

Wegen Sign $B_i' = \text{Sign } B_i - 1$ und (1) folgt daraus leicht $k_1 = k_2$.
In jedem Fall gibt es also eine Matrix $T_0' \in GL(n+1; \mathbb{R})$, so daß mit

$$T' := T_2' \cdot T_0' \cdot T_1'^{-1} \quad \text{gilt:} \quad A_1' = \pm\, {}^t T' \cdot A_2' \cdot T' \quad .$$

T' liefert die zum Nachweis der geometrischen Äquivalenz nötige Affinität.

i) $\Rightarrow$ ii). Nach Voraussetzung gibt es eine Transformationsmatrix T', so daß $f(Q_2) = Q_1$ beschrieben wird durch jede der Matrizen

$$A_1' \quad \text{und} \quad B' := {}^t T' \cdot A_2' \cdot T' \quad .$$

Nach 1.4.6 wird $\overline{f}(\overline{Q}_2) = \overline{Q}_1 \subset \mathbb{P}_n(\mathbb{R})$ sowohl durch A_1', als auch durch B' beschrieben; also ist

$$B' = \rho \cdot A_1' \quad \text{mit} \quad \rho \in \mathbb{R}^* \quad , \tag{2}$$

wenn A_1' die Voraussetzung (R) von Lemma 3.5.8 erfüllt. Ist das der Fall, so folgt die Behauptung aus (2) mit Hilfe des Sylvesterschen Trägheitsgesetzes.

Es bleiben die Fälle zu erledigen, in denen Voraussetzung (R) nicht erfüllt ist. Da wir annehmen können, daß A_1' Hauptachsenform hat, verbleiben als einzige Gleichungen

$\alpha)$ $x_1^2 + \ldots + x_k^2 = 0,$ $0 \leqslant k \leqslant n,$ und

$\beta)$ $-x_1^2 - \ldots - x_m^2 = 1,$ $0 \leqslant m \leqslant n,$ oder homogenisiert

$\qquad x_0^2 + x_1^2 + \ldots + x_m^2 = 0$.

Im Fall $\alpha)$ ist Q_1 ein nicht leerer affiner Unterraum der Dimension $n - k$. Für $k = 1$ also eine Hyperebene, die auch durch $2\,x_1 = 0$ (Typ (c) mit $m = 0$) beschrieben werden kann. Das war ausgeschlossen. Für $k \neq 1$ gibt es keine andere Gleichung in Hauptachsenform, die einen affinen Unterraum der Dimension $n - k$ beschreibt. Also folgt die Behauptung, indem man auch Q_2 auf Hauptachsen transformiert.

Im Fall $\beta)$ ist Q_1 leer, das war ausgeschlossen worden. Man beachte, daß der projektive Abschluß bezüglich der gegebenen Gleichung ein projektiver Unterraum der unendlich fernen Hyperebene von der Dimension $n - m - 1$ ist. Obwohl die Gleichungen verschiedenen Rang haben, bleibt der affine Teil gleich leer.

Damit ist der Klassifikationssatz bewiesen. Es folgt sofort, daß es zu jeder nicht leeren Quadrik im $\mathbb{R}^n$ genau eine geometrisch äquivalente mit einer Gleichung in einer der folgenden *Normalformen* gibt:

a) $x_1^2 + \ldots + x_k^2 - x_{k+1}^2 - \ldots - x_m^2 = 0,$ $0 \leqslant k \leqslant m$ und $2\,k - m \geqslant 0.$

b) $x_1^2 + \ldots + x_k^2 - x_{k+1}^2 - \ldots - x_m^2 = 1,$ $1 \leqslant k \leqslant m.$

c) $x_1^2 + \ldots + x_k^2 - x_{k+1}^2 - \ldots - x_m^2 + 2\,x_{m+1} = 0,$ $1 \leqslant k \leqslant m$ und $2\,k - m \geqslant 0.$

Vorsicht! Man beachte, daß keine der Bedingungen

$\qquad |\text{Sign } A_1| = |\text{Sign } A_2|$ bzw. $|\text{Sign } A_1'| = |\text{Sign } A_2'|$

für die geometrische Äquivalenz überflüssig ist. Das sieht man etwa an den Gleichungen

$\quad x_1^2 - x_2^2 = 1$ und $x_1^2 + x_2^2 = 1$ bzw. $x_1^2 - x_2^2 - x_3^2 = 1$ und $x_1^2 + x_2^2 - x_3^2 = 1.$

Man kann den affinen Klassifikationssatz auch ohne Benutzung des projektiven Abschlusses beweisen. Dazu konsultiere man [39] (III, § A, Théorème 46) oder [40].

1.4.8. Man kann die verschiedenen Typen von Quadriken in Abhängigkeit von Rang und Signatur auch geometrisch interpretieren. Darauf gehen wir nicht weiter ein (vgl. etwa [7]). Wir beschränken uns darauf, die Normalformen von nicht leeren Quadriken im $\mathbb{R}^2$ und $\mathbb{R}^3$ zu erläutern. Ist B' die Matrix der Gleichung in Normalform, so setzen wir

$\qquad m = \text{rang } B,$ $m' = \text{rang } B',$ $s = \text{Sign } B,$ $s' = \text{Sign } B'$.

Normalformen von nicht leeren Quadriken im IR^2

Typ	m	m'	s	s'	Gleichung	Beschreibung
a)	0	0	0	0	$0 = 0$	Ebene IR^2
	1	1	1	1	$x_1^2 = 0$	(Doppel-)Gerade
	2	2	0	0	$x_1^2 - x_2^2 = 0$	Geradenpaar mit Schnittpunkt
	2	2	2	2	$x_1^2 + x_2^2 = 0$	Punkt
b)	1	2	1	0	$x_1^2 = 1$	paralleles Geradenpaar
	2	3	0	-1	$x_1^2 - x_2^2 = 1$	Hyperbel
	2	3	2	1	$x_1^2 + x_2^2 = 1$	Kreis
c)	1	3	1	1	$x_1^2 + 2x_2 = 0$	Parabel

Normalformen von nicht leeren Quadriken im IR^3

Typ	m	m'	s	s'	Gleichung	Beschreibung
a)	0	0	0	0	$0 = 0$	IR^3
	1	1	1	1	$x_1^2 = 0$	(Doppel-)Ebene
	2	2	0	0	$x_1^2 - x_2^2 = 0$	Ebenenpaar mit Schnittgerade
	2	2	2	2	$x_1^2 + x_2^2 = 0$	Gerade
	3	3	1	1	$x_1^2 + x_2^2 - x_3^2 = 0$	Kreiskegel
	3	3	3	3	$x_1^2 + x_2^2 + x_3^2 = 0$	Punkt
b)	1	2	1	0	$x_1^2 = 1$	paralleles Ebenenpaar
	2	3	0	-1	$x_1^2 - x_2^2 = 1$	hyperbolischer Zylinder
	2	3	2	1	$x_1^2 + x_2^2 = 1$	Kreiszylinder
	3	4	-1	-2	$x_1^2 - x_2^2 - x_3^2 = 1$	zweischaliges Hyperboloid
	3	4	1	0	$x_1^2 + x_2^2 - x_3^2 = 1$	einschaliges Hyperboloid
	3	4	3	2	$x_1^2 + x_2^2 + x_3^2 = 1$	Kugel
c)	1	3	1	1	$x_1^2 + 2x_2 = 0$	parabolischer Zylinder
	2	4	0	0	$x_1^2 - x_2^2 + 2x_3 = 0$	hyperbolisches Paraboloid
	2	4	2	2	$x_1^2 + x_2^2 + 2x_3 = 0$	elliptisches Paraboloid

Man vergleiche hierzu die Bilder 1.58 – 1.63 .

1.5. Euklidische affine Räume

In der linearen Algebra hatten wir gesehen, wie man im IR^n Winkel und Abstände messen kann. Unter beliebigen Affinitäten bleiben sie aber nicht invariant. In allgemeinen affinen Räumen kann man nur dann von Winkeln und Abständen sprechen, wenn der Translationsvektorraum mit einer zusätzlichen Struktur (etwa einem Skalarprodukt) versehen ist.

In diesem ganzen Abschnitt sei $\mathbb{R}$ der Skalarenkörper.

1.5.1. *Definition.* Ein *euklidischer affiner Raum* ist ein Quadrupel

$$(X, T(X), \langle \ , \ \rangle, \tau)$$

bestehend aus einer Menge X, einem $\mathbb{R}$-Vektorraum $T(X)$ mit Skalarprodukt $\langle \ , \ \rangle$ und einer einfach transitiven Operation τ von $T(X)$ auf X.

Anders ausgedrückt: Ein euklidischer affiner Raum ist ein reeller affiner Raum zusammen mit einem Skalarprodukt auf dem Translationsvektorraum.

Meist schreibt man nur X anstelle des Quadrupels und denkt stillschweigend an die anderen vorgegebenen Strukturbestandteile.

Beispiel. Versieht man den $\mathbb{R}^n$ mit dem kanonischen Skalarprodukt (L.A. 5.1.1), so wird der affine Raum $\mathbb{A}_n(\mathbb{R})$ (1.0.5) euklidisch. Dies ist das einfachste und wichtigste Beispiel.

Im Translationsvektorraum $T(X)$ eines euklidischen affinen Raumes ist durch

$$T(X) \to \mathbb{R}_+, \quad t \mapsto \|t\| := \sqrt{\langle t, t \rangle} \quad ,$$

eine Norm erklärt (L.A. 6.2.1). Zu $p, q \in X$ gibt es genau eine Translation $\vec{pq} \in T(X)$ mit $\vec{pq}(p) = q$. Dadurch erhalten wir eine Abbildung

$$d: X \times X \to \mathbb{R}_+, \quad (p, q) \mapsto \|\vec{pq}\| =: d(p, q) \quad .$$

Wie man leicht nachprüft ist d eine Metrik auf X (L.A. 5.1.2). Sie ist *translationsinvariant*, d.h. für $t \in T(X)$ ist

$$d(t(p), t(q)) = d(p, q)$$

(vgl. 1.0.7).

Sind die Punkte p, q, q' eines euklidischen affinen Raumes X mit $q \neq p \neq q'$ gegeben, so betrachten wir die Geraden $Y = p \vee q$ und $Y' = p \vee q'$. Zwischen ihnen definieren wir einen *Winkel*

$$\angle(Y, Y') = \arccos \frac{|\langle \vec{pq}, \vec{pq'} \rangle|}{\|\vec{pq}\| \ \|\vec{pq'}\|} \in \left[0, \frac{\pi}{2} \right]$$

(vgl. L.A. 0.3.9). Auch er ist translationsinvariant, d.h. für $t \in T(X)$ gilt

$$\angle(t(Y), t(Y')) = \angle(Y, Y') \quad .$$

Übungsaufgabe 1. Für paarweise verschiedene Punkte p, q, r eines euklidischen affinen Raumes X sind folgende Bedingungen gleichwertig:

i) $d(p, q) + d(q, r) = d(p, r)$

ii) p, q, r sind kollinear und $TV(p, q, r) > 1$.

Übungsaufgabe 2. Ist f: $X \to X$ eine Affinität eines euklidischen affinen Raumes X, so gibt es reelle Konstanten $0 < \rho' \leqslant \rho''$, so daß

$$\rho' \cdot d(p, q) \leqslant d(f(p), f(q)) \leqslant \rho'' \cdot d(p, q)$$

für beliebige $p, q \in X$.

1.5.2. Zwischen euklidischen affinen Räumen interessieren besonders solche affine Abbildungen, die auf Abstände und Winkel Rücksicht nehmen.

Definition. Seien X und X' Mengen mit Metriken d und d'. Eine Abbildung f: $X \to X'$ heißt *Isometrie*, wenn für alle $p, q \in X$ gilt

$$d'(f(p), f(q)) = d(p, q) \quad .$$

Zum Beispiel sind alle orthogonalen Endomorphismen des $\mathbb{R}^n$ Isometrien (L.A. 5.5.1). Der Leser möge einige Zeit versuchen, etwa im $\mathbb{R}^2$ andersartige (d. h. nicht lineare) Isometrien zu finden, die den Ursprung festhalten. Wer es schafft, hat ein Gegenbeispiel zu folgendem

Satz. Eine Isometrie f: $X \to Y$ zwischen euklidischen affinen Räumen X, Y ist affin und injektiv.

Beweis. Für ein festes $p \in X$ betrachten wir die Abbildung

$$T(f): T(X) \to T(Y), \quad \overrightarrow{px} \mapsto \overrightarrow{f(p)f(x)} \quad .$$

Mit f ist auch T(f) Isometrie. Wegen Bemerkung 1 aus 1.1.2 genügt es, folgendes zu beweisen:

Lemma. Gegeben sei eine Abbildung F: $V \to W$ zwischen euklidischen Vektorräumen V und W mit $F(o) = o$. Ist F eine Isometrie (bezüglich der durch die vorgegebenen Skalarprodukte definierten Metriken), so ist F linear und injektiv.

Beweis des Lemmas. Da F eine Isometrie ist, gilt nach Definition der Metriken für beliebige $v_1, v_2 \in V$

$$\| F(v_1) - F(v_2) \| = \| v_1 - v_2 \| \quad .$$

Wegen $F(o) = o$ erhält F auch die Norm. Aus diesen beiden Tatsachen folgt, daß F auch das Skalarprodukt erhält: Aus

$$\| v_1 - v_2 \|^2 = \| v_1 \|^2 + \| v_2 \|^2 - 2 \langle v_1, v_2 \rangle \quad \text{und}$$
$$\| F(v_1) - F(v_2) \|^2 = \| F(v_1) \|^2 + \| F(v_2) \|^2 - 2 \langle F(v_1), F(v_2) \rangle \quad \text{folgt}$$
$$\langle F(v_1), F(v_2) \rangle = \langle v_1, v_2 \rangle \quad .$$

Damit können wir die Linearität von F beweisen. Für $v, v' \in V$ ist

$$\langle F(v + v') - F(v) - F(v'), F(v + v') - F(v) - F(v') \rangle =$$
$$\langle F(v + v'), F(v + v') \rangle - \langle F(v + v'), F(v) \rangle - \ldots + \langle F(v'), F(v') \rangle =$$
$$\langle v + v', v + v' \rangle - \langle v + v', v \rangle - \ldots + \langle v', v' \rangle =$$
$$\langle v + v' - v - v', v + v' - v - v' \rangle = \langle o, o \rangle = 0 \quad .$$

Daraus folgt

$$F(v + v') = F(v) + F(v') \quad .$$

Analog erhält man für $v \in V$ und $\lambda \in \mathbb{R}$

$$\langle F(\lambda v) - \lambda F(v), F(\lambda v) - \lambda F(v) \rangle =$$
$$\langle F(\lambda v), F(\lambda v) \rangle - 2\lambda \langle F(v), F(\lambda v) \rangle + \lambda^2 \langle F(v), F(v) \rangle =$$
$$\langle \lambda v, \lambda v \rangle - 2\lambda \langle v, \lambda v \rangle + \lambda^2 \langle v, v \rangle =$$
$$\langle \lambda v - \lambda v, \lambda v - \lambda v \rangle = \langle o, o \rangle = 0, \quad \text{also}$$
$$F(\lambda v) = \lambda F(v) \quad .$$

Aus $F(v) = o$ folgt $d(v, o) = 0$, also $v = o$. Damit ist das Lemma bewiesen.

Übungsaufgabe. Jede Isometrie ist eine Kollineation. Man zeige diese Aussage ohne Benützung des obigen Satzes mit Hilfe von Übungsaufgabe 1 aus 1.5.1.

Vorsicht! Man beachte, daß der Beweis des Lemmas nur deswegen so einfach wird, weil die gegebenen Metriken von Skalarprodukten abstammen. Die Aussage gilt auch für reelle normierte Vektorräume (vgl. den Satz von *Mazur* und *Ulam* in [19] p. 166).

1.5.3. Ist X ein euklidischer affiner Raum und

$$f: X \to X$$

eine Isometrie, so ist f nach 1.5.2 von selbst eine Affinität. Solche Affinitäten heißen *Kongruenzen.* Ist insbesondere $X = \mathbb{R}^n$ und

$$f(x) = f(o) + Ax \quad \text{für alle} \quad x \in \mathbb{R}^n \quad ,$$

mit $A \in GL(n; \mathbb{R})$, so ist f genau dann Kongruenz, wenn A orthogonal ist (L.A. 5.2.2). Jede Kongruenz entsteht also durch Translation einer orthogonalen Abbildung.

Allgemein gilt trivialerweise:
Bemerkung. Eine Affinität $f: X \to X$ ist genau dann Kongruenz, wenn

$$T(f): T(X) \to T(X) \qquad \text{orthogonal ist.}$$

Wir wollen einige wichtige geometrische Eigenschaften von Kongruenzen in $\mathbb{R}^2$ und $\mathbb{R}^3$ erwähnen. Da der Translationsanteil uninteressant ist, können wir uns auf orthogonale Endomorphismen beschränken. Wie wir in der linearen Algebra gesehen hatten, ist jeder orthogonale Endomorphismus des $\mathbb{R}^2$ eine Drehung um den Ursprung oder eine Spiegelung an einer Fixgeraden (L.A. 5.5.4 b). Ist

$$F: \mathbb{R}^3 \to \mathbb{R}^3$$

orthogonal, so gibt es eine orthonormale Basis v_1, v_2, v_3 von $\mathbb{R}^3$, bezüglich derer F beschrieben wird durch eine der Matrizen (L.A. 5.5.4 c).

$$A_1 = \begin{pmatrix} 1 & 0 & 0 \\ 0 & \cos\alpha & -\sin\alpha \\ 0 & \sin\alpha & \cos\alpha \end{pmatrix}, \quad A_2 = \begin{pmatrix} -1 & 0 & 0 \\ 0 & \cos\alpha & -\sin\alpha \\ 0 & \sin\alpha & \cos\alpha \end{pmatrix} \quad ,$$

wobei $0 \leqslant \alpha < 2\pi$.

Man sieht unmittelbar, was die verschiedenen Matrizen geometrisch bewirken:

A_1: *Drehung* um den Winkel α mit Drehachse $\mathbb{R} \, v_1$.

A_2: *Drehspiegelung*, d.h. Drehung um die Achse $\mathbb{R} \, v_1$ und Spiegelung an der Ebene $\mathbb{R} \, v_2 + \mathbb{R} \, v_3$.

Ist in A_1 der Drehwinkel $\alpha = 0$, so erhält man die *identische Abbildung*. Mit $\alpha = \pi$ wird

$$A_1 = \begin{pmatrix} 1 & 0 & 0 \\ 0 & -1 & 0 \\ 0 & 0 & -1 \end{pmatrix} \ .$$

Das ist eine *Spiegelung an der Geraden* $\mathbb{R} \cdot v_1$.

Die Matrix A_2 mit $\alpha = 0$ beschreibt eine *Spiegelung an der Ebene* $\mathbb{R} \cdot v_2 + \mathbb{R} \cdot v_3$.
Mit $\alpha = \pi$ ist $A_2 = - E_3$; dadurch wird eine *Spiegelung am Punkt* o beschrieben.

Damit sind auch die orthogonalen Endomorphismen des $\mathbb{R}^3$ *geometrisch klassifiziert*.

1.5.4. Für eine Drehung des $\mathbb{R}^3$ gibt es drei *Freiheitsgrade* (oder *Parameter*): zwei für die Drehachse und einen für den Drehwinkel. In der Topologie drückt man das präziser aus, indem man sagt,

$$O(3) \subset \mathbb{R}^9$$

(d.h. die orthogonalen Matrizen in allen 3×3-Matrizen) ist eine dreidimensionale Untermannigfaltigkeit. Das kann man auch an der Darstellung durch die „Eulerschen Winkel" ablesen.

Satz. Ist $A \in SO(3)$ (d.h. orthogonal mit det $A = +1$), so gibt es Winkel $\alpha, \beta, \gamma \in [0, 2\pi]$, so daß

$$A = \begin{pmatrix} \cos\gamma & -\sin\gamma & 0 \\ \sin\gamma & \cos\gamma & 0 \\ 0 & 0 & 1 \end{pmatrix} \begin{pmatrix} 1 & 0 & 0 \\ 0 & \cos\beta & -\sin\beta \\ 0 & \sin\beta & \cos\beta \end{pmatrix} \begin{pmatrix} \cos\alpha & -\sin\alpha & 0 \\ \sin\alpha & \cos\alpha & 0 \\ 0 & 0 & 1 \end{pmatrix} \ .$$

Man nennt α, β, γ *Eulersche Winkel* zu A.

Beweis. Es genügt, Winkel $\varphi, \psi, \beta \in [0, 2\pi]$ zu finden, so daß mit $A = (a_{ij})$

$$\begin{pmatrix} \cos\varphi & -\sin\varphi & 0 \\ \sin\varphi & \cos\varphi & 0 \\ 0 & 0 & 1 \end{pmatrix} \begin{pmatrix} a_{11} & a_{12} & a_{13} \\ a_{21} & a_{22} & a_{23} \\ a_{31} & a_{32} & a_{33} \end{pmatrix} \begin{pmatrix} \cos\psi & -\sin\psi & 0 \\ \sin\psi & \cos\psi & 0 \\ 0 & 0 & 1 \end{pmatrix} = \begin{pmatrix} 1 & 0 & 0 \\ 0 & \cos\beta & -\sin\beta \\ 0 & \sin\beta & \cos\beta \end{pmatrix} \ ,$$

denn dann kann man $\gamma = -\varphi$ und $\alpha = -\psi$ setzen.

Wir bezeichnen mit $B = (b_{ij})$ die links vom Gleichheitszeichen stehende Produkt-matrix.

1. Schritt. Offensichtlich ist $a_{33} = b_{33}$, und da A orthogonal ist, muß $|a_{33}| < 1$ sein. Wir wählen ein $\beta \in [0, 2\pi]$ mit

$$\cos\beta = a_{33} \quad .$$

2. Schritt. Es gilt $b_{13} = a_{13}\cos\varphi - a_{23}\sin\varphi$. Daher wählen wir $\varphi \in [0, 2\pi]$ so, daß

$$a_{13}\cos\varphi - a_{23}\sin\varphi = 0 \quad .$$

3. Schritt. Wir wählen ein $\psi \in [0, 2\pi]$ so, daß

$$(\cos\varphi, -\sin\varphi)\begin{pmatrix} a_{11} & a_{12} \\ a_{21} & a_{22} \end{pmatrix} = (\cos\psi, \sin\psi).$$

Das ist möglich, denn der links vom Gleichheitszeichen stehende Vektor des $\mathbb{R}^2$ hat nach Wahl von φ die Norm 1. Dann folgt

$$b_{11} = \cos^2\psi + \sin^2\psi = 1 \quad .$$

Damit sind wir fertig. Da B orthogonal ist, folgt aus $b_{11} = 1$

$$b_{12} = b_{21} = b_{31} = 0 \quad .$$

Daraus folgt

$$\begin{pmatrix} b_{22} & b_{23} \\ b_{32} & b_{33} \end{pmatrix} = \begin{pmatrix} \cos\beta & -\sin\beta \\ \sin\beta & \cos\beta \end{pmatrix},$$

denn diese Matrix muß eigentlich orthogonal sein. Damit ist der Satz bewiesen und ein Verfahren für die Bestimmung von Eulerschen Winkeln hergeleitet.

Beispiel. Ist

$$A = \begin{pmatrix} -\frac{1}{4}\sqrt{2} & -\frac{1}{2}\sqrt{3} & \frac{1}{4}\sqrt{2} \\ \frac{1}{4}\sqrt{6} & -\frac{1}{2} & -\frac{1}{4}\sqrt{6} \\ \frac{1}{2}\sqrt{2} & 0 & \frac{1}{2}\sqrt{2} \end{pmatrix},$$

so erhält man

$$\cos\beta = \frac{1}{2}\sqrt{2}, \qquad\qquad \text{also } \beta = \frac{\pi}{4}$$

$$\frac{1}{4}\sqrt{2}\cos\varphi + \frac{1}{4}\sqrt{6}\sin\varphi = 0, \qquad \text{also } \varphi = -\frac{\pi}{6} \quad \text{und } \gamma = \frac{\pi}{6}$$

$$(0, -1) = (\cos\psi, \sin\psi) = (\cos\alpha, -\sin\alpha), \quad \text{also } \psi = -\frac{\pi}{2} \quad \text{und } \alpha = \frac{\pi}{2} \quad .$$

Geometrische Beschreibung der Eulerschen Winkel.
Wir betrachten die folgenden orthogonalen Abbildungen des $\mathbb{R}^3$ (Bild 1.52):

f_1 sei eine Drehung um die Achse $\mathbb{R} \cdot e_3$ mit dem Winkel γ,
f_2 sei eine Drehung um die Achse $\mathbb{R} \cdot f_1(e_1)$ mit dem Winkel β und
f_3 sei eine Drehung um die Achse $\mathbb{R} \cdot f_2(e_3)$ mit dem Winkel α.

Man rechnet leicht nach, daß die Abbildung $f_3 \circ f_2 \circ f_1$ durch die Matrix A von
Satz 1.5.4 beschrieben wird.

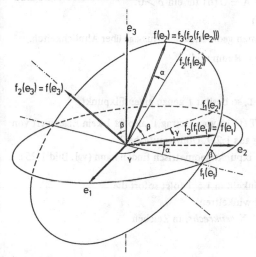

Bild 1.52

Übungsaufgabe. Man überlege, unter welchen Einschränkungen die Eulerschen
Winkel eindeutig werden. Außerdem zerlege man eine Matrix $A \in O(3)$ mit
$\det A = -1$ in analoger Weise.

1.5.5. Wie wir gesehen hatten (1.5.1, Übungsaufgabe 2) ist die durch eine Affinität
bewirkte Abstandsverzerrung nach unten und oben beschränkt. Neben den Isometrien, die den Abstand gar nicht verändern, interessieren solche Abbildungen, die
alle Abstände gleich stauchen oder strecken.
Ist X ein euklidischer affiner Raum, so heißt eine Abbildung

$$f: X \rightarrow X$$

eine *Ähnlichkeit,* wenn es ein reelles $\rho > 0$ gibt, so daß

$$d(f(p), f(q)) = \rho \cdot d(p, q) \quad \text{für alle } p, q \in X \quad .$$

Man nennt ρ den *Ähnlichkeitsfaktor* von f.

Indem man aus f eine Abbildung $\rho^{-1} \cdot f$ konstruiert, die Isometrie ist, erhält man
aus Satz 1.5.2 sofort das

Korollar. Jede Ähnlichkeit ist eine Affinität.

Bemerkung. Eine Affinität f: $X \to X$ ist genau dann eine Ähnlichkeit, wenn es ein $\rho > 0$ gibt, so daß

$$\frac{1}{\rho} \cdot T(f) : T(X) \to T(X)$$

orthogonal ist. Insbesondere ist eine Affinität

$$f: \mathbb{R}^n \to \mathbb{R}^n, \quad x \mapsto f(o) + Ax \quad,$$

genau dann Ähnlichkeit, wenn $\frac{1}{\rho} \cdot A \in O(n)$ für ein $\rho > 0$.

Der *Beweis* ist trivial (siehe 1.5.3).

Nun kommen wir zur ersten schönen geometrischen Aussage über Ähnlichkeiten.

Satz. Ist X ein euklidischer affiner Raum und

$$f: X \to X$$

eine Ähnlichkeit mit Faktor $\rho \neq 1$, so besitzt f genau einen Fixpunkt.

Beweis. Jeder Eigenwert von $\frac{1}{\rho} \cdot T(f)$ ist vom Betrag 1, also ist 1 kein Eigenwert von $T(f)$. Daher folgt die Behauptung aus 1.2.9, Übungsaufgabe 2.

Man überlege sich, wie man den Fixpunkt geometrisch finden kann (vgl. Bild 1.25).

1.5.6. Aus der Definition von Winkeln in 1.5.1 folgt sofort die

Bemerkung. Jede Ähnlichkeit ist winkeltreu.

Wir nennen zwei Geraden $Y, Y' \subset X$ *senkrecht,* in Zeichen

$$Y \perp Y' \quad,$$

wenn $\sphericalangle (Y, Y') = \frac{\pi}{2}$. Es gilt nun der

Satz. Sei X ein euklidischer affiner Raum und f: $X \to X$ eine Affinität mit

$$Y \perp Y' \Rightarrow f(Y) \perp f(Y') \quad \text{für alle Geraden } Y, Y' \subset X \quad.$$

Dann ist f eine Ähnlichkeit.

Dies ist eine unmittelbare Folgerung aus dem

Lemma. Sei V ein euklidischer Vektorraum und F: $V \to V$ ein Isomorphismus mit

$$v \perp w \Rightarrow F(v) \perp F(w) \quad \text{für alle } v, w \in V \quad.$$

Dann gibt es ein $\rho > 0$, so daß $\frac{1}{\rho} \cdot F$ orthogonal ist.

Beweis. Sei $(v_1, \ldots, v_n)$ eine beliebige Orthonormalbasis von V. Wir setzen für $i = 1, \ldots, n$

$$\rho_i := \| F(v_i) \| > 0 \quad.$$

Dann genügt es, $\rho_1 = \ldots = \rho_n =: \rho$ zu zeigen. Für $i \neq j$ ist

$$(v_i + v_j) \perp (v_i - v_j) \quad.$$

Da nach Voraussetzung

$$\left(\frac{1}{\rho_1} F(v_1), \ldots, \frac{1}{\rho_n} F(v_n) \right)$$

eine Orthonormalbasis von V ist, folgt sofort

$$\langle F(v_i + v_j), F(v_i - v_j) \rangle = \rho_i^2 - \rho_j^2 \quad,$$

also $\rho_i = \rho_j$.

Aufgabe. Sei X ein euklidischer affiner Raum mit $\dim X \geqslant 2$, und f: $X \to X$ eine bijektive Abbildung. Für je vier Punkte p, q, p′, q′ von X gelte:

$$\overrightarrow{pq} \perp \overrightarrow{p'q'} \Rightarrow \overrightarrow{f(p)\,f(q)} \perp \overrightarrow{f(p')\,f(q')} \quad.$$

Dann ist f eine Ähnlichkeit.

Anleitung: Man zeige zunächst, daß f eine Kollineation ist.

1.5.7. Wie wir gesehen haben, kann eine beliebige affine Abbildung sowohl Abstände als auch Winkel verändern. Was sie diesbezüglich anrichtet, kann man gut übersehen durch folgenden schönen

Satz über die Hauptachsentransformation von Affinitäten. Sei f: $\mathbb{R}^n \to \mathbb{R}^n$ eine beliebige Affinität. Dann gibt es orthogonale Matrizen S, T $\in$ O(n) und eine Diagonalmatrix

$$D = \begin{pmatrix} \alpha_1 & & 0 \\ & \cdot & \\ & & \cdot \\ 0 & & \cdot \\ & & \alpha_n \end{pmatrix} \quad \text{mit} \quad \alpha_1, \ldots, \alpha_n > 0$$

so daß für alle $x \in \mathbb{R}^n$

$$f(x) = f(o) + (S \cdot D \cdot T)(x) \quad.$$

Man kann dies auch so ausdrücken: *Bis auf Kongruenzen wird jede Affinität durch eine Diagonalmatrix beschrieben.*

Als unmittelbare Folgerung notieren wir das

Korollar. Ist F: $\mathbb{R}^n \to \mathbb{R}^n$ ein Vektorraumisomorphismus, so gibt es eine Orthonormalbasis $v_1, \ldots, v_n$ des $\mathbb{R}^n$, so daß die Basis $F(v_1), \ldots, F(v_n)$ orthogonal ist.

Unser Satz folgt sofort aus dem

Lemma. Zu $A \in GL(n; \mathbb{R})$ gibt es $S_1, S_2 \in O(n)$ und $\alpha_1, \ldots, \alpha_n > 0$, so daß

$$S_1 A S_2 = \begin{pmatrix} \alpha_1 & & 0 \\ & \cdot & \\ & & \cdot \\ 0 & & \cdot \\ & & \alpha_n \end{pmatrix} .$$

Beweis des Lemmas. Die symmetrische Matrix ${}^t A\,A$ ist nach dem Sylvesterschen Trägheitsgesetz positiv definit, denn sie beschreibt das kanonische Skalarprodukt des IR^n bezüglich einer neuen Basis (L.A. 5.7.1). Also gibt es ein $T \in O(n)$ mit

$$
{}^t T\,({}^t A\,A)\,T = \begin{pmatrix} \lambda_1 & & 0 \\ & \ddots & \\ 0 & & \lambda_n \end{pmatrix} =: C \quad \text{mit } \lambda_1, \ldots, \lambda_n > 0
$$

(L.A. 6.5.6). Wir definieren

$$
D := \begin{pmatrix} \alpha_1 & & 0 \\ & \ddots & \\ 0 & & \alpha_n \end{pmatrix} \quad \text{mit } \alpha_1 = \sqrt{\lambda_1}, \ldots, \alpha_n = \sqrt{\lambda_n} \quad .
$$

Dann ist

$$
{}^t T\,{}^t A\,A\,T = {}^t D\,D, \quad \text{also } {}^t A^{-1}\,T\,{}^t D\,D\,{}^t T\,A^{-1} = E_n, \quad \text{d. h.}
$$

$$
{}^t (D\,{}^t T\,A^{-1})\,(D\,{}^t T\,A^{-1}) = E_n \quad .
$$

Also ist

$$
S_1 := D\,{}^t T\,A^{-1}
$$

orthogonal und es folgt

$$
S_1\,A\,T = D \quad .
$$

Übungsaufgabe. Man nehme eine Matrix $A \in GL\,(3; IR)$ und versuche, eine Orthonormalbasis von IR^3 zu berechnen, die unter A orthogonal bleibt. Wo liegt die Schwierigkeit?

Aufgabe. Ist $f: IR^n \to IR^n$ eine Affinität, so untersuche man, unter welchen Bedingungen es affine Unterräume gibt, so daß die Beschränkung von f darauf eine Kongruenz ist.

1.5.8. Den eben bewiesenen Satz kann man im IR^2 einfach geometrisch illustrieren. Dazu betrachten wir den Einheitskreis

$$
K = \{(x_1, x_2) \in IR^2 : x_1^2 + x_2^2 = 1\} \quad .
$$

Sein Bild $Q := f(K)$ unter der gegebenen Affinität f ist eine Ellipse. Wir nehmen $f(o) = o$ an.

Zwei Geraden $D, D' \subset IR^2$ durch o heißen *konjugierte Durchmesser* der Ellipse Q, wenn

$$
f^{-1}(D) \perp f^{-1}(D') \quad .
$$

Zwei konjugierte Durchmesser D, D' von Q heißen *Hauptachsen*, wenn

$$
D \perp D'
$$

Aus Satz 1.5.7 folgt die Existenz von solchen Hauptachsen. Verwendet man sie als Koordinatenachsen (y_1, y_2), so lautet die Gleichung von Q

$$\frac{y_1^2}{\alpha_1^2} + \frac{y_2^2}{\alpha_2^2} = 1 \quad .$$

Führt man im Urbild längs $f^{-1}(D)$ und $f^{-1}(D')$ neue Koordinaten (z_1, z_2) ein, so beschreibt sich f durch (Bild 1.53)

$$(z_1, z_2) \mapsto (\alpha_1 z_2, \alpha_2 z_2) \quad .$$

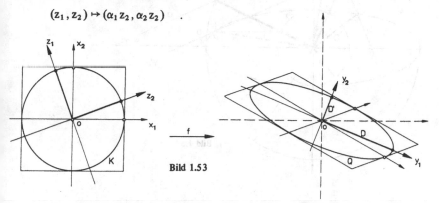

Bild 1.53

Sind zwei beliebige konjugierte Durchmesser einer Ellipse gegeben, so kann man daraus Hauptachsen nach dem *Verfahren von Rytz* geometrisch konstruieren. Um es herzuleiten, betrachten wir zunächst eine Ellipse

$$Q = \left\{ (x_1, x_2) \in \mathbb{R}^2 : \frac{x_1^2}{a^2} + \frac{x_2^2}{b^2} = 1 \right\}$$

mit den Koordinatenachsen als Hauptachsen und zwei beliebigen konjugierten Durchmessern D, D' (Bild 1.54).

Wir markieren Schnittpunkte p, p' mit Q. Man kann sie nach der Konstruktion aus Bild 1.33 durch Anlegen eines Lineals in der dort beschriebenen Weise entstanden denken. Da D und D' affine Bilder von aufeinander senkrecht stehenden Kreisdurchmessern sind, müssen die Hilfsgeraden Y, Y' senkrecht stehen. Die zu D' senkrechte Gerade durch o schneidet Y in einem Punkt q. Wieder mit elementargeometrischen Überlegungen sieht man

$$d(q, r') = b \quad .$$

Also ist der Mittelpunkt m von p, q auch Mittelpunkt von r, r' und es ist nach *Thales*

$$d(o, m) = \frac{a + b}{2} \quad .$$

Damit hat man die Möglichkeit, die Hauptachsen aus den konjugierten Durchmessern D, D' zu rekonstruieren (Bild 1.55):

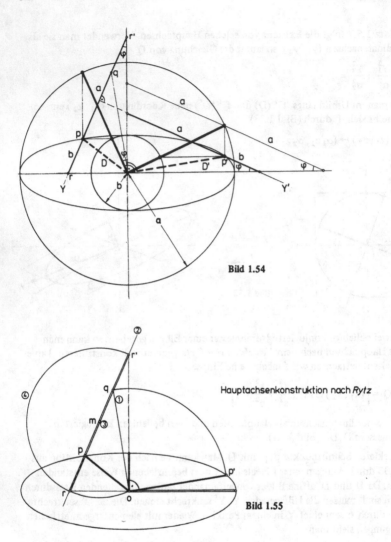

Bild 1.54

Hauptachsenkonstruktion nach *Rytz*

Bild 1.55

Man zeichnet das Lot zu D' in o und darauf q im Abstand a. m sei der Mittelpunkt von p und q. Der Kreis um m durch o schneidet Y in r und r'. Damit sind Lage und Länge der Hauptachsen bestimmt.

Mit den Längenveränderungen bei dimensionserniedrigenden affinen Abbildungen (etwa Parallelprojektionen) beschäftigt man sich in der *Axonometrie*, einem Teilgebiet der *darstellenden Geometrie* (siehe [24]). Eine Schablone für Zeichnungen in der *normierten dimetrischen Axonometrie* nach DIN 5 zeigt Bild 1.55.

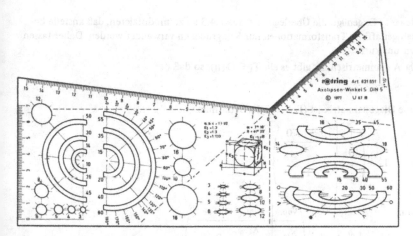

Bild 1.56

1.5.9. Wie wir gesehen haben, wird bei einer Affinität aus einem Kreis eine Ellipse. Die Längen ihrer Hauptachsen sind gegenüber Kongruenzen invariant. Entsprechend wird aus einer Kugel ein Ellipsoid und schließlich aus einer beliebigen Quadrik unserer Liste aus Satz 1.4.3 eine neue Quadrik mit bestimmten Achsenlängen. Wir zeigen nun, wie die Liste aus 1.4.3 weiter aufgefächert wird, wenn man eine Quadrik durch Kongruenzen in eine Form mit besonders einfacher Gleichung transformieren will.

Satz über die metrische Hauptachsentransformation von reellen Quadriken. Sei A' eine reelle symmetrische $(n + 1)$-reihige Matrix und

$$Q := \{x \in \mathbb{R}^n : {}^t x' A' x' = 0\}$$

die dadurch beschriebene Quadrik. Es sei

$$m := \text{rang } A \quad \text{und} \quad m' := \text{rang } A' \quad .$$

Dann gibt es eine Kongruenz $f: \mathbb{R}^n \to \mathbb{R}^n$ und $\alpha_1, \ldots, \alpha_m \in \mathbb{R}$, so daß $f(Q) \subset \mathbb{R}^n$ beschrieben wird durch eine Gleichung der Form

(a) $\quad \dfrac{y_1^2}{\alpha_1^2} + \ldots + \dfrac{y_k^2}{\alpha_k^2} - \dfrac{y_{k+1}^2}{\alpha_{k+1}^2} - \ldots - \dfrac{y_m^2}{\alpha_m^2} = 0, \qquad$ falls $m = m'$,

(b) $\quad \dfrac{y_1^2}{\alpha_1^2} + \ldots + \dfrac{y_k^2}{\alpha_k^2} - \dfrac{y_{k+1}^2}{\alpha_{k+1}^2} - \ldots - \dfrac{y_m^2}{\alpha_m^2} = 1, \qquad$ falls $m + 1 = m'$,

(c) $\quad \dfrac{y_1^2}{\alpha_1^2} + \ldots + \dfrac{y_k^2}{\alpha_k^2} - \dfrac{y_{k+1}^2}{\alpha_{k+1}^2} - \ldots - \dfrac{y_m^2}{\alpha_m^2} + 2 y_{m+1} = 0, \quad$ falls $m + 2 = m'$.

Beweis. Es genügt, die Überlegungen aus 1.4.3 so zu modifizieren, daß anstelle beliebiger affiner Transformationen nur Kongruenzen verwendet werden. Daher fassen wir uns kurz.

Da A symmetrisch ist, gibt es ein $T_1 \in O(n)$, so daß

$$^t T_1 \, A \, T_1$$

eine Diagonalmatrix ist (L.A. 6.5.6). Setzt man

$$T_1' = \begin{pmatrix} 1 & 0 \ldots 0 \\ \hline 0 & \\ \vdots & T_1 \\ 0 & \end{pmatrix}$$

so ist

$$B_1' := {}^t T_1' \, A' \, T_1' = \begin{pmatrix} c_{00} & c_{01} \ldots c_{0n} \\ \hline c_{10} & \lambda_1 & \\ \vdots & & \ddots & 0 \\ & & 0 & \ddots \\ c_{n0} & & & \lambda_n \end{pmatrix},$$

wobei $\lambda_1, \ldots, \lambda_n \in \mathbb{R}$ die Eigenwerte von A sind. Wir können $\lambda_1, \ldots, \lambda_m \neq 0$ und $\lambda_{m+1} = \ldots = \lambda_n = 0$ annehmen. Damit sind die gemischten Terme beseitigt. Wie in 1.4.3 vernichtet man durch eine Translation $c_{01}, \ldots, c_{0m}$, d.h. man erhält

$$B_2' = {}^t T_2' \, B_1' \, T_2' = \begin{pmatrix} d_{00} & 0 & & 0 & c_{0,m+1} \ldots c_{0n} \\ \hline 0 & \lambda_1 & & & \\ \vdots & & \ddots & 0 & \\ \vdots & & 0 & \ddots & 0 \\ 0 & & & \lambda_m & \\ c_{m+1,0} & & & & 0 \\ \vdots & & 0 & & \ddots \\ c_{n0} & & & & 0 \end{pmatrix}.$$

Typ (a). $d_{00} = c_{0,m+1} = \ldots = c_{0n} = 0$.

Hier sind wir fertig, denn wir können $\lambda_1, \ldots, \lambda_k > 0, \lambda_{k+1}, \ldots, \lambda_m < 0$ annehmen, und für $i = 1, \ldots, m$

$$\alpha_i := |\lambda_i|^{-\frac{1}{2}} \qquad\qquad \text{setzen.}$$

Typ (b). $d_{00} \neq 0, c_{0,m+1} = \ldots = c_{0n} = 0$.

O.B.d.A. sei $d_{00} < 0, \lambda_1, \ldots, \lambda_k > 0$ und $\lambda_{k+1}, \ldots, \lambda_m > 0$ (siehe 1.4.3). Wir dividieren die Gleichung durch $|d_{00}|$ und setzen

$$\alpha_i := \left(\frac{|\lambda_i|}{|d_{00}|} \right)^{-\frac{1}{2}} .$$

Typ (c). $c_{r0} \neq 0$ für mindestens ein $r \in \{m + 1, \ldots, n\}$.

Um $d_{00}, c_{m+2,0}, \ldots, c_{n0}$ mit einer Kongruenz zu beseitigen, muß man etwas arbeiten. Wir setzen

$$v := {}^t(c_{m+1,0}, \ldots, c_{n0}) \in \mathbb{R}^{n-m}, \quad v_1 = \frac{1}{\|v\|} \cdot v ,$$

und bestimmen eine Orthonormalbasis $v_1, \ldots, v_{n-m}$ von $\mathbb{R}^{n-m}$ nach dem Verfahren von *Schmidt* (L.A. 5.4.9).

Die Matrix

$$T_3' := \begin{pmatrix} 1 & 0 \ldots 0 & 0 \ldots 0 \\ 0 & & \\ \vdots & E_m & 0 \\ 0 & & \\ \hline \mu \cdot v_1 & 0 & v_1 \ldots v_{n-m} \end{pmatrix}, \quad \text{mit } \mu := \frac{-d_{00}}{2\|v\|} ,$$

beschreibt eine Kongruenz, und wie man leicht ausrechnet, ist

$${}^t T_3' B_2' T_3' = \begin{pmatrix} 0 & 0 \ldots 0 & \|v\| 0 \ldots 0 \\ 0 & \lambda_1 & \\ \vdots & \ddots & 0 \\ 0 & \lambda_m & \\ \hline \|v\| & & \\ 0 & & \\ \vdots & 0 & 0 \\ 0 & & \end{pmatrix} .$$

Nun genügt es

$$\lambda_1, \ldots, \lambda_k > 0 \quad \text{und} \quad \lambda_{k+1}, \ldots, \lambda_m < 0$$

anzunehmen, und

$$\alpha_i := \left(\frac{|\lambda_i|}{\|v\|} \right)^{-\frac{1}{2}} \qquad \text{zu setzen.}$$

Beispiel 1. Wendet man auf die Quadrik $Q \subset \mathbb{R}^2$ mit der Gleichung

$$13 x_1^2 + 7 x_2^2 + 6\sqrt{3}\, x_1 x_2 + (52 - 6\sqrt{3})\, x_1 + (-14 + 12\sqrt{3})\, x_2 + 43 - 12\sqrt{3} = 0$$

die durch die Matrix

$$S' = \begin{pmatrix} 1 & 0 & 0 \\ -\frac{1}{2} + \sqrt{3} & \frac{1}{2}\sqrt{3} & \frac{1}{2} \\ -1 - \frac{1}{2}\sqrt{3} & -\frac{1}{2} & \frac{1}{2}\sqrt{3} \end{pmatrix}$$

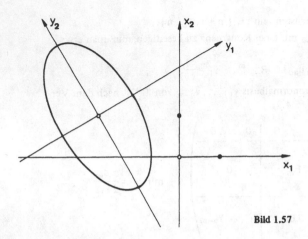

Bild 1.57

beschriebene Kongruenz f von $\mathbb{R}^2$ an, so wird $f(Q)$ beschrieben durch (Bild 1.57)

$$y_1^2 + \frac{y_2^2}{4} = 1 \quad .$$

Man berechne zur Übung S' nach dem in obigem Satz hergeleiteten Verfahren.

Beispiel 2. Um die bei Typ (c) nötige Umformung zu illustrieren, betrachten wir die Quadrik $Q \subset \mathbb{R}^3$ mit der Gleichung

$$x_1^2 + 6x_2 + 2x_3 - 5 = 0 \quad .$$

Setzt man

$$x_1 = y_1 \quad ,$$
$$x_2 = \frac{3}{10}\sqrt{10}\, y_2 - \frac{1}{10}\sqrt{10}\, y_3 + \frac{3}{4} \quad ,$$
$$x_3 = \frac{1}{10}\sqrt{10}\, y_2 + \frac{3}{10}\sqrt{10}\, y_3 + \frac{1}{4} \quad ,$$

so ist dadurch eine Kongruenz definiert und man erhält als neue Gleichung

$$\frac{y_1^2}{\sqrt{10}} + 2y_2 = 0 \quad .$$

Man berechne die angegebene Transformation nach dem Verfahren des obigen Beweises.

Mutigen Rechnern sei empfohlen, kompliziertere Beispiele in Angriff zu nehmen.

1.5.10. Im Fall $n = 3$ wollen wir den Satz 1.5.9 über die metrische Hauptachsentransformation illustrieren durch einige schöne Zeichnungen aus dem Buch „Analytische Geometrie spezieller Flächen und Raumkurven" von *Kuno Fladt* und *Arnold Baur* (Vieweg, Braunschweig 1975).

Typ (a). Der interessanteste Fall ist $m = 3, k = 2$. Die Gleichung

$$\frac{x^2}{\alpha^2} + \frac{y^2}{\beta^2} - \frac{z^2}{\gamma^2} = 0$$

beschreibt einen *elliptischen Kegel* (Bild 1.58).

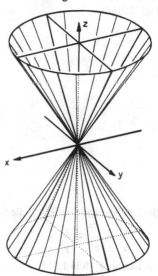

Bild 1.58

Typ (b). Wir beschränken uns auf den Fall $m = 3$. Für $k = 1$ ergibt die Gleichung

$$\frac{x^2}{\alpha^2} - \frac{y^2}{\beta^2} - \frac{z^2}{\gamma^2} = 1$$

ein *zweischaliges Hyperboloid* (Bild 1.59).

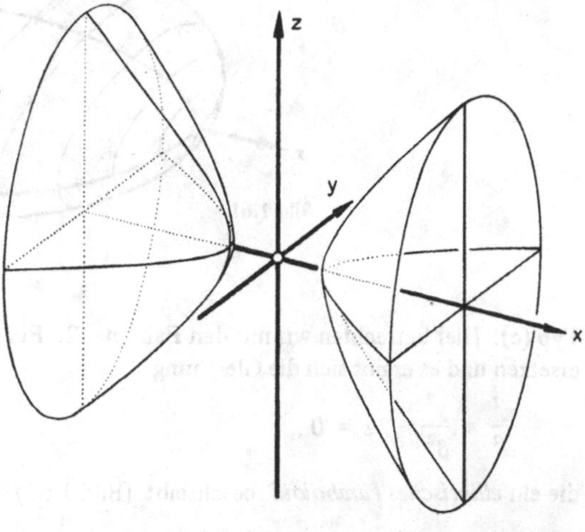

Bild 1.59

Für $k = 2$ beschreibt

$$\frac{x^2}{\alpha^2} + \frac{y^2}{\beta^2} - \frac{z^2}{\gamma^2} = 1$$

ein *einschaliges Hyperboloid* (Bild 1.60),
das zwei Scharen von Geraden enthält
(vgl. 3.5.10).

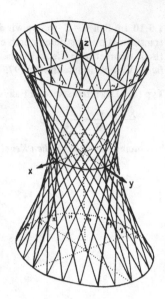

Bild 1.60

Schließlich ergibt für $k = 3$ die Gleichung

$$\frac{x^2}{\alpha^2} + \frac{y^2}{\beta^2} + \frac{z^2}{\gamma^2} = 1$$

ein *Ellipsoid* (Bild 1.61).

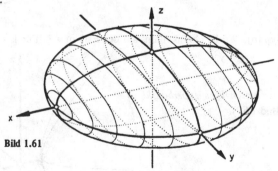

Bild 1.61

Typ (c). Hier betrachten wir nur den Fall $m = 2$. Für $k = 0$ kann man z durch $-z$
ersetzen und es ergibt sich die Gleichung

$$\frac{x^2}{\alpha^2} + \frac{y^2}{\beta^2} - 2z = 0 \, ,$$

die ein *elliptisches Paraboloid* beschreibt (Bild 1.62).

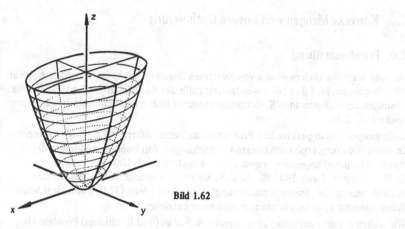

Bild 1.62

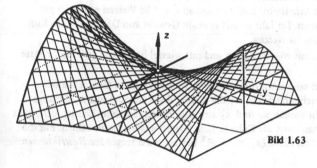

Bild 1.63

Für $k = 1$ ergibt die Gleichung

$$\frac{x^2}{\alpha^2} - \frac{y^2}{\beta^2} + 2z = 0$$

ein *hyperbolisches Paraboloid* (Bild 1.63).

Man überlege sich zur Übung, wo in den Zeichnungen die jeweiligen Hauptachsen α, β, γ sichtbar werden.

2. Konvexe Mengen und lineare Optimierung

2.0. Problemstellung

Die systematische Untersuchung von Systemen linearer *Gleichungen* wurde schon vor 1700 begonnen; im Jahre 1875 wurden mit Hilfe des Rang-Begriffes für Matrizen die Lösungen eines allgemeinen Systems inhomogener linearer Gleichungen beschrieben (siehe L.A. 2.3)

Bedingungen, die in praktischen Problemen auftreten, führen oft zu *Ungleichungen*. In erster Näherung ergibt das lineare Ungleichungen. Ein intensives Studium der damit zusammenhängenden Fragen wurde ausgelöst durch Untersuchungen, die *G. B. Dantzig* im Jahre 1947 für die U.S. Air Force durchführte. Daraus hat sich explosionsartig die „lineare Optimierung" entwickelt (siehe [12]). Zumindest ihren Konsequenzen kann sich heute niemand mehr entziehen.

Wir wollen ein sehr einfaches aber charakteristisches (und friedliches) Problem als Beispiel betrachten.

2.0.1. *Beispiel.* Ein Landwirt besitzt 20 ha Land und einen Stall für 10 Kühe. Er kann im Jahr 2400 Arbeitsstunden aufwenden. Für eine Kuh benötigt er pro Jahr 0,5 ha Land und 200 Arbeitsstunden. Der Anbau von 1 ha Weizen erfordert pro Jahr 100 Arbeitsstunden. Im Jahr erzielt er einen Gewinn von DM 350,– pro Kuh und von DM 260,– pro ha Weizen.

Die Frage lautet nun, mit wieviel Kühen und mit wieviel ha Weizen sich der höchste Gewinn erzielen läßt.

Das Problem läßt sich sehr einfach im Rahmen der analytischen Geometrie beschreiben. Dazu bezeichnen wir mit x_1 die Anzahl der Kühe und mit x_2 die angebauten ha Weizen. Wir wollen x_1 und x_2 als reelle Zahlen ansehen. Das ist nicht ganz unrealistisch, denn man kann die Kühe ja auch wiegen anstatt sie zu zählen. Für die Auswahl aller möglichen Paare $(x_1, x_2) \in \mathbb{R}^2$ bestehen die folgenden *Restriktionen*:

(1) $x_1 \geqslant 0$

(2) $x_2 \geqslant 0$

(3) $x_1 \leqslant 10$

(4) $0,5\, x_1 + x_2 \leqslant 20$

(5) $200\, x_1 + 100\, x_2 \leqslant 2400$.

Das ergibt die in Bild 2.1 durch Schraffur angedeutete *Menge* $K \subset \mathbb{R}^2$ *der zulässigen Punkte*. Der erzielbare Gewinn ist bestimmt durch die Werte der Linearform

$$\psi: \mathbb{R}^2 \to \mathbb{R}, \quad (x_1, x_2) \mapsto 350\, x_1 + 260\, x_2 \quad .$$

Gesucht ist ein *optimaler Punkt* $p \in K$, d.h. ein Punkt p, in dem ψ auf K ein Maximum annimmt.

Man kann p leicht mit einer geometrischen Überlegung finden.

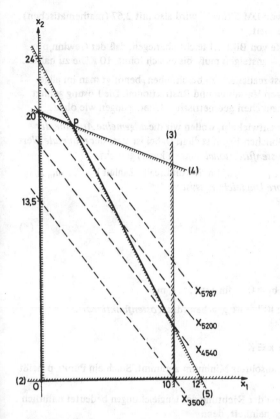

Bild 2.1

Zu jedem $c \in \mathbb{R}$ betrachten wir die Menge

$$X_c = \{(x_1, x_2) \in \mathbb{R}^2 : \psi(x_1, x_2) = c\}$$

der Punkte, die den Gewinn c ergeben. Das ist eine Gerade. Läßt man c von 0 aus ansteigen, so wird die Strecke auf X_c, die in K liegt, ab $c = 4540$ immer kürzer. Für einen bestimmten Wert c_0 trifft sie K nur noch in einem einzigen Punkt p und für $c > c_0$ schneiden sich X_c und K nicht mehr.

Offensichtlich ist p Lösung des Gleichungssystems

$$0,5 \, x_1 + x_2 = 20$$
$$200 \, x_1 + 100 \, x_2 = 2400 \quad .$$

Das ergibt $p = \frac{1}{3}(8; 56) = (2,66\ldots; 18,66\ldots)$, also

$$c_0 = \psi(p) = \frac{1}{3}(2800 + 14560) = \frac{17360}{3} = 5786,66\ldots \quad .$$

Der höchstmögliche Gewinn von DM 5786,67 wird also mit 2,67 (mathematischen) Kühen und 18,67 ha Weizen erzielt.

Weiter kann man sich mit Hilfe von Bild 2.1 leicht überlegen, daß der Gewinn pro Kuh auf mindestens DM 520,– ansteigen muß, bis es sich lohnt, 10 Kühe zu halten.

2.0.2. Um Probleme möglichst realistisch zu beschreiben, benötigt man im allgemeinen eine sehr große Zahl von Variablen und Restriktionen. Die Lösung gelingt dann nicht mehr mit so anschaulichen geometrischen Überlegungen wie oben.

Bevor wir stärkere Hilfsmittel entwickeln, wollen wir die *allgemeine Aufgabe der lineare Optimierung* in der üblichen Form stellen. Dabei ist stets der *minimale* Wert einer Linearform (die man *Kostenfunktional* nennen kann) gesucht.

Gegeben seien Linearformen $\varphi_1, \ldots, \varphi_m$ im $\mathbb{R}^n$ und reelle Zahlen $b_1, \ldots, b_m$. Dann betrachten wir das *lineare Ungleichungssystem*

$$
\begin{array}{l}
\varphi_1(x) + b_1 \geqslant 0 \\
\vdots \qquad\qquad \vdots \\
\varphi_m(x) + b_m \geqslant 0
\end{array}
\qquad\qquad (*)
$$

sowie seine *Lösungsmenge*

$$K := \{x \in \mathbb{R}^n : \varphi_i(x) + b_i \geqslant 0 \quad \text{für } i = 1, \ldots, m\} \quad .$$

Weiter sei eine Linearform $\psi \colon \mathbb{R}^n \to \mathbb{R}$ gegeben (das *Kostenfunktional*).

Gesucht ist ein $p \in K$ mit

$$\psi(x) \geqslant \psi(p) \quad \text{für alle } x \in K \quad ,$$

d.h. ein $p \in K$, in dem ψ ein absolutes Minimum annimmt. Solch ein Punkt p heißt *optimal.*

Die hier festgelegte Normierung der Richtung der Ungleichungen bedeutet natürlich keine Einschränkung der Allgemeinheit, denn

$$\varphi(x) + b \leqslant 0 \qquad \Longleftrightarrow \qquad -\varphi(x) - b \geqslant 0$$

und

$$\psi(p) \text{ maximal} \qquad \Longleftrightarrow \qquad -\psi(p) \text{ minimal.}$$

Auch Restriktionen in Form von linearen *Gleichungen* können berücksichtigt werden, denn

$$\varphi(x) + b = 0 \quad \Longleftrightarrow \quad \varphi(x) + b \geqslant 0 \text{ und } -\varphi(x) - b \geqslant 0 \quad .$$

Das lineare Ungleichungssystem $(*)$ kann man auch in Matrizenform schreiben. Dazu benutzen wir die Darstellungen

$$
\begin{array}{l}
\varphi_1 = a_{11}x_1 + \ldots + a_{1n}x_n \\
\vdots \qquad\qquad \vdots \\
\varphi_m = a_{m1}x_1 + \ldots + a_{mn}x_n
\end{array}
$$

mit $a_{ij} \in \mathbb{R}$ für $1 \leqslant i \leqslant m$ und $1 \leqslant j \leqslant n$. Setzt man dann

$$A = (a_{ij}), \quad b := {}^t(b_1, \ldots, b_m) \quad \text{und} \quad x = {}^t(x_1, \ldots, x_n) \quad,$$

so wird (*) zu

$$Ax + b \geqslant 0 \quad.$$

Dabei heißt ein Spaltenvektor $\geqslant 0$, wenn all seine Komponenten $\geqslant 0$ sind.

2.1. Konvexe Mengen und ihre Extremalpunkte

In diesem Abschnitt wollen wir zeigen, daß sich die Aufgabe der linearen Optimierung auf ein endliches Problem zurückführen läßt: die Auswertung des Unkostenfunktionals ψ in endlich vielen „Extremalpunkten" der Lösungsmenge K des gegebenen Ungleichungssystems. Die dafür wesentliche Eigenschaft von K ist die „Konvexität". Mit diesem Begriff wollen wir uns zunächst befassen (und zwar etwas ausführlicher, als dies nötig wäre, um nur die gegebene Optimierungsaufgabe zu lösen). Die erste systematische Abhandlung über konvexe Mengen wurde im Nachlaß von *H. Minkowski* [28] gefunden.

2.1.1. Wir erinnern an folgende Notationen. Für Punkte $p, q \in \mathbb{R}^n$ ist

$$p \vee q = \{p + \lambda(q - p) : \lambda \in \mathbb{R}\} = \{(1 - \lambda) p + \lambda q : \lambda \in \mathbb{R}\}$$

die *Verbindungsgerade* und

$$[p, q] = \{(1 - \lambda) p + \lambda q : \lambda \in [0,1] \subset \mathbb{R}\} =$$
$$= \{\lambda p + \mu q : \lambda, \mu \in \mathbb{R}_+, \lambda + \mu = 1\}$$

die *Verbindungsstrecke*.

Definition. Eine Teilmenge $K \subset \mathbb{R}^n$ heißt *konvex*, wenn mit je zwei Punkten $p, q \in K$ auch $[p, q] \subset K$ gilt (Bild 2.2).

Eine Teilmenge $H \subset \mathbb{R}^n$ heißt *Halbraum*, wenn es ein lineares Funktional $\varphi: \mathbb{R}^n \to \mathbb{R}$ und ein $b \in \mathbb{R}$ gibt derart, daß

$$H = \{x \in \mathbb{R}^n : \varphi(x) + b \geqslant 0\} \quad.$$

Bemerkung 1. Jeder Halbraum $H \subset \mathbb{R}^n$ ist konvex.

Beweis. Sind $p, q \in H$, so ist für $\lambda, \mu \geqslant 0$ und $\lambda + \mu = 1$

$$\varphi(\lambda p + \mu q) = \lambda \varphi(p) + \mu \varphi(q) \geqslant (\lambda + \mu)(-b) = -b \quad.$$

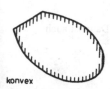

konvex

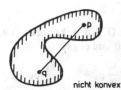

nicht konvex   **Bild 2.2**

Bemerkung 2. Für eine beliebige Familie konvexer Mengen $K_i \subset IR^n$ $(i \in I)$ ist

$$\bigcap_{i \in I} K_i$$

wieder konvex.

Beweis. Klar.

Zu diesen beiden Bemerkungen notieren wir eine wichtige

Folgerung. Die Lösungsmenge

$$K = \{x \in IR^n: \quad \varphi_i(x) + b_i \geqslant 0, \quad i \in I\}$$

eines beliebigen linearen Ungleichungssystems ist konvex.

Vorsicht! Wie man sich leicht überlegt, ist jedes beliebige System linearer Gleichungen im IR^n äquivalent zu einem endlichen Teilsystem (d.h. die Lösungsmenge bleibt gleich). Für lineare Ungleichungssysteme ist das nicht mehr der Fall (man betrachte etwa ein offenes Intervall oder eine abgeschlossene Kreisscheibe).

2.1.2. Selbstverständlich braucht die Vereinigung konvexer Mengen nicht mehr konvex zu sein. Wie üblich führt das zum Begriff einer „Hülle".

Sei $M \subset IR^n$ eine beliebige Teilmenge. Wir definieren die *konvexe Hülle*

$$\text{kon}(M)$$

als den Durchschnitt aller konvexen Teilmengen $K \subset IR^n$ mit $M \subset K$. Das ist offenbar die kleinste konvexe Menge, die M umfaßt.

Um kon(M) explizit beschreiben zu können, geben wir folgende

Definition. Sind (endlich viele) Punkte $p_0, \ldots, p_k \in IR^n$ gegeben, so heißt eine Linearkombination

$$\lambda_0 p_0 + \ldots + \lambda_k p_k \quad \text{mit } \lambda_0, \ldots, \lambda_k \in IR$$

konvex (oder *Konvexkombination*), wenn

$$\lambda_0 \geqslant 0, \ldots, \lambda_k \geqslant 0 \quad \text{und} \quad \lambda_0 + \ldots + \lambda_k = 1 \quad .$$

Lemma. Ist $K \subset IR^n$ konvex und sind $p_0, \ldots, p_k \in K$, so enthält K jede Konvexkombination $\lambda_0 p_0 + \ldots + \lambda_k p_k$.

Beweis. Wir führen Induktion nach k. $k = 0$ ist trivial und $k = 1$ ist die Definition der Konvexität. Für $k \geqslant 1$ sei

$$x := \lambda_0 p_0 + \ldots + \lambda_k p_k$$

Konvexkombination. O.B.d.A. können wir $\lambda_k > 0$ annehmen. Dann ist auch $\mu := \lambda_1 + \ldots + \lambda_k > 0$ und es gilt

$$x = \lambda_0 p_0 + \mu \left(\frac{\lambda_1}{\mu} p_1 + \ldots + \frac{\lambda_k}{\mu} p_k \right) \quad .$$

Nach Induktionsannahme ist die in der Klammer stehende Konvexkombination in K enthalten. Wegen $\lambda_0 + \mu = 1$ folgt $x \in K$ aus dem schon erledigten Fall $k = 1$.

Satz. Für eine beliebige Teilmenge $M \subset \mathbb{R}^n$ ist

$$\text{kon}(M) = \left\{ \sum_{i=0}^{k} \lambda_i p_i : k \in \mathbb{N}, p_i \in M, \lambda_i \geqslant 0, \sum_{i=0}^{k} \lambda_i = 1 \right\} \quad,$$

d.h. gleich der Menge L der Konvexkombinationen von je endlich vielen Punkten aus M.

Beweis. Wir zeigen zunächst, daß L konvex ist. Seien also Konvexkombinationen $x, y \in L$ gegeben. In beiden Kombinationen treten insgesamt nur endlich viele Punkte, etwa $p_0, \ldots, p_m$, auf. Damit können wir o.B.d.A. von Konvexkombinationen

$$x = \sum_{i=0}^{m} \lambda_i p_i \quad \text{und} \quad y = \sum_{i=0}^{m} \mu_i p_i$$

ausgehen. Für $\lambda, \mu \geqslant 0$ und $\lambda + \mu = 1$ ist

$$\lambda x + \mu y = \sum_{i=0}^{m} (\lambda \lambda_i + \mu \mu_i) p_i$$

wegen

$$\sum_{i=0}^{m} (\lambda \lambda_i + \mu \mu_i) = \lambda \sum_{i=0}^{m} \lambda_i + \mu \sum_{i=0}^{m} \mu_i = \lambda + \mu = 1$$

wieder Konvexkombination, also in L enthalten.

Ist $K \subset \mathbb{R}^n$ eine konvexe Menge mit $M \subset K$, so folgt aus dem Lemma $L \subset K$. Also ist L minimal und wir erhalten $\text{kon}(M) = L$.

2.1.3. Für besonders einfache konvexe Mengen führen wir spezielle Namen ein.

Definition. Eine Teilmenge $K \subset \mathbb{R}^n$ heißt *konvexes Polyeder*, wenn es (endlich viele) Punkte $p_0, \ldots, p_k \in \mathbb{R}^n$ gibt mit

$$K = \text{kon}(p_0, \ldots, p_k) \quad.$$

$S \subset \mathbb{R}^n$ heißt ein k-*Simplex*, wenn es affin unabhängige Punkte $p_0, \ldots, p_k \in \mathbb{R}^n$ gibt mit

$$S = \text{kon}(p_0, \ldots, p_k) \quad \text{(Bild 2.3)}.$$

Ist $S = \text{kon}(p_0, \ldots, p_k)$ ein k-Simplex, so ist jedes $p \in S$ eindeutig als Konvexkombination

$$p = \lambda_0 p_0 + \ldots + \lambda_k p_k$$

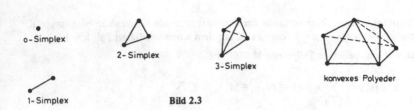

o-Simplex

2-Simplex

3-Simplex

konvexes Polyeder

1-Simplex   **Bild 2.3**

darstellbar, denn Konvexkombinationen sind spezielle Affinkombinationen (siehe 1.2.6). Stellt man sich jedes p_i als Punkt mit der Masse λ_i vor und verbindet man die Punkte durch masselose Stangen, die jeder theoretische Physiker vorrätig hat, so ist

$$p = \lambda_0 p_0 + \ldots + \lambda_k p_k$$

gerade der Schwerpunkt des entstehenden Gebildes von der Gesamtmasse 1. Daher nennt man $\lambda_0, \ldots, \lambda_k$ auch *baryzentrische Koordinaten* von p.

Aufgabe. Man beweise den folgenden *Satz von Carathéodory*:

Ist $K \subset \mathbb{R}^n$ die konvexe Hülle von endlich vielen Punkten, so ist jeder Punkt $p \in K$ schon Konvexkombination von n + 1 Stück der gegebenen Punkte (welche man verwenden muß, hängt von p ab).

Anleitung. Man erkläre als *Dimension* einer konvexen Menge die Dimension des durch sie aufgespannten affinen Raumes. Zu dem gegebenen Punkt p betrachte man eine von ihm verschiedene Ecke q von K, sowie den Endpunkt q' der Strecke, die K auf der Verbindungsgeraden von p und q ausschneidet. q' ist in einer konvexen Menge kleinerer Dimension enthalten, was einen Induktionsbeweis ermöglicht.

2.1.4. Wir wollen zeigen, daß die Lösungsmenge eines Systems linearer Ungleichungen ein konvexes Polyeder ist, falls sie beschränkt ist. Dazu wieder ein neuer Begriff.

Definition. Ist $K \subset \mathbb{R}^n$ konvex, so heißt ein Punkt $p \in K$ *Extremalpunkt* von K, falls er nicht innerer Punkt irgend einer Strecke $[p_1, p_2]$ mit $p_1, p_2 \in K$ ist. Anders ausgedrückt: Ist $p \in [p_1, p_2]$ mit $p_1, p_2 \in K$ und $p_1 \neq p_2$, so folgt $p = p_1$ oder $p = p_2$. Einen Extremalpunkt eines konvexen Polyeders nennt man auch *Ecke*.

Bemerkung 1. $p \in K$ ist genau dann Extremalpunkt, wenn $K \smallsetminus \{p\}$ konvex ist.

Bemerkung 2. In einem k-Simplex $kon(p_0, \ldots, p_k)$ sind alle Punkte $p_0, \ldots, p_k$ Ecken.

Die Beweise überlassen wir dem Leser zur Übung.

Vorsicht! In einem konvexen Polyeder $K = kon(p_0, \ldots, p_k)$ brauchen nicht alle Punkte $p_0, \ldots, p_k$ Ecken zu sein, denn einige der Punkte können ja zur Darstellung von K überflüssig sein.

Wie man unmittelbar sieht, hat ein Halbraum im $\mathbb{R}^2$ keine Extremalpunkte und eine abgeschlossenen Kreisscheibe unendlich viele (nämlich jeden Randpunkt, Bild 2.4).

Übungsaufgabe. Jedes konvexe Polyeder $K \subset \mathbb{R}^n$ ist kompakt (vgl. hierzu [22], § 3).

Bild 2.4

2.1.5. Bei der Suche nach Extremalpunkten konvexer Mengen kann man oft induktiv vorgehen mit Hilfe von folgendem

Lemma. Sei $K \subset IR^n$ konvex und $\varphi: IR^n \to IR$ linear. Sei $x_0 \in K$ gegeben mit

$$\beta := \varphi(x_0) = \min\{\varphi(x): x \in K\} \quad \text{und sei}$$
$$K' := K \cap \{x \in IR^n: \varphi(x) = \beta\} \quad .$$

Dann ist jeder Extremalpunkt p von K'
auch Extremalpunkt von K.

Beweis (Bild 2.5). Angenommen es wäre

$$p = \lambda p_1 + (1 - \lambda) p_2$$

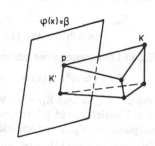

Bild 2.5

mit $p_1, p_2 \in K$ und $0 < \lambda < 1$. Da p Extremalpunkt von K' ist, können nicht beide Punkte p_1, p_2 in K' liegen. Sei etwa $p_1 \notin K'$, also $\varphi(p_1) > \beta$. Wegen $\varphi(p_2) \geqslant \beta$ folgt

$$\beta = \varphi(p) = \lambda \varphi(p_1) + (1 - \lambda) \varphi(p_2) > \beta \quad .$$

Damit kommen wir zu folgendem grundlegenden

Satz. Gegeben sei das System linearer Ungleichungen

$$\varphi_1(x) + b_1 \geqslant 0, \ldots, \varphi_m(x) + b_m \geqslant 0$$

mit der Lösungsmenge $K \subset IR^n$. K sei kompakt und nicht leer. Dann gilt:

(1)   K besitzt mindestens einen Extremalpunkt.

(2)   Ist $\psi: IR^n \to IR$ ein lineares Funktional, so gibt es einen Extremalpunkt $p \in K$ mit

$$\psi(p) = \min\{\psi(x): x \in K\} \quad .$$

Einen solchen Extremalpunkt nennen wir *optimal* (bezüglich ψ).

Beweis. Wir erinnern zunächst daran, daß eine Teilmenge des IR^n genau dann kompakt ist, wenn sie beschränkt und abgeschlossen ist (vgl. etwa [22]). Da die Lösungsmengen von linearen Ungleichungssystemen stets abgeschlossen sind, ist nur die Beschränktheit eine zusätzliche Bedingung an K. Ohne sie wird der Satz offensichtlich falsch.

Auf $K_0 := K$ betrachten wir das Funktional φ_1. Da es eine stetige Funktion ist, existiert

$$\beta_1 := \min \{\varphi_1(x): x \in K_0\}$$

und offensichtlich ist $\beta_1 \geqslant -b_1$. Wir definieren

$$K_1 := K_0 \cap \{x \in \mathbb{R}^n: \varphi_1(x) = \beta_1\} \neq \phi \quad .$$

K_1 ist wieder kompakt, also existiert

$$\beta_2 := \min \{\varphi_2(x): x \in K_1\} \geqslant -b_2 \quad .$$

Analog definieren wir $K_2 \subset K_1$ und schließlich erhalten wir

$$K_m = K_{m-1} \cap \{x \in \mathbb{R}^n: \varphi_m(x) = \beta_m\}$$
$$= \{x \in \mathbb{R}^n: \varphi_1(x) = \beta_1, \ldots, \varphi_m(x) = \beta_m\} \neq \emptyset \quad .$$

K_m ist Lösungsraum eines inhomogenen linearen Gleichungssystems. Ist

$$W = \{x \in \mathbb{R}^n: \varphi_1(x) = \ldots = \varphi_m(x) = 0\}$$

und $p \in K_m$, so folgt $K_m = p + W$. Wegen der Kompaktheit von K_m muß $K_m = \{p\}$ sein. Trivialerweise ist p Extremalpunkt von K_m, nach dem Lemma also auch Extremalpunkt von K_{m-1} und schließlich von $K_0 = K$ (Bild 2.6). Damit ist (1) bewiesen. Zum Nachweis von (2) setzen wir

$$\beta := \min \{\psi(x): x \in K\} \quad .$$

Dann ist

$$K' := K \cap \{x \in \mathbb{R}^n: \psi(x) = \beta\}$$

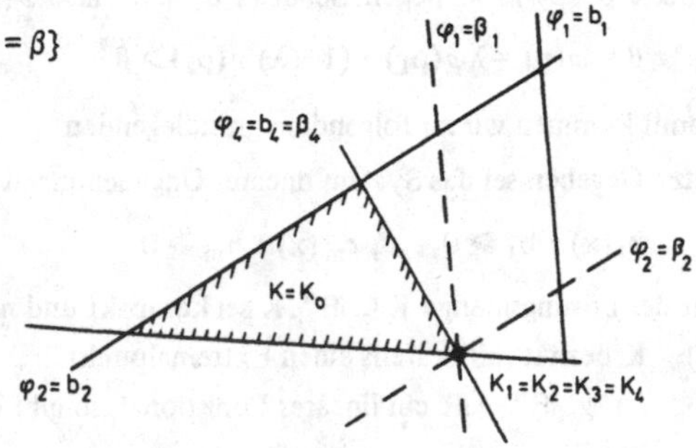

Bild 2.6

wieder kompakt und Lösungsmenge eines linearen Ungleichungssystems. Nach (1) besitzt K' einen Extremalpunkt p und nach dem Lemma ist er auch Extremalpunkt von K. Optimal ist p nach Definition von K'.

2.1.6. Mit Hilfe des Satzes aus 2.1.5 kann man sich bei der Suche nach Lösungen der Optimierungsaufgabe auf Extremalpunkte beschränken. Wir geben nun ein Verfahren an, sie zu finden.

Lemma. Sei $X \subset \mathbb{R}^n$ ein affiner Unterraum mit $\dim X \geqslant 1$. Im $\mathbb{R}^n$ sei das System linearer Ungleichungen

$$\varphi_1(x) + b_1 \geqslant 0, \ldots, \varphi_m(x) + b_m \geqslant 0$$

gegeben und es sei

$$K = \{x \in X: \varphi_1(x) + b_1 \geqslant 0, \ldots, \varphi_m(x) + b_m \geqslant 0\} \quad .$$

Ist p ein Extremalpunkt von K, so gibt es mindestens ein $i \in \{1, \ldots, m\}$ mit

$$\varphi_i(p) + b_i = 0, \quad \text{aber} \quad \varphi_i(x) + b_i \neq 0$$

für mindestens ein $x \in X$.

Beweis. All die φ_j mit $\varphi_j(x) + b_j = 0$ für alle $x \in X$ können wir einfach weglassen, ohne K zu verändern. Nehmen wir also an, daß gar keine solchen mehr vorkommen. Angenommen es wäre

$$\varphi_i(p) + b_i > 0 \quad \text{für} \quad i = 1, \ldots, m \quad .$$

Wegen der Stetigkeit der Linearformen gibt es ein $\epsilon > 0$ derart daß die Kugel

$$U := \{x \in X: \|p - x\| < \epsilon\}$$

in K enthalten ist. Dann ist aber p innerer Punkt einer in U und somit in K gelegenen Strecke.

Satz. Sei $K \subset \mathbb{R}^n$ die Lösungsmenge des linearen Ungleichungssystems

$$\varphi_1(x) + b_1 \geqslant 0, \ldots, \varphi_m(x) + b_m \geqslant 0 \quad .$$

Dann sind für einen Punkt $p \in K$ folgende Aussagen gleichwertig:

i) p ist Extremalpunkt von K.
ii) Es gibt Indizes $i_1, \ldots, i_n \in \{1, \ldots, m\}$ derart, daß $\varphi_{i_1}, \ldots, \varphi_{i_n}$ linear unabhängig sind und

$$\varphi_{i_1}(p) + b_{i_1} = \ldots = \varphi_{i_n}(p) + b_{i_n} = 0 \quad .$$

Anders ausgedrückt: Die Extremalpunkte von K sind genau die in K gelegenen Lösungen der aus dem Ungleichungssystem auswählbaren Gleichungssysteme vom Rang n.

Beweis. ii) $\Rightarrow$ i) verläuft ganz ähnlich wie der Beweis von Satz 2.1.5. Wir setzen

$$K_0 := K$$
$$K_1 = K \cap \{x \in \mathbb{R}^n: \varphi_{i_1}(x) + b_{i_1} = 0\}$$
$$\vdots$$
$$K_n = K_{n-1} \cap \{x \in \mathbb{R}^n: \varphi_{i_n}(x) + b_{i_n} = 0\} = \{p\} \quad .$$

Da p Extremalpunkt von K_n ist, folgt nach n-maliger Anwendung von Lemma 2.1.5, daß p Extremalpunkt von K ist.

i) $\Rightarrow$ ii).

1. Schritt: Wir wenden das Lemma für $X_0 := \mathbb{R}^n$ und $K_0 := K$ an. Danach gibt es ein $i_1 \in \{1, \ldots, m\}$ mit $\varphi_{i_1} \neq 0$ und $\varphi_{i_1}(p) + b_{i_1} = 0$.

2. Schritt: Wir setzen

$$X_1 := \{x \in \mathbb{R}^n : \varphi_{i_1}(x) + b_i = 0\} \text{ und}$$
$$K_1 := K_0 \cap X_1 \quad .$$

Wegen $\varphi_{i_1} \neq 0$ ist $\dim X_1 = n - 1$. Offensichtlich ist p auch Extremalpunkt von K_1. Nach dem Lemma gibt es ein $i_2 \in \{1, \ldots, m\}$ mit $\varphi_{i_2}(p) + b_{i_2} = 0$.

3. Schritt: Da φ_{i_2} auf X_1 nicht konstant ist, gilt für

$$X_2 := \{x \in X_1 : \varphi_{i_2}(x) + b_{i_2} = 0\}$$

$\dim X_2 = n - 2$. Wir fahren so fort und erhalten schließlich im *(n + 1)-ten Schritt*:

$$X_n := \{x \in X_{n-1} : \varphi_{i_n}(x) + b_{i_n} = 0\}$$
$$= \{x \in \mathbb{R}^n : \varphi_{i_1}(x) + b_{i_1} = \ldots = \varphi_{i_n}(x) + b_{i_n} = 0\}$$

mit $\dim X_n = n - n = 0$ und $p \in X_n$. Also sind die Linearformen $\varphi_{i_1}, \ldots, \varphi_{i_n}$ linear unabhängig und es ist $X_n = \{p\}$.

Korollar. Ist $K \subset \mathbb{R}^n$ die Lösungsmenge von m linearen Ungleichungen, so hat K höchstens $\binom{m}{n}$ Extremalpunkte.

Im allgemeinen ist diese Abschätzung ziemlich schlecht, denn erstens braucht nicht jede aus n Linearformen bestehende Teilmenge linear unabhängig zu sein, und selbst wenn das der Fall ist, braucht der dadurch bestimmte Punkt p nicht in K zu liegen.

2.1.7. Mit Hilfe der Aussagen aus 2.1.5 und 2.1.6 erhalten wir folgende vorläufige **Lösung der Optimierungsaufgabe.** Im $\mathbb{R}^n$ seien das System linearer Ungleichungen

$$\varphi_1(x) + b_1 \geq 0, \ldots, \varphi_m(x) + b_m \geq 0$$

und das Funktional ψ gegeben. Die Lösungsmenge $K \subset \mathbb{R}^n$ sei nicht leer und kompakt.

1. Man bestimme alle linear unabhängigen Teilmengen

$$\{\varphi_{i_1}, \ldots, \varphi_{i_n}\} \subset \{\varphi_1, \ldots, \varphi_m\}$$

und berechne die Lösungspunkte der entsprechenden linearen Gleichungssysteme

$$\varphi_{i_1}(x) + b_{i_1} = \ldots = \varphi_{i_n}(x) + b_{i_n} = 0 \quad .$$

Das ergibt Punkte $p_1, \ldots, p_k$, wobei $k \leq \binom{m}{n}$.

2. Man kontrolliere, welche der Punkte $p_1, \ldots, p_k$ in K enthalten sind (indem man sie in die jeweils restlichen Ungleichungen einsetzt). Die Numerierung sei so gewählt, daß $p_1, \ldots, p_r \in K$ ($r \leq k$) übrigbleiben.

3. Man berechne

$$\psi(p_1), \ldots, \psi(p_r)$$

und suche einen minimalen dieser endlich vielen Werte. Der entsprechende Punkt ist optimal.

Wir haben also das gegebene Problem, einen optimalen Punkt aus K zu finden, auf ein endliches Problem zurückgeführt und damit theoretisch gelöst. Aber der nötige Rechenaufwand ist so groß, daß dieses Verfahren für die Praxis so gut wie unbrauchbar ist. Um etwa einen Bauernhof mit Kühen, Schweinen, Hühnern, Weizen und Kartoffeln bei 30 Restriktionen zu optimieren, müßte man $\binom{30}{5} = 142506$ lineare Gleichungssysteme untersuchen. Daß diese Zahl immerhin endlich ist, nützt recht wenig.

Übungsaufgabe. Man führe die oben beschriebene Lösungsmethode im Fall von Beispiel 2.0.1 durch.

2.2. Das Simplexverfahren

Mit der Methode in 2.1.7 werden vorwiegend überflüssige Punkte berechnet. Dies kann man vermeiden mit Hilfe des auf *G. B. Dantzig* zurückgehenden „Simplexverfahrens", das geometrisch äußerst einfach zu beschreiben ist. Man bestimmt zunächst eine beliebige Ecke p der Lösungsmenge K des gegebenen Ungleichungssystems. Nun betrachtet man die „Kanten" von K, die von p ausgehen und kontrolliert, ob das Funktional ψ längs einer der Kanten kleiner wird. Ist das nicht der Fall, so ist p schon optimal. Andernfalls sucht man sich auf einer der Kanten mit abnehmendem Wert von ψ die nächste Ecke und wiederholt dort das Verfahren. Nach endlich vielen Schritten erreicht man so eine optimale Ecke.

In diesem Abschnitt wollen wir ausführlich untersuchen, wie sich die oben geschilderte geometrische Idee mit den Hilfsmitteln der analytischen Geometrie in die Tat umsetzen läßt und schließlich den allgemein üblichen Algorithmus für die praktische Durchführung der Rechnung ableiten.

Um eine möglichst gute geometrische Einsicht zu bekommen, befassen wir uns zunächst noch etwas mit allgemeinen Eigenschaften konvexer Mengen.

Zur Vorbereitung empfehlen wir dem Leser die Lösung folgender

Übungsaufgabe. Sei $K \subset IR^n$ konvex und $\psi: IR^n \to IR$ eine Linearform. Hat ψ in $p \in K$ ein (bezüglich K) lokales Minimum, so hat ψ in p ein (bezüglich K) globales Minimum.

2.2.1. Von den vielfältigen „Trennungseigenschaften" konvexer Mengen (siehe etwa [30]) behandeln wir hier nur einen Spezialfall, der sich mit elementaren analytischen Hilfsmitteln ganz einfach erledigen läßt.

Trennungslemma. Ist $K \subset IR^n$ eine kompakte konvexe Menge und $q \in IR^n \smallsetminus K$, so gibt es eine Linearform φ auf IR^n mit

$$\varphi(x) > \varphi(q) \quad \text{für alle } x \in K \quad .$$

Beweis. O. B. d. A. sei q = 0. Wir betrachten die stetige Funktion

$$\mathbb{R}^n \to \mathbb{R}_+, \quad x \mapsto \|x\| \quad .$$

Da K kompakt ist, nimmt sie für ein $x_0 \in K$ ein Minimum an. Wir definieren

$$\varphi: \mathbb{R}^n \to \mathbb{R}, \quad x \mapsto \langle x_0, x \rangle \quad .$$

Ist $x_0 = (a_1, \ldots, a_n)$, so ist $\varphi(x_0) = a_1^2 + \ldots + a_n^2 > 0$. Angenommen es gibt ein $y_0 \in K$ mit $\varphi(y_0) < \varphi(x_0)$. Da K konvex ist, enthält K die Strecke $[x_0, y_0]$. Ihre Punkte lassen sich darstellen als

$$y = x_0 + \lambda(y_0 - x_0) \quad \text{mit } 0 \leqslant \lambda \leqslant 1 \quad .$$

Wir zeigen, daß die Norm von y von x_0 weg zunächst abnimmt, was der Wahl von x_0 widerspricht. Es ist

$$\langle x_0, x_0 \rangle - \langle y, y \rangle = -\lambda^2 \langle y_0 - x_0, y_0 - x_0 \rangle + 2\lambda(\langle x_0, x_0 \rangle - \langle x_0, y_0 \rangle) \quad .$$

Dies ist eine Funktion von λ.
Die Ableitung an der Stelle $\lambda = 0$ ergibt

$$2(\langle x_0, x_0 \rangle - \langle x_0, y_0 \rangle) > 0 \quad .$$

Also gibt es ein $\epsilon > 0$ mit

$$\|y\| < \|x_0\| \quad \text{für } 0 < \lambda < \epsilon$$

und das Lemma ist bewiesen (Bild 2.7).

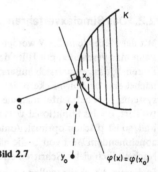

Bild 2.7

2.2.2. Wir kommen zu einem für die allgemeine Theorie konvexer Mengen wichtigen **Satz.** Sei $K \subset \mathbb{R}^n$ die Lösungsmenge eines linearen Ungleichungssystems. Ist K kompakt, so ist K die konvexe Hülle seiner Extremalpunkte, insbesondere also ein konvexes Polyeder.

Beweis. Seien $p_1, \ldots, p_k$ die Extremalpunkte von K und sei

$$L := \text{kon}(p_1, \ldots, p_k) \quad .$$

Da K konvex ist, gilt $L \subset K$. Angenommen, es gibt einen Punkt $q \in K \smallsetminus L$. Entsprechend 2.2.1 wählen wir eine Linearform φ auf $\mathbb{R}^n$ mit

$$\varphi(q) < \varphi(x) \quad \text{für alle } x \in L \quad .$$

Wir definieren

$$\beta := \min \{\varphi(x) : x \in K\} \leqslant \varphi(q)$$

und betrachten die kompakte konvexe Menge

$$K' := K \cap \{x \in \mathbb{R}^n : \varphi(x) = \beta\}.$$

Nach Satz 2.1.5 besitzt K' mindestens einen Extremalpunkt p und nach Lemma 2.1.5 ist p auch Extremalpunkt von K, also $p \in L$, was

$$\beta = \varphi(p) < \varphi(x) \quad \text{für alle } x \in L$$

widerspricht.

Aufgabe. Jedes konvexe Polyeder $K \subset \mathbb{R}^n$ ist Lösungsmenge eines endlichen Systems linearer Ungleichungen.

Anleitung: Sei $X \subset \mathbb{R}^n$ der von K aufgespannte affine Unterraum. In X betrachte man alle affinen Hyperebenen Y, die durch Ecken von K aufgespannt werden. Daraus wähle man diejenigen Y aus, für die K ganz in einem der beiden durch Y bestimmten Halbräume in X enthalten ist. Schließlich setze man diese Hyperebenen aus X zu Hyperebenen im $\mathbb{R}^n$ fort.

2.2.3. Wir geben an, wie man die Ecken eines konvexen Polyeders finden kann.

Lemma. Ist $K = \text{kon}(p_0, \ldots, p_k) \subset \mathbb{R}^n$ ein konvexes Polyeder und $p \in K$ eine Ecke, so ist $p \in \{p_0, \ldots, p_k\}$.

Beweis. Wir betrachten eine Konvexkombination

$$p = \lambda_0 p_0 + \lambda_1 p_1 + \ldots + \lambda_k p_k \quad .$$

Angenommen $p \notin \{p_0, \ldots, p_k\}$. Dann müssen mindestens zwei der Koeffizienten $\lambda_0, \ldots, \lambda_k$ größer als Null sein. Die Numerierung sei so gewählt, daß $\lambda_0 > 0$ und $\lambda_1 > 0$. Dann sind die Punkte

$$q_1 := (\lambda_0 + \lambda_1) p_0 + \lambda_2 p_2 + \ldots + \lambda_k p_k \quad \text{und}$$
$$q_2 := (\lambda_0 + \lambda_1) p_1 + \lambda_2 p_2 + \ldots + \lambda_k p_k$$

wieder in K enthalten und p ist innerer Punkt von $[q_1, q_2]$, denn

$$p = \frac{\lambda_0}{\lambda_0 + \lambda_1} q_1 + \frac{\lambda_1}{\lambda_0 + \lambda_1} q_2 \quad .$$

Satz von Minkowski. Jedes konvexe Polyeder $K \subset \mathbb{R}^n$ ist die konvexe Hülle seiner Extremalpunkte.

Beweisskizze. Sei $K = \text{kon}(p_0, \ldots, p_k)$, wobei die Punkte $p_0, \ldots, p_k$ paarweise verschieden sind. Ist $p_0 \in K$ Ecke, so folgt aus dem Lemma

$$p_0 \notin \text{kon}(p_1, \ldots, p_k) =: L \quad . \tag{*}$$

Ist umgekehrt (*) erfüllt, so muß p_0 Ecke sein. Um das einzusehen wählen wir nach 2.2.1 eine Linearform φ mit

$$\varphi(x) > \varphi(p_0) \quad \text{für alle } x \in L \quad .$$

Jeder Punkt aus K liegt auf einer Strecke von p_0 zu einem Punkt von L, also ist

$$\varphi(y) > \varphi(p_0) \quad \text{für alle } y \in K \setminus \{p_0\} \quad .$$

Nach Lemma 2.1.5 ist p_0 Ecke von K.

Wir haben also gezeigt, daß der Punkt p_0 genau dann Ecke von K ist, wenn man ihn in den Konvexkombinationen nicht weglassen darf. Dasselbe gilt natürlich für die anderen Punkte.

Damit ist der Beweis klar. Man lasse, beginnend mit p_0, all die Punkte weg, die entbehrlich sind. Was übrig bleibt, sind die Ecken.

2.2.4. Nun kommen wir zu dem für die Simplexmethode grundlegenden Begriff der „Kante".

Definition. Sei $K \subset \mathbb{R}^n$ konvexes Polyeder und seien $p, q \in K$ Ecken. Die Verbindungsstrecke $[p, q]$ heißt *Kante* von K, wenn kein Punkt $x \in [p, q]$ innerer Punkt einer Strecke $[p_1, p_2]$ mit $p_1, p_2 \in K \setminus [p, q]$ ist.

Man überlege sich zur Übung, daß diese Bedingung gerade bedeutet, daß $K \setminus [p, q]$ konvex ist.

Die Ecken $p, q \in K$ heißen *benachbart*, wenn $[p, q]$ eine Kante ist.

Ganz analog zu 2.1.5 kann man auch auf der Suche nach Kanten induktiv vorgehen.

Lemma. Sei $K \subset \mathbb{R}^n$ konvex und sei φ eine Linearform, zu der es ein $x_0 \in K$ gibt mit

$$\beta := \varphi(x_0) = \min \{\varphi(x): x \in K\} \quad \text{und sei}$$
$$K' := K \cap \{x \in \mathbb{R}^n: \varphi(x) = \beta\} \quad .$$

Ist $[p, q]$ Kante von K', so ist $[p, q]$ Kante von K.

Beweis. Sei $x \in [p, q]$ und

$$x = \lambda p_1 + (1 - \lambda) p_2$$

mit $p_1, p_2 \in K \setminus [p, q]$ und $0 < \lambda < 1$. Da $[p, q]$ Kante in K' ist, können p_1 und p_2 nicht beide in K' liegen. Ist etwa $p_1 \notin K'$, so ist $\varphi(p_1) > \beta$ und es ergibt sich der Widerspruch

$$\beta = \varphi(x) = \lambda \varphi(p_1) + (1 - \lambda) \varphi(p_2) > \beta \quad .$$

Mit Hilfe dieses Lemmas zeigen wir nun, daß es zu jeder Ecke eines konvexen Polyeders benachbarte Ecken gibt.

In 2.1.6 hatten wir gesehen, daß die Ecken der Lösungsmenge eines Systems linearer Ungleichungen die Lösungen von linear unabhängigen Teilsystemen linearer Gleichungen sind. Tauscht man in dem Gleichungssystem für eine Ecke eine einzige Gleichung aus, so erhält man ein Gleichungssystem für eine benachbarte Ecke:

Kantenkriterium. Sei $K \subset \mathbb{R}^n$ die Lösungsmenge des Systems linearer Ungleichungen

$$\varphi_0(x) + b_0 \geq 0, \dots, \varphi_m(x) + b_m \geq 0 \quad ,$$

wobei $m \geq n$. Seien $\varphi_0, \varphi_1, \varphi_2, \dots, \varphi_n$ derart, daß $(\varphi_0, \varphi_2, \dots, \varphi_n)$ und $(\varphi_1, \varphi_2, \dots, \varphi_n)$ linear unabhängig sind.

Wir definieren die Gerade

$$X := \{x \in \mathbb{R}^n: \varphi_2(x) + b_2 = \dots = \varphi_n(x) + b_n = 0\}$$

und nehmen an, daß die Punkte

$$p \in X \quad \text{mit} \quad \varphi_0(p) + b_0 = 0 \quad \text{und}$$

$$q \in X \quad \text{mit} \quad \varphi_1(q) + b_1 = 0$$

in K enthalten sind. Dann sind p, q Ecken von K und [p, q] ist Kante von K (Bild 2.8).

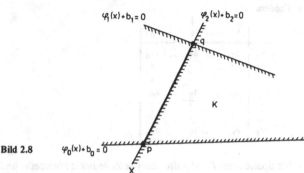

Bild 2.8 $\varphi_0(x) + b_0 = 0$

Insbesondere gilt

$$[p, q] = \{x \in X: \varphi_0(x) + b_0 \geqslant 0, \varphi_1(x) + b_1 \geqslant 0\} \quad .$$

Beweis. Daß p, q $\in$ K Ecken sind, folgt aus Satz 2.1.6. Um zu zeigen, daß [p, q] $\subset$ K Kante ist, definieren wir

$$K_1 := K$$
$$K_2 := K_1 \cap \{x \in \mathbb{R}^n: \varphi_2(x) + b_2 = 0\}$$
$$\vdots$$
$$K_n := K_{n-1} \cap \{x \in \mathbb{R}^n: \varphi_n(x) + b_n = 0\} \quad .$$

Offensichtlich ist $K_n = K \cap X = [p, q]$. Da die Strecke [p, q] trivialerweise Kante von K_n ist, ist sie nach dem Lemma auch Kante von K_{n-1}, K_{n-2}, und schließlich von $K_1 = K$.

2.2.5. Wie wir in 2.2.4 gesehen haben, kann man von einer Ecke der Lösungsmenge eines linearen Ungleichungssystems zu einer benachbarten Ecke gelangen, indem man eine der beschreibenden Gleichungen austauscht. Zur numerischen Durchführung des Simplexverfahrens ist es nützlich, einen solchen Austausch übersichtlich darzustellen.

Wir erinnern zunächst an das *Austauschlemma* der linearen Algebra. Gegeben sei ein K-Vektorraum V mit einer Basis $v_1, \ldots, v_n$ sowie weiteren Vektoren $w_1, \ldots, w_k$. Ist ein fester Vektor v_i aus der Basis vorgegeben, so kann man leicht entscheiden, gegen welche Vektoren w_j man ihn austauschen kann. Man nimmt die Darstellung

$$w_j = a_{j1} v_1 + \ldots + a_{j, i-1} v_{i-1} + a_{ji} v_i + a_{j, i+1} v_{i+1} + \ldots + a_{jn} v_n \quad ;$$

ist dann $a_{ji} \neq 0$, so ist

$$(v_1, \ldots, v_{i-1}, w_j, v_{i+1}, \ldots, v_n)$$

wieder eine Basis von V. Wir wollen nun ein einfaches Verfahren dafür angeben, die Basisdarstellungen bezüglich der neuen Basis aus den Basisdarstellungen bezüglich der Ausgangsbasis zu berechnen. Die Ausgangssituation kann man beschreiben durch das *Tableau*

	v_1	$\ldots$	v_i	$\ldots$	v_n
w_1	a_{11}	$\ldots$	a_{1i}	$\ldots$	a_{1n}
$\vdots$	$\vdots$		$\vdots$		$\vdots$
$\rightarrow\ w_j$	a_{j1}	$\ldots$	$\boxed{a_{ji}}$	$\ldots$	a_{jn}
$\vdots$	$\vdots$		$\vdots$		$\vdots$
w_k	a_{k1}	$\ldots$	a_{ki}	$\ldots$	a_{kn}

Die i-te Spalte heißt *Pivotspalte*, die j-te Zeile heißt *Pivotzeile*, und der eingerahmte Koeffizient $a_{ji} \neq 0$ heißt *Pivot* (auf deutsch *Angel*).

Durch eine einfache Rechnung (vgl. L.A. 1.4.11) erhält man

$$v_i = -\frac{a_{j1}}{a_{ji}} v_1 - \ldots - \frac{a_{j,i-1}}{a_{ji}} v_{i-1} + \frac{1}{a_{ji}} w_j - \frac{a_{j,i+1}}{a_{ji}} v_{i+1} - \ldots - \frac{a_{jn}}{a_{ji}} v_n$$

und für $\kappa \neq j$

$$w_\kappa = \left(a_{\kappa 1} - a_{\kappa i} \frac{a_{j1}}{a_{ji}}\right) v_1 + \ldots + \left(a_{\kappa,i-1} - a_{\kappa i} \frac{a_{j,i-1}}{a_{ji}}\right) v_{i-1}$$

$$+ \frac{a_{\kappa i}}{a_{ji}} w_j + \left(a_{\kappa,i+1} - a_{\kappa i} \frac{a_{j,i+1}}{a_{ji}}\right) v_{i+1} + \ldots + \left(a_{\kappa n} - a_{\kappa i} \frac{a_{jn}}{a_{ji}}\right) v_n \quad .$$

Das ergibt das Tableau

	v_1	$\ldots$	w_j	$\ldots$	v_n
w_1	$\left(a_{11} - a_{1i}\dfrac{a_{j1}}{a_{ji}}\right)$	$\ldots$	$\dfrac{a_{1i}}{a_{ji}}$	$\ldots$	$\left(a_{1n} - a_{1i}\dfrac{a_{jn}}{a_{ji}}\right)$
$\vdots$	$\vdots$		$\vdots$		$\vdots$
v_i	$-\dfrac{a_{j1}}{a_{ji}}$	$\ldots$	$\dfrac{1}{a_{ji}}$	$\ldots$	$-\dfrac{a_{jn}}{a_{ji}}$
$\vdots$	$\vdots$		$\vdots$		$\vdots$
w_k	$\left(a_{k1} - a_{ki}\dfrac{a_{j1}}{a_{ji}}\right)$	$\ldots$	$\dfrac{a_{ki}}{a_{ji}}$	$\ldots$	$\left(a_{kn} - a_{ki}\dfrac{a_{jn}}{a_{ji}}\right)$

was man sich durch folgende Regeln einigermaßen merken kann:

(1) Der *Pivot* a_{ji} wird ersetzt durch sein Inverses.

(2) In der *Pivotzeile* werden alle Koeffizienten außerhalb des Pivots durch den negativen Pivot dividiert.

(3) In der *Pivotspalte* werden alle Koeffizienten außerhalb des Pivots durch den Pivot dividiert.

(4) Ist κ der Index einer von der Pivotzeile verschiedenen Zeile (also $\kappa \neq j$), so betrachte man den in der Pivotspalte dieser Zeile stehenden Koeffizienten $a_{\kappa i}$. Zu jedem Koeffizienten dieser Zeile (außerhalb der Pivotspalte) wird das $a_{\kappa i}$-fache des entsprechenden Koeffizienten der neuen Pivotzeile addiert.

Beispiel. Im $\mathbb{R}^3$ gehen wir aus von der kanonischen Basis (e_1, e_2, e_3), sowie von

$$w_1 = (0, 1, -1), \quad w_2 = (2, -1, 1) \quad \text{und} \quad w_3 = (1, 2, 1),$$

also von dem Tableau

	e_1	e_2	e_3
w_1	0	1	-1
$\rightarrow$ w_2	$\boxed{2}$	-1	1
w_3	1	2	1

Wir können e_1 gegen w_2 oder w_3 austauschen. Entscheiden wir uns für w_2, so wird 2 zum Pivot und die oben beschriebene Rechnung ergibt das neue Tableau

	w_2	e_2	e_3
w_1	0	1	-1
e_1	$\frac{1}{2}$	$\frac{1}{2}$	$-\frac{1}{2}$
w_3	$\frac{1}{2}$	$\frac{5}{2}$	$\frac{1}{2}$

2.2.6. Die in 2.2.5 beschriebenen Tableaux können wir nun sehr gut zur Lösung der linearen Optimierungsaufgabe verwenden. Ist $K \subset \mathbb{R}^n$ die Lösungsmenge des linearen Ungleichungssystems

$$\varphi_i(x) + b_i \geq 0, \quad i = 1, \ldots, m \quad ,$$

und $p \in K$ eine Ecke, so gehören dazu nach 2.1.6 linear unabhängige Linearformen $\varphi_{i_1}, \ldots, \varphi_{i_n}$ mit

$$\varphi_{i_1}(p) + b_{i_1} = \ldots = \varphi_{i_n}(p) + b_{i_n} = 0 \quad .$$

Sie bilden eine Basis von $(\mathbb{R}^n)^*$, dem Dualraum von $\mathbb{R}^n$ (siehe L.A. 6.1.1) Sind $\varphi_{j_1}, \ldots, \varphi_{j_k}$ die restlichen nicht in der Basis auftretenden Linearformen aus dem gegebenen Ungleichungssystem, so hat man für $\kappa = 1, \ldots, k$ eine eindeutige Darstellung

$$\varphi_{j_\kappa} = a_{\kappa 1} \varphi_{i_1} + \ldots + a_{\kappa n} \varphi_{i_n} \quad .$$

Außerdem betrachten wir für das Kostenfunktional ψ die Darstellung

$$\psi = c_1 \varphi_{i_1} + \ldots + c_n \varphi_{i_n} \quad .$$

Weiter hat man für jede der Linearformen φ_j aus dem Ungleichungssystem in p einen nicht negativen *Wert*

$$\varphi_j(p) + b_j \quad ,$$

sowie schließlich den Wert $\psi(p)$.

All diese Daten kann man übersichtlich zusammenfassen in dem sogenannten *Eckentableau* von p:

	φ_{i_1}	φ_{i_2}	$\ldots$	φ_{i_n}	Wert
φ_{j_1}	a_{11}	a_{12}	$\ldots$	a_{1n}	$\varphi_{j_1}(p) + b_{j_1}$
$\vdots$	$\vdots$	$\vdots$		$\vdots$	$\vdots$
φ_{j_k}	a_{k1}	a_{k2}	$\ldots$	a_{kn}	$\varphi_{j_k}(p) + b_{j_k}$
ψ	c_1	c_2	$\ldots$	c_k	$\psi(p)$

2.2.7. Wir wollen nun untersuchen, wie man an dem Tableau einer Ecke ablesen kann, ob sie optimal ist, und wenn nicht, wie man das Tableau einer benachbarten besseren Ecke berechnen kann.

Lemma. Sei p eine Ecke der Lösungsmenge $K \subset \mathbb{R}^n$ des Systems linearer Ungleichungen

$$\varphi_i(x) + b_i \geq 0, \quad i = 1, \ldots, m \quad .$$

Es seien $\varphi_1, \ldots, \varphi_n$ linear unabhängig mit

$$\varphi_i(p) + b_i = 0, \quad i = 1, \ldots, n,$$

und es sei

$$\psi := c_1 \varphi_1 + \ldots + c_n \varphi_n \quad .$$

Dann gilt:

(1) Ist $c_1 \geq 0, \ldots, c_n \geq 0$, so ist p eine bezüglich ψ optimale Ecke.

(2) Ist $c_j < 0$ für ein $j \in \{1, \ldots, n\}$, so betrachten wir die Gerade

$$X := \{x \in \mathbb{R}^n : \varphi_i(x) + b_i = 0 \text{ für } i = 1, \ldots, j-1, j+1, \ldots, n\}$$

und den Strahl

$$X_+ := \{x \in X : \varphi_j(x) + b_j \geq 0\} \quad .$$

Ist dann $x \in X_+ \setminus \{p\}$, so ist $\psi(x) < \psi(p)$.

Beweis. Für ein beliebiges $x \in \mathbb{R}^n$ gilt

$$\psi(x) - \psi(p) = \sum_{i=1}^{n} c_i(\varphi_i(x) - \varphi_i(p)) = \sum_{i=1}^{n} c_i(\varphi_i(x) + b_i) \quad . \tag{*}$$

Im Fall (1) folgt für $x \in K$

$$\psi(x) - \psi(p) \geqslant 0 \quad ,$$

also ist p optimal.

Im Fall (2) erhalten wir

$$\psi(x) - \psi(p) = c_j(\varphi_j(x) + b_j) < 0$$

für $x \in X_+$ und $x \neq p$, denn dann ist $\varphi_j(x) + b_j > 0$.

In Bild 2.9 ist die Aussage im $\mathbb{R}^2$ für $\varphi_1 = x_1$, $\varphi_2 = x_2$, $b_1 = b_2 = 0$ und die beiden Funktionale $\psi_1 = x_1 + x_2$, $\psi_2 = x_1 - x_2$ geometrisch illustriert.

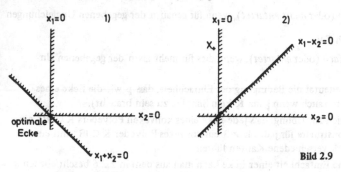

Bild 2.9

2.2.8. Ist in der Situation von Lemma 2.2.7 die Ecke p nicht optimal, so ist es nach 2.2.4 naheliegend, eine benachbarte Ecke auf dem Strahl X_+ zu suchen. Dabei kann aber das Unglück passieren, daß X_+ die Menge K nur in p trifft.

Beispiel. $K \subset \mathbb{R}^3$ sei die Lösungsmenge des linearen Ungleichungssystems

(1) $x_1 \geqslant 0$ (3) $x_3 \geqslant 0$

(2) $x_2 \geqslant 0$ (4) $-x_1 + x_2 + x_3 \geqslant 0$

und es sei $\psi = -x_1$. Der Ursprung $0 \in K$ ist eine Ecke und sie kann beschrieben werden durch das lineare Gleichungssystem

$$x_1 = x_2 = x_3 = 0 \quad .$$

Nach Lemma 2.2.7 erhalten wir als Gerade

$$X = \{(x_1, x_2, x_3) \in \mathbb{R}^3 : x_2 = x_3 = 0\}$$

die x_1-Achse. Sie trifft K nur im Nullpunkt (Bild 2.10).

Die Besonderheit der Ecke 0 von K ist, daß in ihr
mehr als drei der gegebenen Ungleichungen mit
dem Gleichheitszeichen erfüllt sind. Dies kann
man als Ausnahmefall ansehen.

Definition. Sei $K \subset \mathbb{R}^n$ Lösungsmenge des
linearen Ungleichungssystems

$$\varphi_i(x) + b_i \geqslant 0, \quad i = 1, \ldots, m \quad .$$

und $p \in K$ eine Ecke.

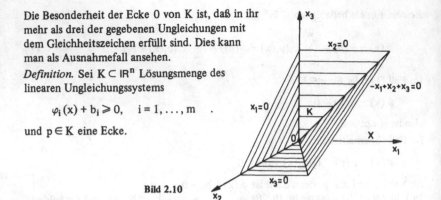

Bild 2.10

p heißt *einfach* (oder *nicht entartet*), wenn für genau n der gegebenen Ungleichungen

$$\varphi_i(p) + b_i = 0$$

gilt, und *mehrfach* (oder *entartet*), wenn dies für mehr als n der gegebenen Ungleichungen gilt.

Geometrisch bedeutet die Bedingung der Einfachheit, daß p wie die Ecke eines
Simplex aussieht (auch wenn ganz K kein Simplex zu sein braucht).

Man überlege sich zur Übung, daß jede Ecke eines konvexen Polyeders $K \subset \mathbb{R}^2$ einfach ist und konstruiere für jedes $k \geqslant 3$ ein konvexes Polyeder $K \subset \mathbb{R}^3$ mit einer
Ecke p, zu der k verschiedene Kanten führen.

Bemerkung. Die Einfachheit einer Ecke kann man aus dem in 2.2.6 beschriebenen
Tableau sofort ablesen: Sie bedeutet, daß in der Wertespalte (ohne $\psi(p)$) keine
Null vorkommt.

2.2.9. Ausgehend von einer einfachen nicht optimalen Ecke kann man nun leicht
eine benachbarte bessere Ecke finden.

Satz. Sei $K \subset \mathbb{R}^n$ die Lösungsmenge des linearen Ungleichungssystems

$$\varphi_i(x) + b_i \geqslant 0, \quad i = 1, \ldots, m \quad .$$

K sei kompakt und $p \in K$ sei eine bezüglich ψ nicht optimale einfache Ecke. Dann
gibt es eine zu p benachbarte Ecke q mit

$$\psi(q) < \psi(p) \quad .$$

Beweis. Zur Vereinfachung der Bezeichnungen nehmen wir an, die Numerierung sei
so gewählt, daß

$$\varphi_1(p) + b_1 = \ldots = \varphi_n(p) + b_n = 0 \quad ,$$
$$\varphi_{n+1}(p) + b_{n+1} > 0, \ldots, \varphi_m(p) + b_m > 0$$

gilt. Wir schreiben

$$\psi = c_1 \varphi_1 + \ldots + c_n \varphi_n \quad .$$

Da p nicht optimal ist, muß nach 2.2.7 einer der Koeffizienten, etwa c_1, negativ sein. Das bedeutet, daß die erste Gleichung ausgetauscht werden soll. Lassen wir sie weg, so erhalten wir die Gerade

$$X := \{x \in \mathbb{R}^n : \varphi_2(x) + b_2 = \ldots = \varphi_n(x) + b_n = 0\} \quad .$$

p liegt auf X und nach 2.2.7 nehmen die Werte von ψ auf dem „Suchstrahl"

$$X_+ := \{x \in X : \varphi_1(x) + b_1 \geqslant 0\}$$

von p aus ab.

Man läuft nun auf X_+ von p weg. Da p einfach ist, bleibt man dabei zunächst in K. Man beobachtet nun die Werte $\varphi_i(x) + b_i$ für $i = n + 1, \ldots, m$. Sobald einer davon null geworden ist, hat man die gesuchte benachbarte Ecke erreicht.

Für welches j nun $\varphi_j(x) + b_j$ zuerst gleich null wird, kann man leicht ausrechnen. Dazu schreibt man

$$\varphi_j = a_{j1} \varphi_1 + \ldots + a_{jn} \varphi_n \quad \text{für } j = n + 1, \ldots, m \quad .$$

Angenommen, es ist $a_{j1} = 0$ für alle j. Dann ist für $x \in X_+$

$$\varphi_j(x) = a_{j2} \varphi_2(x) + \ldots + a_{jn} \varphi_n(x) = \varphi_j(p) \geqslant -b_j ,$$

also $x \in K$ wegen $p \in K$. Aber eine kompakte Menge kann keinen Strahl enthalten.

Ist nun $a_{j1} \neq 0$ für ein festes $j \in \{n + 1, \ldots, m\}$, so sind $\varphi_j, \varphi_2, \ldots, \varphi_n$ linear unabhängig und es gibt genau einen Punkt $q \in X$ mit $\varphi_j(q) + b_j = 0$. Um ein Maß für den Abstand von p und q zu erhalten, zeigen wir die Beziehung

$$\varphi_1(q) + b_1 = -\frac{\varphi_j(p) + b_j}{a_{j1}} \quad . \tag{*}$$

Es ist

$$\varphi_j(p) = a_{j1} \varphi_1(p) + \ldots + a_{jn} \varphi_n(p) = -(a_{j1} b_1 + \ldots + a_{jn} b_n)$$

und

$$\varphi_j(q) = a_{j1} \varphi_1(q) + \ldots + a_{jn} \varphi_n(q) = a_{j1} \varphi_1(q) - (a_{j2} b_2 + \ldots + a_{jn} b_n) \quad ,$$

also

$$a_{j1}(\varphi_1(q) + b_1) = -(\varphi_j(p) - \varphi_j(q)) = -(\varphi_j(p) + b_j) \quad .$$

Wegen $\varphi_j(p) + b_j > 0$ folgt nun aus (*), daß q genau dann auf X_+ liegt, wenn $a_{j1} < 0$ ist. Wegen der Kompaktheit von K kann nicht ganz X_+ in K enthalten sein, also ist $a_{j1} < 0$ für mindestens ein j.

Damit q Ecke von K wird, genügt es also dasjenige j auszuwählen, für das die positive reelle Zahl

$$-\frac{\varphi_j(p) + b_j}{a_{j1}}$$

minimal wird, oder gleichbedeutend damit, die negative reelle Zahl

$$\chi_j := \frac{\varphi_j(p) + b_j}{a_{j1}}$$

maximal wird. Man nennt χ_j den *charakteristischen Quotienten*.

Der so erhaltene Punkt q ist also, von p ausgehend, der letzte in K gelegene Punkt auf dem Strahl X_+.

Mit Hilfe des Kantenkriteriums aus 2.2.7 folgt sofort, daß q Ecke und [p, q] Kante von K ist.

2.2.10. Aus dem Beweis von Satz 2.2.9 können wir unmittelbar ein Rechenverfahren für den Übergang vom Tableau einer nicht optimalen Ecke zum Tableau einer benachbarten besseren Ecke ablesen. Zunächst ein

Beispiel. Gegeben sei das Ungleichungssystem (Bild 2.11)

(1) $x_1 \geqslant 0$

(2) $x_2 \geqslant 0$

(3) $-x_1 + x_2 + 1 \geqslant 0$

(4) $x_1 + x_2 + 1 \geqslant 0$

(5) $-x_1 + 2 \geqslant 0$

(6) $-x_2 + 3 \geqslant 0$.

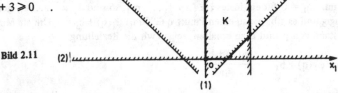

Bild 2.11

Der Ursprung ist eine Ecke der Lösungsmenge $K \subset \mathbb{R}^2$. Ist $\psi = -x_1$, so betrachten wir das folgende um eine Spalte erweiterte Tableau der Ecke 0:

	↓ x_1	x_2	Wert	χ
→ φ_3	-1	1	1	-1
φ_4	1	1	1	—
φ_5	-1	0	2	-2
φ_6	0	-1	3	—
ψ	-1	0	0	

In der Wertespalte steht (außer bei ψ) keine Null, also ist die Ecke einfach. Wegen $c_1 = -1 < 0$ ist die erste Spalte Pivotspalte, d.h. längs der x_1-Achse nimmt ψ ab. Für $j = 3,5$ ist $a_{j1} < 0$. In diesen Zeilen tragen wir in der letzten mit χ bezeichneten Spalte die charakteristischen Quotienten $\chi_3 = -1$ und $\chi_5 = -2$ ein. Ihr Betrag gibt in diesem Fall den Abstand zu den beiden Kandidaten $(1, 0)$ und $(2, 0)$ für eine benachbarte Ecke an (im allgemeinen erhält man nach 2.2.9 ein Vielfaches davon). Da -1 der größere der beiden Werte ist, wird die erste Zeile zur Pivotzeile und -1 zum Pivot.

Nach diesem Beispiel ist es schon klar, wie die *Pivotsuche im Tableau einer einfachen nicht optimalen Ecke* allgemein verläuft. Sicherheitshalber wollen wir es notieren:

(1) Man kontrolliere, ob in der Wertespalte (außer bei ψ) keine Null steht. Dann ist die Ecke einfach.

(2) Man bestimme eine *Pivotspalte* durch Auswahl eines beliebigen negativen Koeffizienten c_i in der Zeile von ψ.

(3) Man betrachte die über c_i stehenden Koeffizienten. Nach 2.2.9 muß mindestens einer negativ sein. Für diejenigen, die negativ sind, trage man den *charakteristischen Quotienten* in die letzte Spalte ein.

(4) Eine Zeile mit maximalem charakteristischen Quotienten kann als *Pivotzeile* gewählt werden.

Wie man sich leicht überlegt, ist die so festgelegte benachbarte Ecke genau dann wieder einfach, wenn der maximale Wert des charakteristischen Quotienten nur in einer einzigen Zeile angenommen wird (man verwende die Überlegungen aus 2.2.9).

2.2.11. Nunmehr ist es leicht, das Tableau der besseren benachbarten Ecke zu berechnen. Ist i der Index der Pivotspalte und j der Index der Pivotzeile, so hat man entsprechend 2.2.9 (dort war zur Vereinfachung $i = 1$ angenommen worden) das Funktional φ_i gegen φ_j auszutauschen. Dazu können wir das in 2.2.5 allgemein für einen K-Vektorraum V beschriebene Austauschverfahren im $\mathbb{R}$-Vektorraum $(\mathbb{R}^n)^*$ der linearen Funktionale auf $\mathbb{R}^n$ verwenden.

Satz. Sei $K \subset \mathbb{R}^n$ die Lösungsmenge des linearen Ungleichungssystems

$$\varphi_1(x) + b_1 \geqslant 0, \ldots, \varphi_m(x) + b_m \geqslant 0 \quad .$$

Die Ecke $p \in K$ werde beschrieben durch

$$\varphi_1(x) + b_1 = \ldots = \varphi_n(x) + b_n = 0 \quad ,$$

und eine zu p benachbarte Ecke q werde beschrieben durch

$$\varphi_1(x) + b_1 = \ldots = \varphi_{i-1}(x) + b_{i-1} = \varphi_j(x) + b_j =$$
$$= \varphi_{i+1}(x) + b_{i+1} = \ldots = \varphi_n(x) + b_n = 0 \quad .$$

d.h. durch Austausch der i-ten Gleichung durch eine Gleichung mit dem Index $j \in \{n+1, \ldots, m\}$.

Wir betrachten die Tableaux von p und q:

p	φ_1	...	φ_i	...	φ_n	Wert
φ_{n+1}	$a_{n+1,1}$	...	$a_{n+1,i}$	...	$a_{n+1,n}$	$\varphi_{n+1}(p) + b_{n+1}$
$\vdots$	$\vdots$		$\vdots$		$\vdots$	$\vdots$
$\rightarrow \varphi_j$	a_{j1}	...	$\boxed{a_{ji}}$	...	a_{jn}	$\varphi_j(p) + b_j$
$\vdots$	$\vdots$		$\vdots$		$\vdots$	$\vdots$
φ_m	a_{m1}	...	a_{mi}	...	a_{mn}	$\varphi_m(p) + b_m$
ψ	c_1	...	c_i	...	c_n	$\psi(p)$

q	φ_1	...	φ_j	...	φ_n	Wert
φ_{n+1}	$a'_{n+1,1}$	...	$a'_{n+1,i}$	...	$a'_{n+1,n}$	$\varphi_{n+1}(q) + b_{n+1}$
$\vdots$	$\vdots$		$\vdots$		$\vdots$	$\vdots$
φ_i	a'_{j1}	...	a'_{ji}	...	a'_{jn}	$\varphi_i(q) + b_i$
$\vdots$	$\vdots$		$\vdots$		$\vdots$	$\vdots$
φ_m	a'_{m1}	...	a'_{mi}	...	a'_{mn}	$\varphi_m(q) + b_m$
ψ	c'_1	...	c'_i	...	c'_n	$\psi(q)$

Dann gelten für den Übergang zwischen den beiden Tableaux die folgenden Beziehungen:

(1) $\quad a'_{ji} = (a_{ji})^{-1}$.

(2)   a) $a'_{j\lambda} = -a_{j\lambda} \cdot (a_{ji})^{-1}$ für $\lambda \in \{1, \dots, n\} \smallsetminus \{i\}$.

     b) $\varphi_i(q) + b_i = -(\varphi_j(p) + b_j) \cdot (a_{ji})^{-1}$.

(3)   a) $a'_{\kappa i} = a_{\kappa i} \cdot (a_{ji})^{-1}$ für $\kappa \in \{n+1, \dots, m\} \smallsetminus \{j\}$.

     b) $c'_i = c_i \cdot (a_{ji})^{-1}$.

(4)   a) $a'_{\kappa\lambda} = a_{\kappa\lambda} - a_{\kappa i} \cdot a_{j\lambda} \cdot (a_{ji})^{-1}$ für

       $\lambda \in \{1, \dots, n\} \smallsetminus \{i\}$ und $\kappa \in \{n+1, \dots, m\} \smallsetminus \{j\}$.

     b) $c'_\lambda = c_\lambda - c_i \cdot a_{j\lambda} \cdot (a_{ji})^{-1}$ für $\lambda \in \{1, \dots, n\} \smallsetminus \{i\}$.

     c) $\varphi_\kappa(q) + b_\kappa = (\varphi_\kappa(p) + b_\kappa) - a_{\kappa i}(\varphi_j(p) + b_j) \cdot (a_{ji})^{-1}$.

     d) $\psi(q) = \psi(p) - c_i(\varphi_j(p) + b_j) \cdot (a_{ji})^{-1}$.

Kurz ausgedrückt: Die Umrechnung der Eckentableaux (einschließlich der zusätzlichen Zeile für ψ und der zusätzlichen Spalte für die Werte) erfolgt nach den in 2.2.5 aufgestellten Regeln.

Beweis. All die Gleichungen, die sich nicht auf die Wertespalte beziehen, wurden schon in 2.2.5 hergeleitet. Es bleiben also (2b), (4c) und (4d) zu zeigen. (2b) ist aber gerade die Aussage (*) aus 2.2.9. Weiter gilt nach Definition von p und q

$$\varphi_\kappa(q) - \varphi_\kappa(p) = a_{\kappa i}(\varphi_i(q) - \varphi_i(p)) = a_{\kappa i}(\varphi_i(q) + b_i) \quad,$$

woraus (4c) nach Einsetzen von (2b) folgt. Analog erhält man (4d).

2.2.12. Nun sind endlich alle Hilfsmittel verfügbar, um eine lineare Optimierungsaufgabe zu lösen, wenn die *Lösungsmenge* $K \subset \mathbb{R}^n$ *kompakt ist und alle Ecken von* K *einfach* sind.

Zunächst muß man für das Simplexverfahren irgendeine *Ausgangsecke* von K finden. In den meisten praktischen Fällen enthält das gegebene Ungleichungssystem die Restriktionen

$$x_1 \geqslant 0, \ldots, x_n \geqslant 0 \quad.$$

Dann ist 0 eine Ecke, in der man starten kann. Andernfalls kann man nach der Methode aus 2.1.7 eine Ecke finden.

Nach endlich vielen Austauschschritten entsprechend den Regeln aus 2.2.9 bis 2.2.11 erreicht man dann das Tableau einer optimalen Ecke.

Wir führen die Rechnung in dem Beispiel aus 2.0.1 durch. Gegeben sind die Restriktionen

(1) $x_1 \geqslant 0$

(2) $x_2 \geqslant 0$

(3) $-x_1 + 10 \geqslant 0$

(4) $-x_1 - 2x_2 + 40 \geqslant 0$

(5) $-2x_1 - x_2 + 24 \geqslant 0$

sowie das Funktional $\psi = -350\,x_1 - 260\,x_2$.

Wir gehen aus vom Tableau der Ecke $(0,0)$:

	x_1	x_2	Wert	χ	
→ φ_3	$\boxed{-1}$	0	10	-10	←
φ_4	-1	-2	40	-40	
φ_5	-2	-1	24	-12	
ψ	-350	-260	0		

Als Pivotspalte können wir die erste oder zweite Spalte wählen, denn beide Koeffizienten in der ψ-Zeile sind negativ. Wir entscheiden uns für die erste; die Berechnung der χ-Spalte ergibt dann, daß die erste Zeile Pivotzeile wird.

Der Austausch von x_1 gegen φ_3 ergibt das Tableau

	φ_3	x_2 ↓	Wert	χ
x_1	-1	0	10	—
φ_4	1	-2	30	-15
→ φ_5	2	$\boxed{-1}$	4	-4 ←
ψ	350	-260	-3500	

aus dem man $(10, 0)$ als Koordinaten der Ecke abliest. Im nächsten Schritt muß x_2 gegen φ_5 ausgetauscht werden. Das ergibt das Tableau

	φ_3 ↓	φ_5	Wert	χ
x_1	-1	0	10	-10
→ φ_4	$\boxed{-3}$	2	22	$-\dfrac{22}{3}$ ←
x_2	2	-1	4	—
ψ	-170	260	-4540	

der Ecke $(10,4)$. Der Austausch von φ_3 gegen φ_4 ergibt

	φ_4	φ_5	Wert
x_1	$\dfrac{1}{3}$	$-\dfrac{2}{3}$	$\dfrac{8}{3}$
φ_3	$-\dfrac{1}{3}$	$\dfrac{2}{3}$	$\dfrac{22}{3}$
x_2	$-\dfrac{2}{3}$	$\dfrac{1}{3}$	$\dfrac{56}{3}$
ψ	$\dfrac{170}{3}$	$\dfrac{440}{3}$	$-\dfrac{17360}{3}$

Die Koordinaten der Ecke sind $(\frac{8}{3}, \frac{56}{3})$. Sie ist optimal, denn die beiden Koeffizienten von ψ sind positiv.

Man verfolge den Weg des Austauschverfahrens in Bild 2.1, und man führe die Rechnung durch im Fall, daß beim ersten Austauschschritt die zweite Spalte gewählt wird.

2.2.13. Unter den in 2.2.12 gemachten Einschränkungen kann die Lösung einer linearen Optimierungsaufgabe ohne weiteres von einer Rechenmaschine durchgeführt werden. In der Tat wird kaum einem Mathematiker die stumpfsinnige Umrechnung von Tableaux Freude bereiten. Trotzdem wollen wir noch ein weiteres Beispiel „zu Fuß" behandeln.

Wir gehen wieder aus von dem Beispiel des Bauernhofes in 2.0.1 und betrachten die Möglichkeit, zusätzlich Schweine zu züchten (von weiteren Ausdehnungen wollen wir absehen, um im $\mathbb{R}^3$ zu bleiben, wo sich die Aufgabe noch geometrisch illustrieren läßt).

Die neuen Restriktionen ergeben sich aus folgenden Umständen: Anstelle einer Kuh passen drei Schweine in den Stall; ein Schwein benötigt $\frac{1}{3}$ ha Land zum Anbau von Futter und 20 Arbeitsstunden pro Jahr.

Bezeichnet x_3 die Anzahl der Schweine, so erhalten wir das Ungleichungssystem:

(1) $x_1 \geqslant 0$

(2) $x_2 \geqslant 0$

(3) $x_3 \geqslant 0$

(4) $x_1 + \frac{1}{3} x_3 \leqslant 10 \quad$ oder $- 3x_1 - x_3 + 30 \geqslant 0$

(5) $\frac{1}{2} x_1 + x_2 + \frac{1}{3} x_3 \leqslant 20 \quad$ oder $- 3x_1 - 6x_2 - 2x_3 + 120 \geqslant 0$

(6) $200 x_1 + 100 x_2 + 20 x_3 \leqslant 2400 \quad$ oder $- 10 x_1 - 5 x_2 - x_3 + 120 \geqslant 0$.

Seine Lösungsmenge K ist in Bild 2.12 skizziert. Beträgt der jährliche Gewinn pro Schwein DM 100,–, so wird

$$\psi = - 350 x_1 - 260 x_2 - 100 x_3 .$$

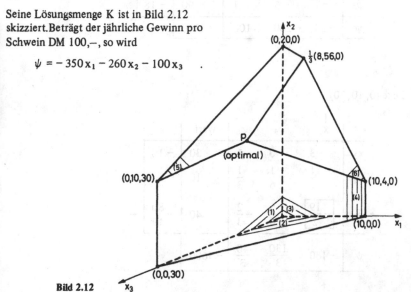

Bild 2.12

Da der Ursprung eine Ecke von K ist, können wir das Simplexverfahren dort beginnen. Die Rechnung verläuft dann folgendermaßen:

Ausgangsecke $(0, 0, 0)$

	x_1	x_2	$\downarrow$ x_3	Wert	χ	
$\to \varphi_4$	-3	0	$\boxed{-1}$	30	-30	$\leftarrow$
φ_5	-3	-6	-2	120	-60	
φ_6	-10	-5	-1	120	-120	
ψ	-350	-260	-100	0		

$\uparrow$

Ecke $(0, 0, 30)$

	x_1	$\downarrow$ x_2	φ_4	Wert	χ	
x_3	-3	0	-1	30	——	
$\to \varphi_5$	3	$\boxed{-6}$	2	60	-10	$\leftarrow$
φ_6	-7	-5	1	90	-18	
ψ	-50	-260	100	-3000		

$\uparrow$

Ecke $(0, 10, 30)$

	$\downarrow$ x_1	φ_5	φ_6	Wert	χ	
x_3	-3	0	-1	30	-10	
x_2	$\frac{1}{2}$	$-\frac{1}{6}$	$\frac{1}{3}$	10	——	
$\to \varphi_6$	$\boxed{-\frac{19}{2}}$	$\frac{5}{6}$	$-\frac{2}{3}$	40	$-\frac{80}{19}$	$\leftarrow$
ψ	-180	$\frac{130}{3}$	$\frac{40}{3}$	-5600		

$\uparrow$

Optimale Ecke $p = (\frac{80}{19}, \frac{230}{19}, \frac{330}{19}) \approx (4,21; 12,11; 17,37)$.

	φ_6	φ_5	φ_4	Wert
x_3	$\frac{6}{19}$	$-\frac{5}{19}$	$-\frac{15}{19}$	$\frac{330}{19}$
x_2	$-\frac{2}{38}$	$-\frac{7}{57}$	$\frac{17}{57}$	$\frac{230}{19}$
x_1	$-\frac{2}{19}$	$\frac{5}{57}$	$-\frac{4}{57}$	$\frac{80}{19}$
ψ	$\frac{360}{19}$	$\frac{1570}{57}$	$\frac{40}{57}$	$-\frac{120800}{19}$

Gewinn $\dfrac{120800}{19} = 6357,89$.

In 2.0.1 hatten wir zu der optimalen Ecke (2,67; 18,67) einen Gewinn von 5786,67 errechnet. Durch die Aufnahme von Schweinen hat er sich um etwa 10 % erhöhen lassen. Auch ist der Stall nunmehr voll genutzt.

2.3. Ausnahmefälle

Bei der Lösung der linearen Optimierungsaufgabe hatten wir zur Vereinfachung stets angenommen, daß die Lösungsmenge kompakt ist und nur einfache Ecken hat. Außerdem hatten wir uns darauf beschränkt, einen einzigen optimalen Punkt zu bestimmen. In der Praxis bedeutet das „fast nie" eine Einschränkung, was aber nicht ausschließt, daß solch ein fast unmöglicher Fall in einem speziellen Beispiel doch einmal auftritt. Diese Aussicht beunruhigt natürlich einen theoretischen Mathematiker weit mehr als einen praktischen.

In diesem Abschnitt wollen wir wenigstens kurz auf die Ausnahmefälle eingehen.

2.3.1. Die *Lösungsmenge* K *eines linearen Ungleichungssystems* braucht *nicht beschränkt*, also auch nicht kompakt zu sein. Dann ist nicht von vorneherein klar, ob das Funktional ψ auf K ein Minimum annimmt.

Beispiel. Ist $K = \{(x_1, x_2) \in \mathbb{R}^2 : x_1 \geq 0, x_2 \geq 0\}$, so nimmt $\psi := x_1 + x_2$ in $0 \in K$ ein Minimum an. Dagegen ist $\psi' := -\psi$ auf K nach unten unbeschränkt.

Falls K keine Ecke besitzt, versagt unser Verfahren. Auf die möglichen Modifikationen wollen wir hier nicht eingehen. Ist eine Ecke gegeben, so kann man nach 2.2.7 entscheiden, ob sie optimal ist. Wenn nicht, kann man (falls sie einfach ist) wie in 2.2.9 einen Suchstrahl X_+ betrachten. Ohne die Voraussetzung der Kompaktheit von K kann aber nun der Fall eintreten, daß ganz X_+ in K enthalten ist. Das kann man nach 2.2.9 daran erkennen, daß kein Koeffizient in der Pivotspalte negativ ist. Dann ist ψ auf X_+ nicht nach unten beschränkt, also kann ψ auf K kein Minimum annehmen und die Optimierungsaufgabe besitzt keine Lösung.

2.3.2. Ganz harmlos ist der Ausnahmefall, daß es *mehrere optimale Ecken* gibt.

Bemerkung. Sei $K \subset IR^n$ die Lösungsmenge des linearen Ungleichungssystems

$$\varphi_i(x) + b_i \geqslant 0, \quad i = 1, \dots, m \quad ,$$

und es existiere $b := \min \{\psi(x): x \in K\}$. Die Menge

$$K' = \{x \in K: \psi(x) = b\}$$

sei kompakt. Dann ist K' die konvexe Hülle der (endlich vielen) optimalen Ecken von K.

Beweis. Nach 2.2.2 ist K' die konvexe Hülle seiner Ecken $p_1, \dots, p_k$. Wegen Lemma 2.1.5 sind $p_1, \dots, p_k$ auch Ecken von K. Trivialerweise ist jede optimale Ecke von K eine Ecke von K'.

Unter den obigen Voraussetzungen kann man an dem Tableau einer einfachen Ecke p von K' sofort ablesen, ob es weitere optimale Ecken gibt. Wie man sich leicht überlegt ist das genau dann der Fall, wenn in der ψ-Zeile mindestens ein Koeffizient gleich Null ist.

2.3.3. Wir kommen nun zum letzten und unangenehmsten Ausnahmefall, nämlich zu *mehrfachen Ecken*.

Zunächst wollen wir untersuchen, unter welchen Voraussetzungen an das Tableau einer mehrfachen Ecke das übliche Austauschverfahren zum Übergang zu einer benachbarten Ecke angewandt werden kann.

Beispiel. Im IR^2 seien das Ungleichungssystem

(1) $x_1 \geqslant 0$ (4) $-x_1 + 2 \geqslant 0$

(2) $x_2 \geqslant 0$ (5) $-x_1 + x_2 \geqslant 0$

(3) $-x_2 + 3 \geqslant 0$

sowie das Funktional $\psi := -x_1$ gegeben (Bild 2.13).

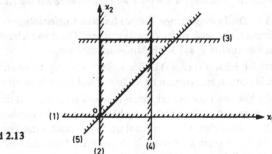

Bild 2.13

In der Ecke 0 der Lösungsmenge sind die Ungleichungen (1), (2) und (5) mit dem Gleichheitszeichen erfüllt. Für diese Ecke hat man also die Auswahl zwischen drei verschiedenen Tableaux:

a	x_1	x_2	Wert
φ_3	0	-1	3
φ_4	-1	0	2
φ_5	-1	1	0
ψ	-1	0	0

b	φ_5	x_2	Wert
φ_3	0	-1	3
φ_4	1	-1	2
x_1	-1	1	0
ψ	1	-1	0

c	x_1	φ_5	Wert
φ_3	-1	-1	3
φ_4	-1	0	2
x_2	1	1	0
ψ	-1	0	0

$\uparrow$ $\uparrow$ $\uparrow$

Die Pivotspalte ist jeweils eindeutig festgelegt. Wenden wir unser gewohntes Verfahren an, so erhalten wir für die Suche nach einer besseren Ecke die folgenden Strahlen

a) $X_+ = \{(x_1, x_2) \in \mathbb{R}^2 : x_2 = 0, x_1 \geqslant 0\}$,

b) $X_+ = \{(x_1, x_2) \in \mathbb{R}^2 : x_1 = x_2, x_2 \geqslant 0\}$,

c) $X_+ = \{(x_1, x_2) \in \mathbb{R}^2 : x_1 = x_2, x_1 \geqslant 0\}$.

Der Strahl im Fall a) führt aus K hinaus; in Fall b) und c) erhält man jeweils denselben brauchbaren Strahl.

Der Grund ist geometrisch klar: Im Fall a) verläuft die Ungleichung (5) in die falsche Richtung. Im Tableau drückt sich das dadurch aus, daß der zu (5) gehörige Koeffizient der Pivotspalte, nämlich -1, negativ ist.

2.3.4. Wir zeigen nun folgendes zu 2.2.9 analoge Ergebnis für eine nicht notwendig einfache Ausgangsecke. Dabei ist wieder zur Vereinfachung der Bezeichnungen angenommen, daß die erste Spalte Pivotspalte ist.

Satz. Die Lösungsmenge $K \subset \mathbb{R}^n$ des linearen Ungleichungssystems

$$\varphi_i(x) + b_i \geqslant 0, \quad i = 1, \ldots, m \quad ,$$

sei kompakt.

Weiter seien $\varphi_1, \ldots, \varphi_n$ linear unabhängig und es sei $p \in K$ eine Ecke mit

$$\varphi_i(p) + b_i \begin{cases} = 0 & \text{für } i = 1, \ldots, r \quad , \\ > 0 & \text{für } i = r + 1, \ldots, m \quad , \end{cases}$$

wobei $r \geqslant n$ gilt. Für $i = n + 1, \ldots, m$ betrachten wir die Darstellung

$$\varphi_i = a_{i1} \varphi_1 + \ldots + a_{in} \varphi_n \quad .$$

Wir setzen voraus, daß gilt:

$$a_{i1} \geqslant 0 \quad \text{für } i = n + 1, \ldots, r \quad . \tag{*}$$

a) Dann gibt es ein $j \in \{r + 1, \ldots, m\}$, so daß $a_{j1} < 0$ ist.

b) Sei $j \in \{r + 1, \ldots, m\}$ so gewählt, daß $a_{j1} < 0$ gilt und

$$\chi_j := \frac{\varphi_j(p) + b_j}{a_{j1}}$$

maximal ist. Ist dann $q \in \mathbb{R}^n$ Lösung des linearen Gleichungssystems

$$\varphi_j(x) + b_j = \varphi_2(x) + b_2 = \ldots = \varphi_n(x) + b_n = 0 \quad ,$$

so ist q Ecke und [p, q] Kante von K.

Beweis. Ist p einfach, so ist r = n und die Aussage wurde schon in 2.2.9 bewiesen. Im allgemeinen Fall betrachten wir wieder den Strahl

$$X_+ := \{x \in \mathbb{R}^n : \varphi_1(x) + b_1 \geqslant 0 \quad , \quad \varphi_2(x) + b_2 = \ldots = \varphi_n(x) + b_n = 0\} \quad .$$

Wir zeigen, daß all seine Punkte wegen Bedingung (*) die Ungleichungen mit den Indizes n + 1, ..., r erfüllen.

Sei also $x \in X_+$ und $i \in \{n + 1, \ldots, r\}$. Dann ist

$$\varphi_i(p) = a_{i1} \varphi_1(p) + a_{i2} \varphi_2(p) + \ldots + a_{in} \varphi_n(p) \quad \text{und}$$
$$\varphi_i(x) = a_{i1} \varphi_1(x) + a_{i2} \varphi_2(p) + \ldots + a_{in} \varphi_n(p), \quad \text{also}$$
$$\varphi_i(x) + b_i = \varphi_i(x) - \varphi_i(p) = a_{i1}(\varphi_1(x) - \varphi_1(p)) = a_{i1}(\varphi_1(x) + b_1) \geqslant 0 \quad .$$

Zur Bestimmung des letzten in K gelegenen Punktes von X_+ braucht man also nur die Ungleichungen mit den Indizes r + 1, ..., m zu berücksichtigen und damit verläuft der Beweis genauso weiter wie in 2.2.9.

Ob Bedingung (*) erfüllt ist, kann man sofort am Tableau der Ecke p ablesen. Man betrachte in der Pivotspalte all die Koeffizienten, in deren Zeile in der Wertespalte Null steht. Keiner davon darf negativ sein (vgl. das Beispiel in 2.3.3).

2.3.5. Nun sind wir bei des Pudels Kern angelangt, nämlich bei der Frage, was zu tun ist, wenn die Bedingung (*) aus 2.3.4 nicht erfüllt ist.

Betrachten wir zunächst wieder das Beispiel 2.3.3. In dem Tableau

	↓ x_1	x_2	Wert	
φ_3	0	−1	3	
φ_4	−1	0	2	
→ φ_5	−1	1	0	←
ψ	−1	0	0	

        ↑

ist Bedingung (*) nicht erfüllt, denn bei φ_5 steht in der Pivotspalte der Koeffizient −1. Verwenden wir ihn als Pivot, d.h. tauschen wir x_1 gegen φ_5 aus, so erhalten wir das Tableau b) aus 2.3.3, das Bedingung (*) erfüllt.

Weil dabei keine neue Ecke erhalten wurde, heißt ein solcher Austauschschritt *stationär*.

Man kann nun zeigen, daß sich für eine entartete Ecke durch endlich viele stationäre Austauschschritte ein Tableau finden läßt, das Bedingung (*) erfüllt. Man verwendet dazu meist die sogenannten *lexikographischen Regeln*, die ausschließen, daß man aus einem schlechten Tableau nach endlich vielen stationären Austauschschritten wieder dasselbe Tableau zurückerhält. Dieses unerwünschte Phänomen nennt man *Kreisen*. Wie in [12] ausgeführt wird, tritt es aber nicht in der Praxis, sondern nur bei eigens zu diesem Zweck konstruierten heimtückischen Ungleichungssystemen auf.

Eine andere Methode, mehrfache Ecken zu überlisten, ist die *Störung der Konstanten*. Sie gründet sich auf die Bemerkung, daß sich eine mehrfache Ecke in mehrere einfache Ecken auflöst, wenn man die Konstanten b_i in den Ungleichungen ein klein wenig verändert (Bild 2.14).

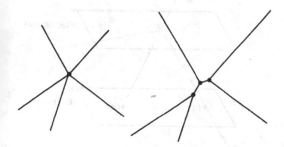

Bild 2.14

Der an weiteren Einzelheiten interessierte Leser sei besonders auf das Buch von *Dantzig* [12] und die dort angegebene Literatur hingewiesen.

2.3.6. Wir haben nur Optimierungsaufgaben untersucht, bei denen sowohl die Restriktionen als auch das Kostenfunktional linear waren. Das ist meist nur eine erste Annäherung an die wirklichen Zusammenhänge. Feinere Modelle lassen sich durch die Methoden der *konvexen Optimierung* aufstellen. Dabei werden konvexe Funktionale auf konvexen Mengen untersucht.

Ist $K \subset \mathbb{R}^n$ konvex, so heißt eine Funktion $\psi: K \to \mathbb{R}$ *konvex*, wenn für alle $x, y \in K$ und $\lambda, \mu \in \mathbb{R}$ mit $\lambda, \mu \geqslant 0$ und $\lambda + \mu = 1$ die Ungleichung

$$\psi(\lambda x + \mu y) \leqslant \lambda \psi(x) + \mu \psi(y)$$

gilt.

Übungsaufgabe. Sind $K \subset \mathbb{R}^n$ und $\psi: K \to \mathbb{R}$ konvex, so ist jedes lokale Minimum von ψ auch globales Minimum.

Gilt die analoge Aussage auch für Maxima?

Wir wollen gar nicht versuchen, die Methoden der konvexen Optimierung anzudeuten, sondern wir verweisen den Leser direkt auf [11].

3. Projektive Geometrie

3.0. Vorbemerkungen

Wie wir gesehen haben, hat die affine Geometrie ihren Ursprung in der Parallelprojektion. Weit häufiger trifft man in der Natur *Zentralprojektionen* an, etwa bei Abbildungen des Raumes mit Hilfe einer Linse oder einer Lochkamera auf eine Ebene. Um diesen Vorgang mathematisch zu beschreiben, wählen wir im $\mathbb{R}^3$ einen Punkt z als *Projektionszentrum* (das Loch in der Kamera) und eine nicht durch z gehende Ebene Y als *Bildebene*. Für fast alle Punkte $p \in \mathbb{R}^3$ kann man einen Bildpunkt $f(p) \in Y$ finden: Man zeichnet die Gerade, die p mit z verbindet (sie entspricht einem Lichtstrahl) und sucht ihren Schnittpunkt $f(p)$ mit Y. Dieser existiert für alle Punkte p, die nicht in der zu Y parallelen Ebene Y' durch z enthalten sind. Das ergibt eine Abbildung (Bild 3.1)

$$f: \mathbb{R}^3 \setminus Y' \to Y \quad .$$

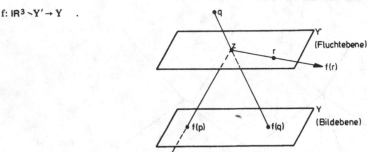

Bild 3.1

Sei r ein von z verschiedener Punkt aus Y'. Betrachtet man eine Folge von Punkten (r_i) außerhalb Y', die gegen r konvergiert, so divergieren die Bilder $f(r_i)$ in Y in einer durch r festgelegten Richtung. Daher heißt r *Fluchtpunkt* und Y' *Fluchtebene*.

Für z selbst ist es noch hoffnungsloser, einen Bildpunkt zu finden. Zu jedem Punkt $y \in Y$ gibt es beliebig nahe bei z Punkte, deren Bild unter f gleich y ist.

Solche Unarten kennt man von rationalen „Funktionen". Die Punkte von Y' entsprechen den *Polen* (dort verschwindet der Nenner) und z ist eine *Unbestimmtheitsstelle* (dort verschwinden Zähler und Nenner). Wir werden später sehen, daß diese Analogie kein Zufall ist (3.2.7).

Die geometrischen Eigenschaften von Zentralprojektionen wurden von Malern wie *Leonardo da Vinci* und *Albrecht Dürer* eingehend untersucht. Dürer studierte die „Elemente" des *Euklid* [33] und veröffentlichte 1525 seine „Underweysung ..." [32], aus dem Bild 3.2 entnommen ist.

Es dauerte aber noch lange bis zum „goldenen Zeitalter der projektiven Geometrie" zwischen den Jahren 1795 und 1850. Dieses begann mit der Veröffentlichung der „Géométrie" von *Gaspard Monge* im Jahre 1795. Danach setzte eine stürmische Entwicklung der Geometrie ein, gefördert selbst von *Napoleon*, der sich davon militärische Vorteile erhoffte. *Jean Victor Poncelet* geriet beim Feldzug nach Rußland in Gefangenschaft und arbeitete dort weiter an seinem „Traité des propriétés projectives des figures". Von der deutschen Schule der projektiven Geometrie erwähnen wir *A. F. Möbius* und *J. Plücker*, die analytische Hilfsmittel (homogene Koordinaten, imaginäre Punkte) verwendeten, sowie *Jakob Steiner* und *Ch. v. Staudt*.

In der klassischen projektiven Geometrie untersuchte man vorwiegend geometrische Gebilde, die durch Polynome niedrigen Grades beschrieben werden (lineare, quadratische und kubische).

Bild 3.2

Bei Polynomen beliebigen Grades benötigt man starke algebraische Hilfsmittel, deren Entwicklung ab dem zweiten Teil des letzten Jahrhunderts heftig fortschritt. Aus projektiver Geometrie wurde dabei mehr und mehr „algebraische Geometrie", wobei die Geometrie zeitweise in den Hintergrund gedrängt wurde.

Die Geometer wehrten sich dagegen, indem sie die synthetischen Methoden in den Vordergrund rückten. Zum Beispiel untersuchte man, welche geometrischen Sätze als Axiome nötig sind, um *Koordinatenkörper* einführen zu können, d. h. die algebraischen Methoden zu rechtfertigen. Für eine Einführung in diesen Fragenkreis verweisen wir den Leser z. B. auf [14]. Die historische Entwicklung der projektiven und algebraischen Geometrie wird in [13] ausführlich geschildert.

Um die Grundidee der Einführung projektiver Räume zu erläutern, kehren wir zu unserer Betrachtung über die Zentralprojektion zurück. Ein besonders einfacher Fall liegt vor, wenn wir in der Ebene von einem Zentrum z aus eine Gerade Y_1 auf eine Gerade Y_2 projizieren (siehe Bild 3.3). Dabei gibt es jedoch einen Punkt $p_1 \in Y_1$ ohne Bild und einen Punkt $p_2 \in Y_2$ ohne Urbild.

Immerhin erhalten wir eine bijektive Abbildung

$$f: Y_1 \setminus \{p_1\} \to Y_2 \setminus \{p_2\} \quad .$$

Man kann sie folgendermaßen sinnvoll fortsetzen:

Y_1 wird durch einen *unendlich fernen Punkt* ∞_1 ergänzt zu

$$\overline{Y_1} := Y_1 \cup \{\infty_1\}$$

und analog

$$\overline{Y_2} := Y_2 \cup \{\infty_2\} .$$

Dann definiert man

$$\overline{f} : \overline{Y_1} \rightarrow \overline{Y_2}$$

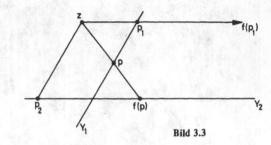

Bild 3.3

durch

$$\overline{f}(p) := f(p) \quad \text{für } p \in Y_1 \setminus \{p_1\}$$
$$\overline{f}(p_1) := \infty_2$$
$$\overline{f}(\infty_1) := p_2$$

und man erhält eine bijektive Abbildung der ergänzten Geraden.

Auf diese Weise hat man erreicht, daß eine auf einer reellen Geraden über alle Grenzen wachsende oder unter alle Grenzen fallende Punktfolge konvergiert, und zwar gegen denselben unendlich fernen Punkt.

Ebenso könnte man nun jeden beliebigen affinen Raum durch einen einzigen Punkt abschließen; das entspräche im reellen oder komplexen Fall der aus der Topologie bekannten Kompaktifizierung nach *Alexandroff*. Aber für die Geometrie wäre das ein allzu grobes Verfahren. Schon in der Ebene ist es wichtig zu unterscheiden, in welcher Weise eine Punktfolge „entflieht". Man hat sich nun darauf geeinigt, Punktfolgen, die längs paralleler Geraden entfliehen, gegen den gleichen unendlich fernen Punkt konvergieren zu lassen. Das entspricht der Vorstellung, daß sich in der Ebene parallele Geraden (und nur solche) im Unendlichen treffen.

Nach diesen Überlegungen wollen wir eine präzise *geometrische* Erklärung eines projektiven Raumes geben.

Definition. Sei X ein affiner Raum über einem beliebigen Körper. Unter einem *unendlich fernen Punkt* (oder einer *Geradenrichtung*) p_∞ zu X verstehen wir eine Äquivalenzklasse paralleler Geraden aus X. Dabei nehmen wir an, daß p_∞ kein Element von X ist. Mit X_∞ bezeichnen wir die Menge aller unendlich fernen Punkte zu X und

$$\overline{X} = X \cup X_\infty$$

nennen wir den *projektiven Abschluß* von X.

Wir werden bald sehen, daß man diese Definition durch eine rein *algebraische* Erklärung projektiver Räume ersetzen kann. Aber zunächst wollen wir versuchen, im Fall der Körper ℝ und ℂ den projektiven Abschluß als topologischen Raum kennenzulernen. Dazu beschränken wir uns natürlich auf die niedrigsten Dimensionen. Die benutzten einfachen Begriffe aus der Topologie können wir hier nicht erläutern (vgl. etwa [23]).

Beispiel 1. Im affinen Raum ℝ gibt es nur eine Gerade, also auch nur einen einzigen unendlich fernen Punkt ∞. Den projektiven Abschluß

$$\overline{ℝ} = ℝ \cup \{\infty\}$$

kann man sich als Kreislinie S_1 vorstellen. Der natürlichen Inklusion $\mathbb{R} \hookrightarrow \overline{\mathbb{R}}$ entspricht die stereographische Projektion

$\iota\colon \mathbb{R} \to S_1$

von einem Punkt aus S_1, den wir mit ∞ bezeichnen (Bild 3.4).

Bild 3.4

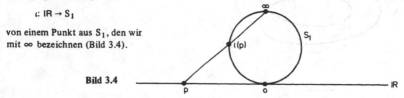

Beispiel 2. Auch im affinen Raum $\mathbb{C}$ gibt es nur eine (komplexe) Gerade, nämlich $\mathbb{C}$ selbst. Der projektive Abschluß

$$\overline{\mathbb{C}} = \mathbb{C} \cup \{\infty\}$$

ist die aus der Funktionentheorie bekannte *Riemannsche Zahlenkugel* (Bild 3.5).

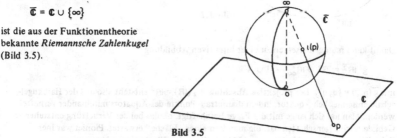

Bild 3.5

Beispiel 3. Betrachten wir die Zeichenebene im Gegensatz zu Beispiel 2 als 2-dimensionalen reell-affinen Raum $\mathbb{R}^2$, so gibt es sehr viele unendlich ferne Punkte. Um eine Vorstellung vom projektiven Abschluß $\overline{\mathbb{R}^2}$ zu gewinnen, stellen wir eine offene Halbkugelschale H (offen heißt, daß der Äquator A nicht dazugehören soll) auf den Ursprung o von $\mathbb{R}^2$. Durch Projektion vom Mittelpunkt z der Schale aus erhält man eine bijektive Abbildung (Bild 3.6)

$g\colon \mathbb{R}^2 \to H$.

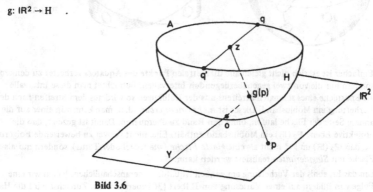

Bild 3.6

Jedem unendlich fernen Punkt $p_\infty \in \mathbb{R}^2_\infty$ entspricht genau eine Gerade $Y \subset \mathbb{R}^2$ durch o. Die parallele Gerade durch z schneidet den Äquator A in zwei diametralen Punkten q und q'. Identifiziert man in A diametrale Punkte, so erhält man eine Quotientenmenge A' (L.A. 1.1.8), die man sich wieder als Kreislinie vorstellen kann (Bild 3.7, ρ ist dabei die kanonische Abbildung).

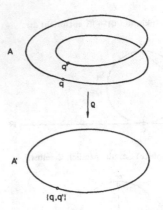

A

q'
q

↓ Q

A'

Bild 3.7

{q,q'}

Damit kann man g fortsetzen zu einer bijektiven Abbildung

$$\bar{g}: \overline{IR^2} = IR^2 \cup IR_\infty^2 \to H \cup A'$$

mit $\bar{g}(p_\infty) = \{q, q'\}$. Der projektive Abschluß $IP_2(IR) = \overline{IR^2}$ entsteht also aus der Halbkugelschale einschließlich Äquator, indem diametrale Punkte des Äquators miteinander verheftet
werden. Man hat sich lange mit der Frage beschäftigt, ob das bei der Verheftung entstehende
Gebilde noch Eigenschaften hat, die man von einer „Fläche" erwartet. Pionier war hier
Felix Klein, aus dessen Vorlesungen [37] wir die ersten Illustrationen übernehmen.

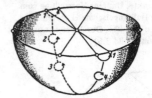
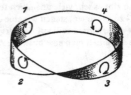

Bild 3.8

Einfacher ist es, sich nicht gleich alle diametralen Punkte des Äquators verheftet zu denken,
sondern nur die von zwei gegenüberliegenden Intervallen. Betrachtet man diese Intervalle
als Endstücke eines schmalen Streifens aus der Halbkugel, so wird aus dem Streifen nach der
Verheftung ein Möbiusband. Dieses ist *nicht orientierbar*, d. h. man kann von einer auf die
andere Seite der Fläche laufen, ohne den Rand zu überqueren. Damit ist gezeigt, daß die
projektive Ebene $P_2(IR)$ ein Möbiusband enthält. Eine nicht schwer zu beweisende Folgerung
ist, daß $IP_2(IR)$ im IR^3 nicht als eine *glatte Fläche* (wie Kugel oder Torus), sondern nur als
Fläche mit *Singularitäten* realisiert werden kann.

Um das Ergebnis der Verheftung am ganzen Äquator zu veranschaulichen, haben wir eine
Folge von Bildern aus einer Vorlesung von Hilbert [36] übernommen. Zunächst wird die Halbkugelschale so verformt, daß aus dem Äquator das kleine Viereck ABCD in Bild a) wird. Dieses
Viereck wird – wie in Bild b) angedeutet – verbogen, bis alle vier Seiten wie in Bild c) zu einer
Strecke zusammengedrückt sind. Dabei werden die diametralen Punkte A und C sowie B und D
identifiziert, aber auf den anderen Punkten der Strecke in c) kommen jeweils zwei Paare von
diametralen Punkten zu liegen. In Bild c) ist also in Vergleich zu $IP_2(IR)$ zuviel identifiziert
worden. Die „Fläche" in Bild c) heißt *Kreuzhaube*, sie hat eine Strecke von *Doppelpunkten*,

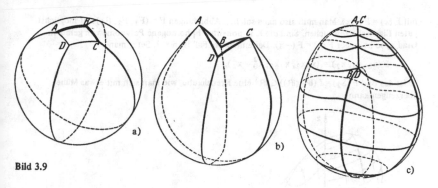

Bild 3.9

an deren Enden zwei sogenannte *Zwickpunkte* sitzen. Dies sind die Singularitäten der Kreuzhaube. Wie wir oben gesehen haben, enthält die Kreuzhaube ein Möbiusband. Der Rest ist eine Kreisscheibe, beide sind an ihren Rändern verheftet. Das kann man sich so vorstellen:

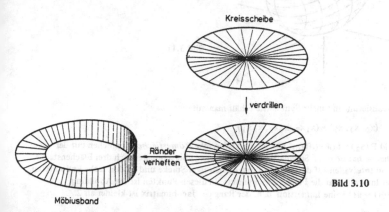

Bild 3.10

Es gibt noch ganz anders aussehende Realisierungen von $IP_2 (IR)$. Man erhält sie leicht mit Hilfe einer formal einfacheren Beschreibung. Anstatt die Halbkugelschale am Äquator zu verheften, kann man in der ganzen Kugelschale oder Sphäre

$$S_2 = \{(x_0, x_1, x_2) \in IR^3 : x_0^2 + x_1^2 + x_2^2 = 1\}$$

diametrale Punkte verheften, denn dabei wird die obere Halbkugelschale mit der unteren und am Äquator wie zuvor verheftet. Also ist $IP_2 (IR)$ der Quotient von S_2 nach der Äquivalenzrelation $x \sim -x$ und man hat eine natürliche Quotientenabbildung

$$\rho: S_2 \to IP_2 (IR) \quad \text{mit} \quad \rho(x) = \rho(-x).$$

Unter einer Realisierung von $IP_2 (IR)$ versteht man eine Abbildung

$$f: IP_2 (IR) \to IR^3.$$

Diese ist gegeben durch eine Abbildung

$$F: S_2 \to IR^3$$

mit $F(x) = F(-x)$. Man muß also nach solchen Abbildungen $F = (F_1, F_2, F_3)$ mit möglichst guten Eigenschaften suchen. Sind die Komponenten F_i homogene Polynome von geradem Grad n, so ist sicher $F(x) = F(-x)$. Der einfachste Fall ist $n = 2$. Setzt man

$$F(x_0, x_1, x_2) = (x_0 x_2, x_1 x_2, x_0^2 - x_2^2),$$

so ist das Bild $F(S_2) = f(\mathbb{P}_2(\mathbb{R})) \subset \mathbb{R}^3$ eine Kreuzhaube, wie man sich mit etwas Mühe überzeugen kann.

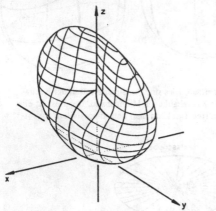

Bild 3.11

Eine Realisierung mit mehr Symmetrie erhält man mit

$$F(x_0, x_1, x_2) = (x_1 x_2, x_0 x_2, x_0 x_1).$$

Das Bild $F(S_2) = f(\mathbb{P}_2(\mathbb{R})) \subset \mathbb{R}^3$ ist die *Steinersche Römerfläche*. Verglichen mit der Kreuzhaube hat sie mehr Singularitäten. Im Ursprung überschneiden sich drei Flächenstücke, längs von Intervallen auf den Achsen kreuzen sich zwei Stücke und an den sechs Endpunkten der drei Intervalle hat die Fläche Zwickpunkte. In diesen Punkten ist die Abbildung $f: \mathbb{P}_2(\mathbb{R}) \to \mathbb{R}^3$ keine Immersion, d. h. der Rang der Jacobimatrix ist kleiner als 2.

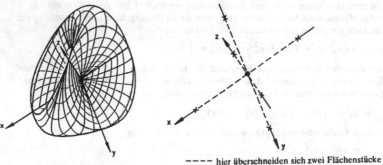

Bild 3.12

‒ ‒ ‒ ‒ hier überschneiden sich zwei Flächenstücke
●   hier überschneiden sich drei Flächenstücke
×   Zwickpunkte

Hilbert hatte die Aufgabe gestellt, eine Immersion der reell-projektiven Ebene in den $\mathbb{R}^3$ anzugeben und W. Boy ist dies 1903 gelungen. Er hat die Fläche im $\mathbb{R}^3$ topologisch beschrieben und Modelle davon gebaut. Sie besteht aus drei ineinander verschlungenen Teilen, die an Posaunentrichter erinnern. Längs dreier Kreislinien kreuzen sich zwei Stücke der Fläche und in dem gemeinsamen Punkt der Kreislinien überschneiden sich drei Stücke der Fläche. Im Gegensatz zu Kreuzhaube und Römerfläche gibt es keine Zwickpunkte mehr.

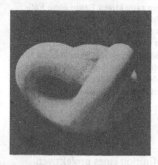

Bild 3.13

Boy konnte die Immersion nicht analytisch, d. h. mit Formeln beschreiben. Dieser Mangel wurde wieder offensichtlich in jüngster Zeit, als Computergrafiker versuchten, die Boysche Fläche darzustellen. Im Jahre 1984 ist es schließlich J. Apéry gelungen, drei Polynome F_i vierten Grades anzugeben, so daß die Abbildung $F: S_2 \to \mathbb{R}^3$ eine Immersion $f: \mathbb{P}_2(\mathbb{R}) \to \mathbb{R}^3$ induziert, deren Bild eine Boysche Fläche ist. Mit Hilfe dieser Formeln hat U. Pinkall die folgenden Bilder berechnet.

Weitere Einzelheiten und Literaturhinweise dazu finden sich in [35] und [38].

Bild 3.14

Eine Einbettung (d. h. injektive Immersion) von $\mathbb{P}_2(\mathbb{R})$ in $\mathbb{R}^4$ zu finden, bereitet dagegen keine Probleme. Nur ist das keine Realisierung im anschaulichen Sinn. Auch als abstrakte Mannigfaltigkeiten sind die projektiven Räume ganz harmlose aber interessante Gebilde.

Diese Vorbemerkungen könnten den Eindruck entstehen lassen, projektive Räume wären etwas hoffnungslos kompliziertes. Das ist nicht der Fall, wenn man auf den Versuch der anschaulichen Realisierung verzichtet und sich auf den analytischen Standpunkt zurückzieht, von dem aus mit unendlich fernen Punkten gerechnet wird. Für die Anschauung noch schwieriger, aber für das Rechnen eine weitere Vereinfachung ist es, obendrein von den reellen zu den komplexen Zahlen überzugehen. So ist die projektive Geometrie um 1800 entstanden. Wie Felix Klein in [4] ausführt, wurden diese unendlich fernen und imaginären Punkte in der Geometrie lange als ,,*Gespenster angesehen, die gleichsam aus einer höheren Welt heraus sich in ihren Wirkungen bemerkbar machen, ohne daß man von ihrem Wesen eine klare Vorstel-*

lung gewinnen könnte." Der Versuch, sich alles anschaulich vorzustellen, kann eben auch hinderlich sein. So wie bei einem 37-dimensionalen Vektorraum; mit 37-tupeln formal zu rechnen, ist dagegen ein Kinderspiel.

Nach diesem Ausflug in die Topologie wollen wir wieder auf den festen Boden der analytischen Geometrie zurückkehren. Projektive Räume werden − motiviert durch die Vorbemerkungen − algebraisch eingeführt. Es wird sich schnell zeigen, welche Vorteile das bringt. Im Gegensatz zur affinen Geometrie schneiden sich in der projektiven Ebene zwei verschiedene Geraden immer in einem Punkt (allgemein gilt die Dimensionsformel aus 1.1.10 im projektiven Raum ohne Fallunterscheidungen), zwischen Ellipse, Parabel und Hyperbel gibt es vom projektiven Standpunkt keinen Unterschied mehr (allgemeiner: die projektive Klassifikation der Quadriken ist weit einfacher). Insgesamt wird sich zeigen, daß Ergebnisse der affinen Geometrie oft eleganter und schneller über die projektive Geometrie zu erhalten sind. Die Situation ist hier ganz ähnlich zur Erweiterung der reellen zu den komplexen Zahlen. Kein Wunder, daß die Kombination beider Erweiterungen, die komplex projektive Geometrie, den passenden Rahmen für die Untersuchung schwieriger geometrischer Probleme bietet. Damit beschäftigt sich die sogenannte *algebraische Geometrie.*

3.1. Projektive Räume und Unterräume

3.1.1. Wir geben zunächst die übliche algebraische Definition eines projektiven Raumes.

Definition. Sei V ein Vektorraum über einem Körper K. Mit

$$\mathbb{P}(V)$$

bezeichnen wir die Menge der eindimensionalen Untervektorräume (d. h. der Geraden durch o) von V. $\mathbb{P}(V)$ heißt der *zu* V *gehörige projektive Raum.*

Die Elemente von $\mathbb{P}(V)$ nennen wir wieder *Punkte,* obwohl sie formal Geraden sind. Ist V endlich-dimensional, so setzen wir

$$\dim_K \mathbb{P}(V) := \dim_K (V) - 1$$

und nennen diese Zahl die *projektive Dimension*, oder einfach *Dimension* von $\mathbb{P}(V)$. Insbesondere ist $\mathbb{P}(0) = \emptyset$ und $\dim \emptyset = -1$.

Weiter sei

$$\mathbb{P}_n(K) := \mathbb{P}(K^{n+1}) \quad .$$

Wir nennen dies den *(kanonischen) n-dimensionalen projektiven Raum über* K.

In diesem ganzen Kapitel interessieren wir uns nur für endlich-dimensionale Vektorräume und werden dies stets stillschweigend voraussetzen.

3.1.2. Um erklären zu können, wieso man Punkte des n-dimensionalen projektiven Raumes als Geraden im K^{n+1} definiert (siehe 3.1.4) führen wir zunächst den klassischen Begriff der *homogenen Koordinaten* ein.

Ist V ein K-Vektorraum und $v \in V$ vom Nullvektor verschieden, so bestimmt v eindeutig eine Gerade $K \cdot v$ durch o. Auf diese Weise erhalten wir eine *kanonische Abbildung*

$$V \smallsetminus \{o\} \to \mathbb{P}(V), \quad v \mapsto K \cdot v \quad .$$

Zwei von Null verschiedene Vektoren v, v' bestimmen genau dann dieselbe Gerade, wenn es ein $\lambda \in K^*$ gibt mit $v' = \lambda v$.

Ist insbesondere $V = K^{n+1}$ und $v = (x_0, \ldots, x_n) \neq 0$, so setzen wir

$$(x_0 : x_1 : \ldots : x_n) := K \cdot (x_0, \ldots, x_n) \quad .$$

Dies ist nach Definition eine Gerade. Man nennt dieses etwas eigenartige $(n + 1)$-tupel auch die *homogenen Koordinaten* eines Punktes im $\mathbb{P}_n(K)$. Dabei ist zu beachten, daß immer mindestens eines der x_i von Null verschieden ist (denn es ist $v \neq o$) und daß gilt

$$(x_0 : \ldots : x_n) = (x_0' : \ldots : x_n') \Longleftrightarrow$$

$$\Longleftrightarrow \text{ es gibt ein } \lambda \in K^* \text{ mit } x_0' = \lambda x_0, \ldots, x_n' = \lambda x_n \quad .$$

Das heißt, die homogenen Koordinaten sind nur bis auf einen gemeinsamen von Null verschiedenen Faktor festgelegt. Dieser Umstand erfordert etwas Gewöhnung.

3.1.3. Die einfachsten Gegenstände der Geometrie eines affinen Raumes sind die affinen Teilräume. Wir kommen nun zum entsprechenden Begriff der projektiven Geometrie.

Definition. Eine Teilmenge Z eines projektiven Raumes $\mathbb{P}(V)$ heißt ein *projektiver Unterraum,* wenn die Teilmenge

$$W := \bigcup_{p \in Z} p$$

von V ein Untervektorraum ist.

Man beachte dabei, daß die Punkte p von Z nach Definition Geraden in V waren. Alle zusammengenommen müssen genau einen Untervektorraum W von V ausfüllen. Ist dies der Fall, so ist Z selbst ein projektiver Raum, nämlich

$$Z = \mathbb{P}(W) \quad .$$

Als solcher hat er eine (projektive) Dimension. Speziell nennt man $Z \subset \mathbb{P}(V)$ eine

(*projektive*) *Gerade*, wenn $\dim Z = 1$,
(*projektive*) *Ebene*, wenn $\dim Z = 2$,
(*projektive*) *Hyperebene*, wenn $\dim Z = \dim \mathbb{P}(V) - 1$.

3.1.4. Nun können wir erklären, wieso die in 3.1.1 definierten projektiven Räume als Abschluß affiner Räume angesehen werden können.

Dazu betrachten wir im K^{n+1} den Untervektorraum

$$W := \{(x_0, \ldots, x_n) \in K^{n+1} : x_0 = 0\} \quad .$$

Er bestimmt eine Hyperebene $H := \mathbb{P}(W) \subset \mathbb{P}_n(K)$, die wir auch in der Form

$$H := \{(x_0 : \ldots : x_n) \in \mathbb{P}_n(K) : x_0 = 0\}$$

schreiben können.

Die injektive Abbildung

$$\iota: K^n \to \mathbb{P}_n(K), \quad (x_1, \ldots, x_n) \mapsto (1: x_1: \ldots: x_n),$$

hat als Bild gerade das Komplement von H, denn ist $(y_0: y_1: \ldots: y_n) \in \mathbb{P}_n(K) \setminus H$, so ist $y_0 \neq 0$, also

$$(y_0: y_1: \ldots: y_n) = \iota\left(\frac{y_1}{y_0}, \ldots, \frac{y_n}{y_0}\right) = \left(1: \frac{y_1}{y_0}: \ldots: \frac{y_n}{y_0}\right) \; .$$

Die so erhaltene *kanonische Einbettung* des affinen Raumes K^n in den projektiven Raum $\mathbb{P}_n(K)$ ist in Bild 3.15 für $K = \mathbb{R}$ und $n = 2$ skizziert.

Allgemein können wir die Punkte des K^n identifizieren mit den nicht in W enthaltenen Geraden durch o im K^{n+1}. Die in W gelegenen Geraden sind die Punkte der sogenannten *unendlich fernen* Hyperebene H. In der Tat entspricht jedem Punkt von H ein unendlich ferner Punkt von K^n: Ein Punkt $(0: x_1: \ldots: x_n)$ von H ist eine Gerade $K \cdot (0, x_1, \ldots, x_n)$ in W, W ist selbst ein K^n, in dem durch $(x_1, \ldots, x_n)$ ein unendlich ferner Punkt (im Sinne von 3.0) festgelegt ist. Die so erhaltene Abbildung

$$H \to \mathbb{P}(K^n)$$

ist bijektiv.

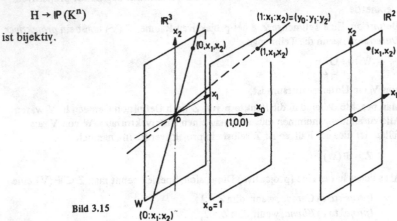

Bild 3.15

Diesen Sachverhalt kann man noch geometrischer beschreiben. Die Abbildung

$$K^n \to K^{n+1}, \quad (x_1, \ldots, x_n) \mapsto (1, x_1, \ldots, x_n) \; ,$$

ist eine Einbettung des affinen K^n auf die affine Hyperebene im K^{n+1} mit der Gleichung $x_0 = 1$. Zu jedem „affinen Punkt" $(1, x_1, \ldots, x_n)$ gehört der „projektive Punkt" $(1: x_1: \ldots: x_n)$, d.h. die Verbindungsgerade mit dem Ursprung. Entflieht eine affine Punktfolge, so werden die entsprechenden Geraden immer steiler; konvergieren sie gegen eine in W enthaltene Gerade, so ist das der unendlich ferne Punkt, gegen den die affine Punktfolge konvergiert.

Nachdem wir uns überzeugt haben, daß die algebraische Definition projektiver Räume die geometrische Vorstellung von ihrer Entstehung so trefflich beschreibt, können wir uns dies zu Nutze machen und versuchen, mit den Hilfsmitteln der linearen Algebra geometrische Aussagen zu beweisen.

Übungsaufgabe 1. Seien

$$f = a_1 x_1^2 + a_2 x_2^2 + a_3 x_1 x_2 + a_4 x_1 + a_5 x_2 + a_6$$

und

$$\bar{f} = a_1 x_1^2 + a_2 x_2^2 + a_3 x_1 x_2 + a_4 x_0 x_1 + a_5 x_0 x_2 + a_6 x_0^2.$$

Polynome mit reellen Koeffizienten. Man beweise: Die Kurve

$$Y = \{(x_1, x_2) \in \mathbb{R}^2 : f(x_1, x_2) = 0\}$$

ist genau dann ein Kreis, wenn ihr Abschluß

$$\bar{Y} = \{(x_0 : x_1 : x_2) \in \mathbb{P}_2(\mathbb{C}) : \bar{f}(x_0, x_1, x_2) = 0\}$$

die unendlich ferne Hyperebene (mit $x_0 = 0$) genau in den Punkten $(0 : i : 1)$ und $(0 : -i : 1)$ schneidet.

Diese beiden Punkte heißen die *imaginären unendlich fernen Kreispunkte.*

Übungsaufgabe 2. Sei $K = \{0, 1, a\}$ der Körper mit drei Elementen. Man beschreibe explizit die kanonische Einbettung $K^2 \to \mathbb{P}_2(K)$, sowie die affinen Geraden in K^2 und die projektiven Geraden in $\mathbb{P}_2(K)$.

Übungsaufgabe 3. Man zeige:

a) Ist $Z \subset \mathbb{P}_2(\mathbb{R})$ eine projektive Gerade, so gibt es $a_0, a_1, a_2 \in \mathbb{R}, (a_0, a_1, a_2) \neq 0$, so daß

$$Z = \{(x_0 : x_1 : x_2) \in \mathbb{P}_2(\mathbb{R}) : a_0 x_0 + a_1 x_1 + a_2 x_2 = 0\}.$$

$p(Z) := (a_0 : a_1 : a_2) \in \mathbb{P}_2(\mathbb{R})$ ist durch Z eindeutig bestimmt.

Für verschiedene Geraden Z_1, Z_2 ist $p(Z_1) \neq p(Z_2)$.

b) Gehen die Geraden $Z_1, Z_2, Z_3 \subset \mathbb{P}_2(\mathbb{R})$ durch einen Punkt, so liegen die Punkte $p(Z_1), p(Z_2), p(Z_3)$ auf einer Geraden.

3.1.5. Als erste geometrische Frage untersuchen wir die gegenseitige Lage projektiver Unterräume.

Sei $(Z_i)_{i \in I}$ eine Familie projektiver Unterräume eines projektiven Raumes $\mathbb{P}(V)$ und sei $Z_i = \mathbb{P}(W_i)$ für $W_i \subset V$. Trivialerweise gilt

$$\bigcap_{i \in I} Z_i = \mathbb{P}\left(\bigcap_{i \in I} W_i\right).$$

Also ist der *Durchschnitt von projektiven Unterräumen* wieder ein projektiver Unterraum (siehe L.A. 1.3.7).

Für die Vereinigung trifft dies natürlich im allgemeinen nicht zu. Der kleinste projektive Unterraum von $\mathbb{P}(V)$, der die Teilmenge

$$\bigcup_{i \in I} Z_i \subset \mathbb{P}(V)$$

enthält, wird *Verbindungsraum* genannt und mit

$$\bigvee_{i \in I} Z_i$$

bezeichnet. Wie man sehr leicht sieht (L.A. 1.6.1) gilt

$$\bigvee_{i \in I} Z_i = \mathbb{P}\left(\sum_{i \in I} W_i\right) \quad .$$

Für eine endliche Indexmenge $I = \{1, \ldots, n\}$ schreibt man

$$Z_1 \vee \ldots \vee Z_n \quad .$$

Die Dimensionen von Durchschnitt und Verbindung stehen in folgendem Zusammenhang.

Dimensionsformel. Sind $Z_1, Z_2 \subset \mathbb{P}(V)$ projektive Unterräume, so gilt

$$\dim(Z_1 \vee Z_2) = \dim Z_1 + \dim Z_2 - \dim(Z_1 \cap Z_2) \quad .$$

Insbesondere ist $Z_1 \cap Z_2 \neq \emptyset$, falls $\dim Z_1 + \dim Z_2 \geqslant \dim \mathbb{P}(V)$.

Man beachte, daß im Gegensatz zur entsprechenden Formel der affinen Geometrie (1.1.10) keine Fallunterscheidung nötig ist. Der Leser möge zur Übung die Formel 1.1.10 aus obiger Formel ableiten (man benütze dabei das in 3.2.2 erläuterte Verfahren des Abschlusses affiner Unterräume).

Aus der Zusatzbehauptung folgt unmittelbar, daß sich in einer projektiven Ebene je zwei verschiedene Geraden in einem Punkt schneiden.

Beweis. Ist $Z_1 = \mathbb{P}(W_1)$ und $Z_2 = \mathbb{P}(W_2)$, so ergibt die Dimensionsformel für Untervektorräume (L.A. 1.6.2)

$$\begin{aligned}
\dim(Z_1 \vee Z_2) &= \dim(W_1 + W_2) - 1 \\
&= \dim W_1 + \dim W_2 - \dim(W_1 \cap W_2) - 1 \\
&= \dim Z_1 + 1 + \dim Z_2 + 1 - \dim(Z_1 \cap Z_2) - 1 - 1 \quad .
\end{aligned}$$

Das ergibt die Formel. Aus $\dim Z_1 + \dim Z_2 \geqslant \dim \mathbb{P}(V)$ folgt

$$\dim(Z_1 \cap Z_2) \geqslant 0, \quad \text{denn} \quad \dim(Z_1 \vee Z_2) \leqslant \dim \mathbb{P}(V) \quad .$$

3.2. Projektive Abbildungen und Koordinaten

3.2.1. Gegeben seien zwei projektive Räume $\mathbb{P}(V)$ und $\mathbb{P}(W)$ (wobei selbstverständlich V und W Vektorräume über demselben Körper K sein sollen). Zur Definition einer projektiven Abbildung ist es vom algebraischen Standpunkt naheliegend, von einer linearen Abbildung $F: V \to W$ auszugehen. Soll F jede Gerade durch o in V in eine Gerade in W überführen, so muß F injektiv sein. Wir werden gleich sehen, daß diese algebraische Einschränkung einen geometrischen Hintergrund hat.

Definition. Eine Abbildung

$$f: \mathbb{P}(V) \to \mathbb{P}(W)$$

heißt *projektiv*, wenn es eine *injektive* lineare Abbildung

$$F: V \to W$$

gibt, mit $f(K \cdot v) = K \cdot F(w)$ für jedes vom Nullvektor verschiedene $v \in V$. Man schreibt dafür kurz

$$f = \mathbb{P}(F) \quad .$$

Eine bijektive projektive Abbildung heißt *Projektivität*.

Gibt es eine projektive Abbildung $f: \mathbb{P}(V) \to \mathbb{P}(W)$, so folgt aus der Definition unmittelbar, daß sie injektiv ist und daß $\dim \mathbb{P}(W) \geqslant \dim \mathbb{P}(V)$ gilt. Dieses Phänomen ist gegenüber der linearen Algebra und der affinen Geometrie völlig neuartig. Außerdem scheint es höchst unerfreulich zu sein, denn gerade die dimensionserniedrigenden Abbildungen (etwa des Raumes auf eine Ebene) sind für die Praxis besonders wichtig.

Erinnern wir uns an die in 3.0 beschriebene Zentralprojektion des Raumes auf eine nicht durch das Zentrum z gehende Ebene. Es war hoffnungslos gewesen, für das Zentrum z selbst einen Bildpunkt zu finden, denn dort wurde die Abbildung „unbestimmt". Der übliche Begriff der Abbildung erweist sich also für die Zentralprojektionen als zu eng, denn es ist naheliegend, Ausnahmepunkten als Bild mehr als einen Punkt, nämlich einen ganzen „Streubereich" zuzuordnen. Da wir uns hier mit sehr bescheidenen geometrischen Fragen beschäftigen, werden wir solche Hilfsmittel nicht benötigen.

Trotzdem wollen wir erwähnen, wie man aus einer nicht notwendig injektiven linearen Abbildung $F: V \to W$ eine „fast überall" definierte Abbildung der entsprechenden projektiven Räume erhalten kann. Wir nennen den projektiven Unterraum

$$Z(f) = \mathbb{P}(\operatorname{Ker} F)$$

das *Zentrum*. Dann erhalten wir eine Abbildung

$$f: \mathbb{P}(V) \smallsetminus Z(f) \to \mathbb{P}(W), K \cdot v \mapsto K \cdot F(v) \quad ,$$

denn für $v \notin \operatorname{Ker} F$ ist $K \cdot F(v)$ tatsächlich eine Gerade.

Wir wollen noch überlegen, daß die zu einer projektiven Abbildung gehörige lineare Abbildung nur bis auf einen Faktor eindeutig bestimmt ist.

Bemerkung. Für zwei injektive lineare Abbildungen

$$F, F': V \to W$$

ist $\mathbb{P}(F) = \mathbb{P}(F')$ genau dann, wenn es ein $\lambda \in K^*$ gibt mit $F' = \lambda \cdot F$.

Beweis. Ist $\mathbb{P}(F) = \mathbb{P}(F')$, so gibt es zu jedem $v \in V$ ein $\lambda \in K^*$ mit $F'(v) = \lambda \cdot F(v)$. Es ist zu zeigen, daß man zu jedem v das gleiche λ wählen kann. Für $\dim V \leqslant 1$ ist das klar. Andernfalls betrachten wir linear unabhängige $v, w \in V$. Dann gibt es $\lambda, \mu, \nu \in K^*$ mit

$$F'(v) = \lambda \cdot F(v), \quad F'(w) = \mu \cdot F(w) ,$$
$$F'(v + w) = \nu \cdot F(v + w) \quad .$$

Wegen der Linearität von F und F' folgt

$$(\lambda - \nu) F(v) + (\mu - \nu) F(w) = 0 \quad ,$$

und da auch $F(v), F(w) \in W$ linear unabhängig sind,

$$\lambda = \mu = \nu \quad .$$

Daraus folgt $F' = \lambda \cdot F$. Die andere Richtung ist trivial.

Beispiele. a) Für $m \geqslant n$ haben wir eine *kanonische Einbettung*

$$\mathbb{P}_n(K) \to \mathbb{P}_m(K), \quad (x_0 : \ldots : x_n) \mapsto (x_0 : \ldots : x_n : 0 : \ldots : 0) \quad .$$

Sie entsteht aus der linearen Abbildung

$$K^{n+1} \to K^{m+1}, \quad (x_0, \ldots, x_n) \mapsto (x_0, \ldots, x_n, 0, \ldots, 0) \quad .$$

Wir werden später sehen, daß es „bis auf Projektivitäten" keine anderen projektiven Abbildungen gibt.

b) Sind $\lambda_0, \lambda_1, \lambda_2 \in K^*$ nicht alle gleich (in jedem Körper mit mehr als zwei Elementen ist das möglich), so betrachten wir die Projektivität

$$f \colon \mathbb{P}_2(K) \to \mathbb{P}_2(K), \quad (x_0 : x_1 : x_2) \mapsto (\lambda_0 x_0 : \lambda_1 x_1 : \lambda_2 x_2) \quad .$$

Es gilt

$$f(1:0:0) = (\lambda_0 : 0 : 0) = (1:0:0)$$
$$f(0:1:0) = (0:\lambda_1 : 0) = (0:1:0)$$
$$f(0:0:1) = (0:0:\lambda_2) = (0:0:1), \quad \text{aber}$$
$$f(1:1:1) = (\lambda_0 : \lambda_1 : \lambda_2) \neq (1:1:1) \quad .$$

In einer projektiven Ebene gibt es also von der Identität verschiedene Projektivitäten mit 3 Fixpunkten (vgl. 3.2.5).

Übungsaufgabe. Die beiden Geraden

$$Z_1 := \{(x_0 : x_1 : x_2) \in \mathbb{P}_2(\mathbb{R}) \colon x_1 - x_2 = 0\} \quad \text{und}$$
$$Z_2 := \{(x_0 : x_1 : x_2) \in \mathbb{P}_2(\mathbb{R}) \colon x_2 = 0\}$$

werden vom Zentrum $z := (1 : 0 : 1)$ aufeinander projiziert. Man zeige, daß die so erhaltene Abbildung $f \colon Z_1 \to Z_2$ projektiv ist.

3.2.2. In 3.1.4 hatten wir gesehen, daß man durch Entfernen der *speziellen* Hyperebene $x_0 = 0$ aus $\mathbb{P}_n(K)$ den affinen Raum K^n erhält. Wir beweisen nun, daß man ebenso mit einer *beliebigen* Hyperebene irgend eines projektiven Raumes verfahren kann und erläutern, wie man Unterräume und Abbildungen einschränken bzw. ausdehnen kann. Dies zeigt, daß das Prädikat „unendlich fern" nur vom affinen, nicht aber vom projektiven Standpunkt gerechtfertigt ist.

Satz. Sei V ein K-Vektorraum und $H \subset \mathbb{P}(V)$ eine Hyperebene. Dann kann man das Komplement

$$X := \mathbb{P}(V) \setminus H$$

so zu einem affinen Raum $(X, T(X), \tau)$ machen, daß folgendes gilt:

a) Es gibt eine kanonische bijektive Abbildung

$$H \to X_\infty \quad ,$$

d. h. H kann als unendlich ferne Hyperebene zu X angesehen werden (vgl. 3.0).

b) Für jeden projektiven Unterraum $Z \subset \mathbb{P}(V)$ mit $Z \not\subset H$ ist $Z \cap X$ ein affiner Unterraum von X mit

$$\dim(Z \cap X) = \dim Z \quad \text{und} \quad \dim(Z \cap H) = \dim Z - 1 \quad .$$

Die durch

$$Z \mapsto Z \cap X$$

definierte Abbildung von der Menge der nicht in H enthaltenen projektiven Unterräume $Z \subset \mathbb{P}(V)$ in die Menge der nicht leeren affinen Unterräume von X ist bijektiv.

Insbesondere kann man jeden affinen Unterraum $Y \subset X$ zu einem projektiven Unterraum $\overline{Y} \subset \mathbb{P}(V)$ mit

$$\overline{Y} \cap X = Y$$

abschließen.

c) Für jede Projektivität $f: \mathbb{P}(V) \to \mathbb{P}(V)$ mit $f(H) = H$ ist

$$f|X: X \to X$$

eine Affinität und die durch

$$f \mapsto f|X$$

definierte Abbildung von der Menge der Projektivitäten von $\mathbb{P}(V)$, die H in sich überführen, in die Menge der Affinitäten von X ist bijektiv. Insbesondere kann man jede Affinität g von X zu einer Projektivität $\overline{g}$ von $\mathbb{P}(V)$ mit

$$\overline{g}|X = g \quad \text{und} \quad \overline{g}(H) = H$$

fortsetzen.

Beweis. Die Überlegungen werden ähnlich zu 3.1.4 sein, aber wir benützen keine Koordinaten.

Ist $H = \mathbb{P}(W)$, wo wählen wir ein $v_0 \in V \smallsetminus W$ und betrachten den affinen Unterraum

$$X' := v_0 + W \subset V \quad .$$

Für ein $v \in X'$ ist die Gerade $K \cdot v$ nicht in W enthalten, also ein Punkt von X. Damit erhalten wir eine Abbildung

$$\sigma: X' \to X, \quad v \mapsto K \cdot v \quad .$$

Sie ist bijektiv, da jede nicht in W enthaltene Gerade durch o den affinen Raum X' in genau einem Punkt schneidet (man benutze etwa 1.1.10).

Nun ist $T(X') = W$, und W operiert auf X' durch

$$f(p') = p' + t \quad \text{für } t \in W \quad \text{und } p' \in X' \quad .$$

Diese Operation kann man mit Hilfe von σ auf X übertragen, d.h. man erklärt

$$t(p) = \sigma(\sigma^{-1}(p) + t) \quad \text{für } t \in W \quad \text{und } p \in X \quad .$$

Nennt man diese Operation τ und definiert man $T(X) := W$, so wird $(X, T(X), \tau)$ zu einem affinen Raum und σ eine Affinität mit $T(\sigma) = \mathrm{id}_W$.

Ad a). Jeder Punkt $K \cdot w \in H$ (mit $w \in W \smallsetminus \{o\}$) ist eine Gerade in W. Da $W = T(X)$, entspricht das einer Geradenrichtung in X und die so erhaltene Abbildung

$$H \to X_\infty$$

ist bijektiv.

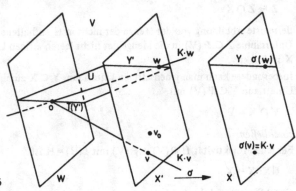

Bild 3.16

Ad b). Wir benutzen die Affinität

$$\sigma : X' \to X \quad .$$

Ist $Z = \mathbb{P}(U)$ mit einem Untervektorraum $U \subset V$, so ist $X' \cap U$ affiner Unterraum von X', also auch

$$Z \cap X = \sigma(X' \cap U) \subset X$$

affiner Unterraum. Ist $Z \not\subset H$, so ist $U \not\subset W$. Setzen wir $n + 1 = \dim V$, so ergibt die Dimensionsformel 1.1.10.

$$n + 1 = \dim(U \vee X') = \dim U + n - \dim(U \cap X') \quad ,$$

also

$$\dim(U \cap X') = \dim U - 1, \quad \text{d.h.}$$
$$\dim(Z \cap X) = \dim Z \quad .$$

Aus $U \not\subset W$ folgt $W + U = V$ und

$$\dim(W \cap U) = \dim U - 1 \quad , \quad \text{d.h.}$$
$$\dim(Z \cap H) = \dim Z - 1 \quad .$$

Um die Abbildung

$$Z \mapsto Z \cap X$$

umzukehren, haben wir für jeden affinen Raum $Y \subset X$ einen Abschluß $\bar{Y} \subset \mathbb{P}(V)$ zu konstruieren. Dazu hat man zu Y diejenigen unendlich fernen Punkte von X hinzuzunehmen, die den in Y enthaltenen Geradenrichtungen entsprechen. Formal kann man dies so beschreiben.

$Y' := \sigma^{-1}(Y) \in X'$ ist affiner Unterraum. Dazu gehört ein Untervektorraum $T(Y') \subset W = T(X')$, so daß

$$Y' = w + T(Y')$$

für ein $w \in Y'$. Wir setzen nun (siehe Bild 3.16)

$$U := K \cdot w \oplus T(Y')$$

(die Summe ist direkt, denn $w \notin T(Y')$) und definieren

$$\bar{Y} := \mathbb{P}(U) \quad .$$

Aus dieser Konstruktion folgt sofort

$$\overline{Z \cap X} = Z \quad \text{und} \quad \bar{Y} \cap X = Y \quad .$$

Damit ist gezeigt, daß $Y \mapsto \bar{Y}$ die gegebene Abbildung umkehrt. Wie man diesen Abschluß in $\mathbb{P}_n(K)$ durch lineare Gleichungen beschreiben kann, erläutern wir in 3.2.8.

Ad c). Um zu zeigen, daß $f|X$ eine Affinität ist, betrachten wir anstelle von X zunächst wieder X'. Ist $f = \mathbb{P}(F)$, so folgt aus $f(H) = H$ auch $F(W) = W$. Es braucht nicht

$$F(v_0) \in X'$$

zu gelten. Da F jedoch nur bis auf einen Faktor festgelegt ist, können wir das erreichen, und es folgt dann

$$F(X') = X' \quad .$$

Die Abbildung

$$F|X': X' \to X'$$

ist eine Affinität mit $T(F|X') = F|W$. Wegen

$$f|X = \sigma \circ (F|X') \circ \sigma^{-1}$$

ist auch $f|X$ eine Affinität mit $T(f|X) = F|W$. Um zu zeigen, daß die gegebene Abbildung bijektiv ist, haben wir jede Affinität g von X zu einer Projektivität $\bar{g}$ von $\mathbb{P}(V)$ auszudehnen. Dazu haben wir einen Isomorphismus G von V anzugeben. Wegen

$$V = W \oplus K \cdot v_0$$

ist er durch

$$G|W := T(g) \quad \text{und} \quad G(v_0) := \sigma^{-1}(g(\sigma(v_0)))$$

eindeutig festgelegt und wir können

$$\overline{g} := \mathbb{P}(G)$$

setzen. Aus der Konstruktion folgt sofort $\overline{g}|X = g$ und $\overline{g}(H) = H$, sowie $\overline{f}|X = f$ für jede unserer betrachteten Projektivitäten.

Diese Art der Fortsetzung von g zu $\overline{g}$ hat einen einfachen geometrischen Hintergrund. Da parallele Geraden in X unter g wieder in parallele Geraden übergeführt werden, bestimmt g eine Abbildung der Geradenrichtungen in X, die die Fortsetzung von X auf $\overline{X} = X \cup X_\infty$ bewirkt. Man überzeuge sich, daß die obige Konstruktion gerade diesen Vorgang beschreibt.

Übungsaufgabe 1. Zwei affine Unterräume $Y, Y' \subset X$ sind genau dann parallel, wenn $\overline{Y} \setminus Y \subset \overline{Y'} \setminus Y'$ oder $\overline{Y'} \setminus Y' \subset \overline{Y} \setminus Y$.

Übungsaufgabe 2. Eine Affinität g von X ist genau dann eine Dilatation, wenn $\overline{g}|H = id_H$.

3.2.3. In 3.2.2 hatten wir affine Teile eines beliebigen projektiven Raumes untersucht. Den geometrischen Abschluß eines beliebigen affinen Raumes hatten wir schon in 3.0 beschrieben. Dem entspricht algebraisch der Abschluß von K^n zu $\mathbb{P}_n(K)$. Auch diese Konstruktion kann man ohne Koordinaten durchführen. Um den Leser nicht zu langweilen, fassen wir uns dabei sehr kurz.

Satz. Zu jedem affinen Raum $(X, T(X), \tau)$ gibt es einen projektiven Raum $\mathbb{P}(V)$ mit einer Hyperebene H und einer Affinität

$$h: X \to \mathbb{P}(V) \setminus H \quad ,$$

wobei $\mathbb{P}(V) \setminus H$ entsprechend 3.2.2 zu einem affinen Raum gemacht ist.

Beweis. Wir setzen

$$V := T(X) \times K \quad \text{und} \quad H := \mathbb{P}(T(X) \times \{o\}) \quad .$$

Für einen festen Punkt $p \in X$ definieren wir

$$h: X \to \mathbb{P}(T(X) \times K) \quad , \qquad q \mapsto K \cdot (\vec{pq}, 1) \quad .$$

Das ist die gesuchte Affinität.

3.2.4. Wie wir aus der linearen Algebra wissen, ist eine lineare Abbildung zwischen Vektorräumen eindeutig festgelegt, wenn man die Bilder der Basisvektoren vorschreibt (L.A. 2.4.1). Diese Tatsache ermöglicht die Beschreibung linearer Abbildungen durch Matrizen. Um diesen Kalkül auch in der projektiven Geometrie benutzen zu können, müssen wir untersuchen, wie weit eine projektive Abbildung durch die Vorgabe der Bilder endlich vieler Punkte festgelegt ist.

Definition. Ein $(r + 1)$-tupel $(p_0, \ldots, p_r)$ von Punkten eines projektiven Raumes $\mathbb{P}(V)$ heißt *projektiv unabhängig*, wenn eine der folgenden äquivalenten Bedingungen erfüllt ist:

i) Es gibt linear unabhängige Vektoren $v_0, \ldots, v_r \in V$ mit $p_i = K \cdot v_i$ für $i = 0, \ldots, r$.

ii) Jedes $(r + 1)$-tupel $(v_0, \ldots, v_r)$ von Vektoren aus V mit $p_i = K \cdot v_i$ für $i = 0, \ldots, r$ ist linear unabhängig.

iii) $\dim (p_0 \vee \ldots \vee p_r) = r$.

Den Nachweis der Äquivalenz dieser Bedingungen überlassen wir dem Leser zur Übung.

Ein $(n + 2)$-tupel $(p_0, \ldots, p_{n+1})$ von Punkten aus $\mathbb{P}(V)$ heißt *projektive Basis* von $\mathbb{P}(V)$, wenn je $n + 1$ Punkte davon projektiv unabhängig sind. Dabei ist natürlich $n = \dim \mathbb{P}(V)$.

Beispiel. In $\mathbb{P}_n(K)$ ist eine *kanonische projektive Basis* gegeben durch

$$p_0 = (1 : 0 : \ldots : 0 : 0)$$
$$p_1 = (0 : 1 : 0 : \ldots : 0)$$
$$\vdots \qquad \vdots$$
$$p_n = (0 : 0 : \ldots : 0 : 1)$$
$$p_{n+1} = (1 : 1 : \ldots : 1 : 1) \quad .$$

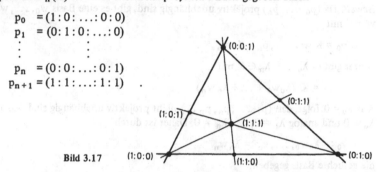

Bild 3.17

Die Konfiguration dieser Punkte in $\mathbb{P}_2(\mathbb{R})$ ist in Bild 3.17 angedeutet.

Man beachte, daß der Punkt p_{n+1} nur bezüglich seiner Koordinatendarstellung eine Sonderstellung einnimmt. Vom projektiv-geometrischen Standpunkt unterscheidet er sich nicht von den anderen Basispunkten, denn man kann die Konfiguration aus Bild 3.17 auch anders zeichnen (Bild 3.18).

In beiden Bildern ist die unendlich ferne Gerade so gelegt, daß sie keinen Basispunkt trifft.

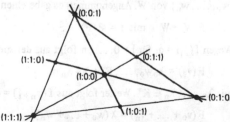

Bild 3.18

Übungsaufgabe. Gegeben sei ein projektiver Raum $\mathbb{P}(V)$ mit einer Hyperebene H, und $X := \mathbb{P}(V) \setminus H$ sei entsprechend 3.2.2 zu einem affinen Raum gemacht.

Dann sind Punkte $p_0, \ldots, p_r \in X$ genau dann affin unabhängig in X, wenn sie in $\mathbb{P}(V)$ projektiv unabhängig sind.

3.2.5. Die kanonische Basis des projektiven Raumes $\mathbb{P}_n(K)$ erhält man aus der kanonischen Basis $(1, 0, \ldots, 0), \ldots, (0, \ldots, 0, 1)$ des K^{n+1} und dem zusätzlichen Vektor $(1, \ldots, 1)$. Eine derartige Basis von V gibt es zu jeder projektiven Basis von $\mathbb{P}(V)$.

Lemma. Ist $(p_0, \ldots, p_{n+1})$ eine projektive Basis von $\mathbb{P}(V)$, so gibt es eine Basis $(v_0, \ldots, v_n)$ von V mit

$$p_0 = K \cdot v_0, \ldots, p_n = K \cdot v_n \quad ,$$
$$p_{n+1} = K \cdot (v_0 + \ldots + v_n) \quad .$$

Beweis. Da $(p_0, \ldots, p_n)$ projektiv unabhängig sind, gibt es eine Basis $w_0, \ldots, w_n$ von V mit

$$p_0 = K \cdot w_0, \ldots, p_n = K \cdot w_n \quad .$$

Weiter gibt es $\lambda_0, \ldots, \lambda_n \in K$ mit

$$p_{n+1} = K \cdot (\lambda_0 w_0 + \ldots + \lambda_n w_n) \quad .$$

Aus $\lambda_0 = 0$ folgt, daß $(p_1, \ldots, p_n, p_{n+1})$ nicht projektiv unabhängig sind. Also ist $\lambda_0 \neq 0$ und analog $\lambda_1 \neq 0, \ldots, \lambda_n \neq 0$. Daher ist durch

$$v_0 := \lambda_0 w_0, \ldots, v_n := \lambda_n w_n$$

die gesuchte Basis gegeben.

Nun können wir sehr einfach das erste grundlegende Ergebnis der projektiven Geometrie beweisen.

Satz. Seien $\mathbb{P}(V)$ und $\mathbb{P}(W)$ projektive Räume gleicher Dimension mit projektiven Basen $(p_0, \ldots, p_{n+1})$ und $(q_0, \ldots, q_{n+1})$. Dann gibt es genau eine Projektivität

$$f: \mathbb{P}(V) \to \mathbb{P}(W) \quad \text{mit } f(p_i) = q_i \quad \text{für } i = 0, \ldots, n+1 \quad .$$

Beweis. Wir wählen entsprechend dem Lemma Basen $(v_0, \ldots, v_n)$ von V und $(w_0, \ldots, w_n)$ von W. Angenommen es gäbe einen Isomorphismus

$$F: V \to W \quad \text{mit } f = \mathbb{P}(F) \quad .$$

Wegen $f(p_i) = q_i$ für $i = 0, \ldots, n$ folgt aus der speziellen Eigenschaft der Basen

$$F(v_0) = \lambda_0 w_0, \ldots, F(v_n) = \lambda_n w_n \tag{*}$$

mit $\lambda_0, \ldots, \lambda_n \in K^*$. Weiter folgt aus $f(p_{n+1}) = q_{n+1}$

$$F(v_0 + \ldots + v_n) = \lambda(w_0 + \ldots + w_n) \tag{**}$$

für ein $\lambda \in K^*$. Aus (*) und (**) folgt

$$\lambda = \lambda_0 = \ldots = \lambda_n \quad .$$

Also ist F bis auf den Faktor λ eindeutig bestimmt, was die Eindeutigkeit von f zeigt.

Die Existenz der Projektivität f ist klar; man braucht sie nur durch das so erhaltene F zu definieren.

Übungsaufgabe. Jede Projektivität einer reell projektiven Ebene besitzt mindestens einen Fixpunkt und eine Fixgerade. Was kann man noch aussagen, wenn Dimension oder Grundkörper beliebig sind?

3.2.6. Als erste Anwendung von Satz 3.2.5 wollen wir zeigen, wie man in einem projektiven Raum „Koordinaten" einführen kann.

In einem projektiven Raum $\mathbb{P}(V)$ der Dimension n über dem Körper K versteht man unter einem (*projektiven*) *Koordinatensystem* eine Projektivität

$$\kappa : \mathbb{P}_n(K) \to \mathbb{P}(V) \quad .$$

Ist $p = \kappa(x_0 : \ldots : x_n) \in \mathbb{P}(V)$, so heißt $(x_0 : \ldots : x_n)$ ein *homogener Koordinatenvektor* des Punktes p. Man beachte, daß er nur bis auf einen Skalar $\lambda \neq 0$ eindeutig bestimmt ist (vgl. 3.1.2).

Ist eine projektive Basis $(p_0, \ldots, p_{n+1})$ von $\mathbb{P}(V)$ gegeben, so gibt es dazu nach 3.2.5 genau ein projektives Koordinatensystem

$$\kappa : \mathbb{P}_n(K) \to \mathbb{P}(V) \quad \text{mit}$$

$$p_0 = \kappa(1 : 0 : \ldots : 0)$$
$$\vdots \qquad \vdots$$
$$p_n = \kappa(0 : \ldots : 0 : 1)$$
$$p_{n+1} = \kappa(1 : \ldots \ldots : 1) \quad .$$

Dies kann man benutzen, um in einem beliebigen projektiven Raum geometrische Probleme durch Rechnung zu behandeln. Dabei wird es sich zeigen, daß eine günstig gewählte Basis die Rechnung enorm vereinfachen kann.

3.2.7. Mit Hilfe von Koordinaten kann man lineare Abbildungen durch Matrizen beschreiben. Daraus erhält man auch eine *Beschreibung von Projektivitäten durch Matrizen.*

Ist zunächst eine Projektivität

$$f: \mathbb{P}_n(K) \to \mathbb{P}_n(K)$$

gegeben, so betrachten wir einen Isomorphismus

$$F: K^{n+1} \to K^{n+1}$$

mit $f = \mathbb{P}(F)$. F kann man ersetzen durch eine Matrix $A \in GL(n+1; K)$, wobei F und somit A durch f bis auf einen Skalar $\lambda \neq 0$ festgelegt sind. Ist

$$A = \begin{pmatrix} a_{00} & a_{01} & \cdots & a_{0n} \\ \vdots & \vdots & & \vdots \\ a_{n0} & a_{n1} & \cdots & a_{nn} \end{pmatrix} ,$$

so wird f in homogenen Koordinaten beschrieben durch

$$f(x_0 : \ldots : x_n) =$$
$$= ((a_{00}x_0 + \ldots + a_{0n}x_n) : (a_{10}x_0 + \ldots + a_{1n}x_n) : \ldots : (a_{n0}x_0 + \ldots + a_{nn}x_n)).$$

Dies kann man vom affinen Standpunkt so interpretieren. K^n ist in $\mathbb{P}_n(K)$ eingebettet, sein Komplement ist die Hyperebene

$$H := \{(x_0 : \ldots : x_n) \in \mathbb{P}_n(K) : x_0 = 0\} .$$

Für $p = (x_0 : \ldots : x_n) \in \mathbb{P}_n(K) \setminus H$ erhält man also inhomogene Koordinaten $\left(\dfrac{x_1}{x_0}, \ldots, \dfrac{x_n}{x_0}\right)$. Obwohl f nicht notwendig H in sich überführt, kann man formal auch die inhomogenen Koordinaten von $f(p) = (y_0 : \ldots : y_n)$ ausrechnen. Es ergibt sich

$$\frac{y_1}{y_0} = \frac{a_{10} + a_{11}x_1 + \ldots + a_{1n}x_n}{a_{00} + a_{01}x_1 + \ldots + a_{0n}x_n} ,$$
$$\vdots \qquad\qquad \vdots$$
$$\frac{y_n}{y_0} = \frac{a_{n0} + a_{n1}x_1 + \ldots + a_{nn}x_n}{a_{00} + a_{01}x_1 + \ldots + a_{0n}x_n} .$$

Dies ist eine *gebrochene lineare Transformation* des K^n. f läßt sich genau dann zu einer Affinität des K^n beschränken, wenn $f(H) = H$ gilt.
Wegen

$$f^{-1}(H) = \{(x_0 : \ldots : x_n) \in \mathbb{P}_n(K) : a_{00}x_0 + a_{01}x_1 + \ldots + a_{0n}x_n = 0\}$$

ist das gleichbedeutend mit $a_{01} = \ldots = a_{0n} = 0$.
Zur Beschreibung durch Matrizen von Projektivitäten beliebiger projektiver Räume braucht man nur Koordinatensysteme zu wählen:

$$\begin{array}{ccc} \mathbb{P}_n(K) & \xrightarrow{\;\kappa\;} & \mathbb{P}(V) \\ f' \downarrow & & \downarrow f \\ \mathbb{P}_n(K) & \xrightarrow{\;\kappa'\;} & \mathbb{P}(W) \end{array} .$$

Die der Projektivität f zugeordnete Matrix hängt natürlich ganz davon ab, mit Hilfe welcher projektiver Basen die Koordinatensysteme eingeführt wurden.

3.2.8. Schließlich wollen wir notieren, wie man mit Hilfe von Koordinaten *projektive Unterräume durch lineare Gleichungssysteme* beschreiben kann.

Ist $Z \subset \mathbb{P}_n(K)$ projektiver Unterraum der Dimension $n - m$, so gibt es eine Matrix $A \in M(m \times (n + 1); K)$ vom Rang m, so daß

$$Z = \mathbb{P}(\{x \in K^{n+1} : Ax = 0\}) \quad , \tag{*}$$

wobei $x = {}^t(x_0, \ldots, x_n)$ ein Spaltenvektor ist. Die Beziehung (*) kann man auch in der Form

$$Z = \left\{ (x_0 : \ldots : x_n) \in \mathbb{P}_n(K) : A \cdot \begin{pmatrix} x_0 \\ \vdots \\ x_n \end{pmatrix} = 0 \right\}$$

schreiben.

Man beachte dabei, daß die Abbildung

$$x \mapsto A \cdot x$$

auf K^{n+1}, nicht aber auf $\mathbb{P}_n(K)$ definiert ist. Trotzdem kann man auch in $\mathbb{P}_n(K)$ von den Nullstellen der Gleichungen sprechen. In der Tat sind für ein $x \in K^{n+1}$ die Bedingungen

$$A \cdot x = 0 \quad \text{und} \quad A \cdot (\lambda x) = 0$$

gleichbedeutend, wenn $\lambda \in K^*$.

Den projektiven Abschluß eines affinen Unterraumes $Y \subset K^n$ kann man durch *Homogenisierung des Gleichungssystems* beschreiben. Zu Y gibt es eine Matrix $B \in M(m \times n; K)$ und ein $b = {}^t(b_1, \ldots, b_m) \in K^m$ mit

$$Y = \{x \in K^n : B \cdot x = b\} \quad .$$

Bildet man nun die Matrix

$$A := \begin{pmatrix} -b_1 \\ \vdots \\ -b_m \end{pmatrix} \; B \; \end{pmatrix} ,$$

so gilt für den projektiven Abschluß $\overline{Y}$ in $\mathbb{P}_n(K)$ (vgl. 3.2.2)

$$\overline{Y} = \left\{ (x_0 : \ldots : x_n) \in \mathbb{P}_n(K) : A \cdot \begin{pmatrix} x_0 \\ \vdots \\ x_n \end{pmatrix} = 0 \right\} \quad .$$

Umgekehrt kann man durch Einsetzen von $x_0 = 1$ die inhomogenen Gleichungen von $Y = \overline{Y} \cap K^n$ zurückerhalten.

Übungsaufgabe. Man bestimme ein Gleichungssystem für den projektiven Abschluß in $\mathbb{P}_3(\mathbb{R})$ von der Geraden

$$Y = (1, 0, 2) \vee (3, 1, 0) \subset \mathbb{R}^3 \quad .$$

3.2.9. Wie wir gesehen haben, zählt das Studium der Zentralprojektionen zu den Wurzeln der projektiven Geometrie. Es bleibt zu zeigen, daß diese Abbildungen Projektivitäten im Sinne unserer algebraischen Definition sind.

Seien $Z_1, Z_2 \subset \mathbb{P}(V)$ gleichdimensionale projektive Unterräume. Eine Abbildung

$$f: Z_1 \to Z_2$$

heißt *Zentralprojektion*, wenn es einen projektiven Unterraum $Z \subset \mathbb{P}(V)$ das *Zentrum* von f) gibt, mit folgenden Eigenschaften (Bild 3.19).

a) $Z \vee Z_1 = Z \vee Z_2 = \mathbb{P}(V)$

b) $Z \cap Z_1 = Z \cap Z_2 = \emptyset$

c)   Für alle $p \in Z_1$ ist $f(p) = (Z \vee p) \cap Z_2$.

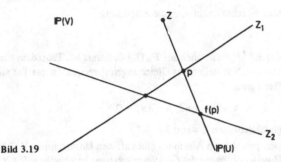

Bild 3.19

Im Fall daß Z_1 und Z_2 Hyperebenen sind, bedeuten die Bedingungen a) und b), daß Z ein Punkt außerhalb von $Z_1 \cup Z_2$ ist.

Ist allgemein $Z_1 = \mathbb{P}(W_1), Z_2 = \mathbb{P}(W_2)$ und $Z = \mathbb{P}(W)$ mit Untervektorräumen $W_1, W_2, W \subset V$, so sind die Bedingungen a) und b) zusammen gleichwertig mit

$$V = W \oplus W_1 = W \oplus W_2$$

(zur Definition der direkten Summe vgl. L.A. 1.6.2).

Lemma. Jede Zentralprojektion ist eine Projektivität.

Beweis. Sei (mit den obigen Bezeichnungen)

$$f: Z_1 \to Z_2$$

die gegebene Zentralprojektion. Wir haben dazu eine lineare Abbildung

$$F: W_1 \to W_2$$

mit $f = \mathbb{P}(F)$ zu finden. Eine einfache geometrische Überlegung (siehe Bild 3.20) zeigt, wie man vorzugehen hat.

Aus der direkten Summenzerlegung erhält man eine Projektion

$$P: V = W \oplus W_2 \to W_2, \quad w + w_2 \mapsto w_2 \quad .$$

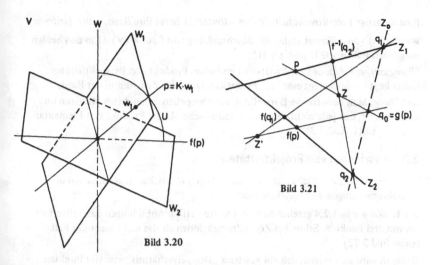

Bild 3.21

Bild 3.20

Ihre Beschränkung auf W_1 bezeichnen wir mit F. Nach 1.1.11 ist F ein Isomorphismus; es genügt also, $f = \mathbb{P}(F)$ zu zeigen. Dazu betrachten wir für ein $p = K \cdot w_1 \in Z_1$ den Untervektorraum

$$U := W \oplus K \cdot w_1 \quad \text{mit} \quad \mathbb{P}(U) = Z \vee p \quad .$$

Nach Definition von F ist

$$F(K \cdot w_1) = U \cap W_2, \quad \text{also}$$
$$\mathbb{P}(F)(p) = \mathbb{P}(U \cap W_2) = (Z \vee p) \cap Z_2 \quad .$$

Das bedeutet gerade $\mathbb{P}(F)(p) = f(p)$.

Trivialerweise bleibt bei einer Zentralprojektion von Z_1 nach Z_2 der Durchschnitt $Z_1 \cap Z_2$ punktweise fest. Also ist nicht jede Projektivität eine Zentralprojektion.

Übungsaufgabe 1. Jede Projektivität $f: Z_1 \to Z_2$ mit $f|(Z_1 \cap Z_2) = \mathrm{id}_{Z_1 \cap Z_2}$ ist eine Zentralprojektion.

Übungsaufgabe 2. Gegeben seien Geraden $Z_1, Z_2 \subset \mathbb{P}_2(\mathbb{R})$ und eine Projektivität $f: Z_1 \to Z_2$. Man zeige, daß es eine Gerade $Z_0 \subset \mathbb{P}_2(\mathbb{R})$ und Zentralprojektionen

$$g: Z_1 \to Z_0 \quad , \qquad g': Z_0 \to Z_2$$

mit Zentren $Z, Z' \in \mathbb{P}_2(\mathbb{R})$ gibt, mit $f = g' \circ g$.
Anleitung: Man betrachte Bild 3.21.

Übungsaufgabe 3. Sei $f: \mathbb{P}(V) \to \mathbb{P}(V)$ eine von der Identität verschiedene Projektivität, die eine Hyperebene $H \subset \mathbb{P}(V)$ punktweise fest läßt. Man zeige, daß es genau einen Punkt $z \in \mathbb{P}(V)$ gibt, so daß für alle beliebigen Punkte $p \in \mathbb{P}(V)$ die Punkte $z, p, f(p)$ kollinear sind.

Eine derartige Projektivität heißt *Perspektivität*; H heißt ihre *Basis*, z ihr *Zentrum*.
Welche Art von Affinität ergibt die Beschränkung von f auf $\mathbb{P}(V)\backslash H$ in den beiden
möglichen Fällen $z \in H$ und $z \notin H$?

Übungsaufgabe 4. Jede Projektivität ist endliches Produkt von Perspektivitäten.
Dabei liegt bei höchstens einer der Perspektivitäten das Zentrum in der Basis.

Anleitung: Man benutze die Darstellung von Perspektivitäten durch Matrizen und
die Tatsache, daß jede nicht-singuläre quadratische Matrix Produkt von Elementarmatrizen ist (L.A. 2.7.3).

3.3. Invarianten von Projektivitäten

In diesem Abschnitt beschäftigen wir uns mit geometrischen Eigenschaften und
Charakterisierungen von Projektivitäten.

3.3.1. Wie wir in 1.2.4 gesehen hatten, erhalten affine Abbildungen das Teilverhältnis von drei Punkten. Schon bei Zentralprojektionen ist das nicht mehr der Fall
(siehe Bild 3.22).

Dagegen wird sich zeigen, daß ein gewisses „Doppelverhältnis" von vier Punkten
eine projektive Invariante ist. Wir werden es so definieren, daß die Invarianz offensichtlich ist.

Seien also p_0, p_1, p_2, p kollineare Punkte eines projektiven Raumes $\mathbb{P}(V)$ über einem
Körper K, derart daß p_0, p_1, p_2 paarweise verschieden sind. Dann ist (p_0, p_1, p_2)
eine projektive Basis der gemeinsamen Geraden Z. Nach 3.2.6 gibt es in Z ein projektives Koordinatensystem

$$\kappa: \mathbb{P}_1(K) \to Z$$

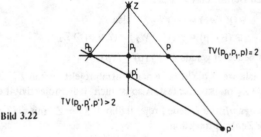

Bild 3.22

mit $\kappa(1:0) = p_0, \kappa(0:1) = p_1$ und $\kappa(1:1) = p_2$. Also haben wir homogene Koordinaten

$$(\lambda : \mu) = \kappa^{-1}(p) \in \mathbb{P}_1(K)$$

von p und wir definieren (vgl. Bild 3.23)

$$DV(p_0, p_1, p_2, p) := \lambda : \mu \in K \cup \{\infty\} = \mathbb{P}_1(K).$$

Für $\mu \neq 0$ (d.h. $p \neq p_0$) ist dies ein Element von K; andernfalls ist

$$DV(p_0, p_1, p_2, p_0) = \lambda : 0 = \infty \qquad .$$

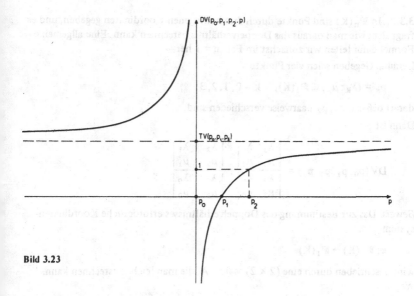

Bild 3.23

Bemerkung. Das Doppelverhältnis bleibt bei Projektivitäten erhalten.

Beweis. Seien kollineare Punkte $p_0, p_1, p_2, p \in \mathbb{P}(V)$ sowie eine Projektivität
$f: \mathbb{P}(V) \rightarrow \mathbb{P}(W)$ gegeben. Ist $Z \subset \mathbb{P}(V)$ die Verbindungsgerade der gegebenen
Punkte, so liegen die Bildpunkte in $Z' := f(Z) \subset \mathbb{P}(W)$. Nun betrachten wir das
kommutative Diagramm von Projektivitäten

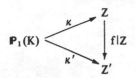

wobei κ das Koordinatensystem in Z mit

$$\kappa(1:0) = p_0, \quad \kappa(0:1) = p_1, \quad \kappa(1:1) = p_2$$

ist. Ist $\kappa' := (f|Z) \circ \kappa$, so ist

$$\kappa'(1:0) = f(p_0), \quad \kappa'(0:1) = f(p_1), \quad \kappa'(1:1) = f(p_2).$$

Da $(f(p_0), f(p_1), f(p_2))$ wieder eine projektive Basis ist, folgt aus

$$DV(p_0, p_1, p_2, p) = \kappa^{-1}(p) = \kappa'^{-1}(f(p)) = DV(f(p_0), f(p_1), f(p_2), f(p))$$

die Behauptung.

Übungsaufgabe. Eine bijektive Abbildung einer projektiven Geraden, die Doppelverhältnisse invariant läßt, ist eine Projektivität.

3.3.2. In $\mathbb{P}_n(K)$ sind Punkte durch ihre homogenen Koordinaten gegeben, und es fragt sich, wie man daraus das Doppelverhältnis berechnen kann. Eine allgemeine Formel dafür leiten wir zunächst im Fall $n = 1$ her.

Lemma. Gegeben seien vier Punkte

$$p_k = (\lambda_k : \mu_k) \in \mathbb{P}_1(K), \quad k = 0, 1, 2, 3 \quad ,$$

derart daß p_0, p_1, p_2 paarweise verschieden sind.

Dann ist

$$DV(p_0, p_1, p_2, p_3) = \frac{\begin{vmatrix} \lambda_3 & \lambda_1 \\ \mu_3 & \mu_1 \end{vmatrix}}{\begin{vmatrix} \lambda_3 & \lambda_0 \\ \mu_3 & \mu_0 \end{vmatrix}} : \frac{\begin{vmatrix} \lambda_2 & \lambda_1 \\ \mu_2 & \mu_1 \end{vmatrix}}{\begin{vmatrix} \lambda_2 & \lambda_0 \\ \mu_2 & \mu_0 \end{vmatrix}} \quad .$$

Beweis. Das zur Bestimmung des Doppelverhältnisses erforderliche Koordinatensystem

$$\kappa: \mathbb{P}_1(K) \to \mathbb{P}_1(K)$$

wird beschrieben durch eine (2×2)-Matrix A, die man leicht ausrechnen kann. Wegen

$$\kappa\,(1:0) = (\lambda_0 : \mu_0), \quad \kappa\,(0:1) = (\lambda_1 : \mu_1)$$

ist A von der Gestalt

$$A = \begin{pmatrix} \rho\lambda_0 & \rho'\lambda_1 \\ \rho\mu_0 & \rho'\mu_1 \end{pmatrix}$$

mit noch frei wählbaren Skalaren $\rho, \rho' \in K^*$. Aus

$$\kappa\,(1:1) = (\lambda_2 : \mu_2)$$

folgt

$$\rho\lambda_0 + \rho'\lambda_1 = \rho''\lambda_2$$
$$\rho\mu_0 + \rho'\mu_1 = \rho''\mu_2$$

mit $\rho'' \in K^*$. Wählt man etwa

$$\rho'' = \begin{vmatrix} \lambda_0 & \lambda_1 \\ \mu_0 & \mu_1 \end{vmatrix} \quad ,$$

so kann man ρ und ρ' mit Hilfe der Cramerschen Regel (L.A. 3.3.5) berechnen, und man erhält

$$A = \begin{pmatrix} \lambda_0 \begin{vmatrix} \lambda_2 & \lambda_1 \\ \mu_2 & \mu_1 \end{vmatrix} & \lambda_1 \begin{vmatrix} \lambda_0 & \lambda_2 \\ \mu_0 & \mu_2 \end{vmatrix} \\ \mu_0 \begin{vmatrix} \lambda_2 & \lambda_1 \\ \mu_2 & \mu_1 \end{vmatrix} & \mu_1 \begin{vmatrix} \lambda_0 & \lambda_2 \\ \mu_0 & \mu_2 \end{vmatrix} \end{pmatrix} \quad .$$

Es ist

$$A^{-1} = \frac{1}{\det A} \begin{pmatrix} \mu_1 \begin{vmatrix} \lambda_0 & \lambda_2 \\ \mu_0 & \mu_2 \end{vmatrix} & -\lambda_1 \begin{vmatrix} \lambda_0 & \lambda_2 \\ \mu_0 & \mu_2 \end{vmatrix} \\ -\mu_0 \begin{vmatrix} \lambda_2 & \lambda_1 \\ \mu_2 & \mu_1 \end{vmatrix} & \lambda_0 \begin{vmatrix} \lambda_2 & \lambda_1 \\ \mu_2 & \mu_1 \end{vmatrix} \end{pmatrix}$$

Die Koordinaten von $\kappa^{-1}(\lambda_3 : \mu_3)$ erhält man nun wegen $\det A \neq 0$ aus

$$(\det A)\, A^{-1} \cdot \begin{pmatrix} \lambda_3 \\ \mu_3 \end{pmatrix} \quad ,$$

was sofort die behauptete Formel liefert.

Den Fall von vier Punkten auf einer beliebigen Geraden $Z \subset \mathbb{P}_n(K)$ kann man nun sehr einfach auf den Spezialfall des Lemmas zurückführen. Dazu wählen wir beliebig zwei verschiedene Indizes $i, j \in \{0, \ldots, n\}$ aus. Damit kann man versuchen, eine Abbildung

$$f: Z \to \mathbb{P}_1(K)$$

$$x = (x_0 : \ldots : x_i : \ldots : x_j : \ldots : x_n) \mapsto (x_i : x_j) = (\lambda : \mu)$$

zu erhalten. Es können zwei Ausnahmefälle auftreten. Erstens kann es sein, daß für gewisse $x \in Z$

$$x_i = x_j = 0$$

ist. Dann ist f gar nicht definiert. Wenn f überall auf Z definiert ist, kann es vorkommen, daß

$$(x_i : x_j) = (x_i' : x_j') \quad \text{für alle } x, x' \in Z \quad .$$

Dann ist f konstant.

Ist $W \subset K^{n+1}$ der Untervektorraum mit $Z = \mathbb{P}(W)$, so sieht man durch Beschränkung der (i, j) entsprechenden Projektionen

$$K^{n+1} \to K^2$$

auf W ganz einfach, daß f in allen anderen Fällen eine Projektivität ist, und daß sich zu gegebenem Z stets mindestens ein Indexpaar (i, j) mit dieser Eigenschaft finden läßt.

Sind nun $p_0, p_1, p_2, p_3 \in Z$ gegeben, so ist nach 3.3.1

$$DV(p_0, p_1, p_2, p_3) = DV(f(p_0), f(p_1), f(p_2), f(p_3)) \quad .$$

Das heißt, zur Berechnung des Doppelverhältnisses genügt es, zwei geeignete Koordinaten der vorgegebenen Punkte in die Formel aus dem Lemma einzusetzen. Hat man mehrere geeignete Koordinatenpaare zur Wahl, so ist das Ergebnis stets dasselbe.

Aus diesen Überlegungen erhalten wir zusammenfassend die folgende

Rechenregel. In $\mathbf{P}_n(K)$ seien vier kollineare Punkte

$$p_k = (x_0^{(k)} : \ldots : x_n^{(k)}), \quad k = 0, 1, 2, 3 \quad ,$$

gegeben. Dabei seien p_0, p_1, p_2 paarweise verschieden. Sind $i, j \in \{0, \ldots, n\}$ zwei verschiedene Indizes derart, daß

$$(x_i^{(0)} : x_j^{(0)}), \quad (x_i^{(1)} : x_j^{(1)}), \quad (x_i^{(2)} : x_j^{(2)}) \in \mathbf{P}_1(K)$$

definiert und paarweise verschieden sind, so gilt

$$DV(p_0, p_1, p_2, p_3) = \frac{\begin{vmatrix} x_i^{(3)} & x_i^{(1)} \\ x_j^{(3)} & x_j^{(1)} \end{vmatrix}}{\begin{vmatrix} x_i^{(3)} & x_i^{(0)} \\ x_j^{(3)} & x_j^{(0)} \end{vmatrix}} : \frac{\begin{vmatrix} x_i^{(2)} & x_i^{(1)} \\ x_j^{(2)} & x_j^{(1)} \end{vmatrix}}{\begin{vmatrix} x_i^{(2)} & x_i^{(0)} \\ x_j^{(2)} & x_j^{(0)} \end{vmatrix}} \quad .$$

Übungsaufgabe. Man zeige, daß die Punkte

$$(2 : 2 : -2 : 3), \quad (0 : 4 : 2 : 1), \quad (1 : 7 : 2 : 3), \quad (1 : 3 : 0 : 2) \in \mathbb{P}_3(\mathbb{R})$$

kollinear sind und berechne ihr Doppelverhältnis.

3.3.3. Hat man in einem projektiven Raum $\mathbb{P}(V)$ über dem Körper K vier verschiedene kollineare Punkte p_0, p_1, p_2, p_3, so bilden je drei davon eine projektive Basis der gemeinsamen Geraden und man kann die projektiven Koordinaten des vierten Punktes bezüglich dieser Basis bestimmen. Somit ist für jede Permutation σ der Indizes $\{0, 1, 2, 3\}$ das Doppelverhältnis

$$DV(p_{\sigma(0)}, p_{\sigma(1)}, p_{\sigma(2)}, p_{\sigma(3)}) \in K \setminus \{0, 1\} \quad .$$

Die Formeln aus 3.3.2 zeigen sehr einfach, wie man es für jede der 24 möglichen Permutationen σ aus

$$DV(p_0, p_1, p_2, p_3) =: \lambda$$

berechnen kann. Es gilt:

$$DV(p_0, p_1, p_2, p_3) = DV(p_1, p_0, p_3, p_2) =$$
$$DV(p_2, p_3, p_0, p_1) = DV(p_3, p_2, p_1, p_0) = \lambda \quad ,$$

$$DV(p_1, p_0, p_2, p_3) = DV(p_0, p_1, p_3, p_2) =$$
$$DV(p_2, p_3, p_1, p_0) = DV(p_3, p_2, p_0, p_1) = \lambda^{-1} \quad ,$$

$$DV(p_3, p_1, p_2, p_0) = DV(p_1, p_3, p_0, p_2) =$$
$$DV(p_2, p_0, p_3, p_1) = DV(p_0, p_2, p_1, p_3) = 1 - \lambda \quad ,$$

$$DV(p_3, p_0, p_2, p_1) = DV(p_0, p_3, p_1, p_2) =$$
$$DV(p_2, p_1, p_3, p_0) = DV(p_1, p_2, p_0, p_3) = 1 - \lambda^{-1} \quad ,$$

$$DV(p_1, p_3, p_2, p_0) = DV(p_3, p_1, p_0, p_2) =$$
$$DV(p_2, p_0, p_1, p_3) = DV(p_0, p_2, p_3, p_1) = (1 - \lambda)^{-1} \quad ,$$

$$DV(p_0, p_3, p_2, p_1) = DV(p_3, p_0, p_1, p_2) =$$
$$DV(p_2, p_1, p_0, p_3) = DV(p_1, p_2, p_3, p_0) = 1 - (1 - \lambda)^{-1}$$

Den Nachweis dieser Gleichungen überlassen wir dem Leser. Es genügt dabei, die vier Gleichungen

$$DV(p_1, p_0, p_3, p_2) = \lambda$$
$$DV(p_2, p_3, p_0, p_1) = \lambda$$
$$DV(p_1, p_0, p_2, p_3) = \lambda^{-1}$$
$$DV(p_3, p_1, p_2, p_0) = 1 - \lambda$$

mit Hilfe der Formel aus 3.3.2 zu prüfen. Daraus folgen alle anderen.

3.3.4. Die Punkte

$$p_i = (1 : \mu_i) \in \mathbb{P}_1(K), \quad i = 0, 1, 2, 3 \quad ,$$

liegen alle im affinen Teil der Geraden; also ist für je drei von ihnen das Teilverhältnis erklärt. Aus den Formeln in 3.3.2 erhält man (vgl. 1.2.4)

$$DV(p_0, p_1, p_2, p_3) = \frac{\mu_1 - \mu_3}{\mu_0 - \mu_3} : \frac{\mu_1 - \mu_2}{\mu_0 - \mu_2} = TV(\mu_3, \mu_0, \mu_1) : TV(\mu_2, \mu_0, \mu_1) \quad .$$

In diesem Fall ist also das Doppelverhältnis ein *Verhältnis von Teilverhältnissen* (was den Namen „Doppelverhältnis" erklärt).

Setzt man abweichend davon $p_0 = (0 : 1)$, so wird

$$DV(p_0, p_1, p_2, p_3) = \frac{\mu_3 - \mu_1}{\mu_2 - \mu_1} = TV(p_1, p_2, p_3) \quad .$$

Legt man also den ersten Punkt ins Unendliche, so ist das Doppelverhältnis gleich dem Teilverhältnis der drei im Endlichen gelegenen Punkte.

3.3.5. Sind in einem projektiven Raum $\mathbb{P}(V)$ über einem Körper K der Charakteristik ungleich 2 vier verschiedene kollineare Punkte p_0, p_1, p_2, p_3 gegeben, so sagt man, die beiden Punktepaare (p_0, p_1) und (p_2, p_3) *liegen harmonisch* (oder *trennen sich harmonisch*), falls

$$DV(p_0, p_1, p_2, p_3) = -1 \quad .$$

Bemerkung. Ist char$(K) \neq 2$, so liegen kollineare Punktepaare (p_0, p_1) und (p_2, p_3) genau dann harmonisch, wenn

$$DV(p_0, p_1, p_2, p_3) = DV(p_1, p_0, p_2, p_3) \quad . \tag{*}$$

Beweis. Daß für harmonische Punktepaare (*) gilt, folgt sofort aus 3.3.3, denn $(-1)^{-1} = -1$. Umgekehrt folgt aus (*) mit 3.3.3

$$DV(p_0, p_1, p_2, p_3)^2 = 1 \quad .$$

Wegen $p_2 \neq p_3$ kann das Doppelverhältnis nicht $+1$ sein; also ist -1 die einzige verbleibende Möglichkeit.

Sind $p_0, p_1, p_2 \in \mathbb{P}_1(K) \setminus \{(0:1)\}$ drei verschiedene Punkte im affinen Teil der projektiven Geraden und ist $p_3 = (0:1)$, so ist wegen 3.3.2

$$DV(p_0, p_1, p_2, p_3) = -1 \Longleftrightarrow TV(p_0, p_1, p_2) = \frac{1}{2} \quad .$$

Sitzt der vierte Punkt im Unendlichen, so liegen also die Paare genau dann harmonisch wenn p_2 im Endlichen Mittelpunkt von p_0 und p_1 ist.

3.3.6. Es ist eine beliebte Konstruktionsaufgabe der projektiven Geometrie, zu drei gegebenen kollinearen Punkten den *vierten harmonischen Punkt* zu finden. Wir wollen zeigen, wie sich dies allein mit dem Lineal bewerkstelligen läßt.

Ein *vollständiges Vierseit* in einer projektiven Ebene $\mathbb{P}_2(K)$ besteht aus vier Geraden (*Seiten*) in allgemeiner Lage (d.h. keine drei davon haben einen gemeinsamen Schnittpunkt) und aus den sechs Punkten (*Ecken*) $p_1, \ldots, p_6$, in denen sich die Seiten schneiden.

Außer den vier Seiten gibt es noch drei weitere Verbindungsgeraden zwischen den Ecken; diese heißen *Diagonalen*. Ihre Schnittpunkte seien q_1, q_2, q_3 (siehe Bild 3.24).

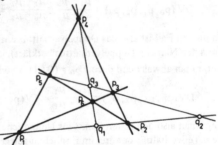

Bild 3.24

Satz vom vollständigen Vierseit. Auf jeder Diagonalen eines vollständigen Vierseits liegen die Punktepaare (p_i, p_j) und (q_k, q_l), bestehend aus Ecken und Diagonalenschnittpunkten, harmonisch.

Beweis. Wir betrachten die Konfiguration aus Bild 3.24 und zeigen

$$DV(p_1, p_2, q_1, q_2) = -1 \quad .$$

Die Projektion mit p_4 als Zentrum ergibt (vgl. 3.2.9 und 3.3.1)

$$DV(p_1, p_2, q_1, q_2) = DV(p_5, p_3, q_3, q_2)$$

und durch Projektion mit p_6 als Zentrum erhält man

$$DV(p_5, p_3, q_3, q_2) = DV(p_2, p_1, q_1, q_2) \quad .$$

Damit folgt die Behauptung aus Bemerkung 3.3.5.

Ein *Konstruktionsverfahren für den vierten harmonischen Punkt* mit dem Lineal allein ersieht man nun sofort aus Bild 3.25. Die Nummern an den Geraden markieren die Reihenfolge, in der sie zu zeichnen sind.

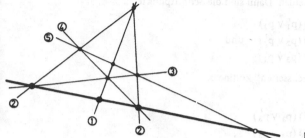

Bild 3.25

Übungsaufgabe. In der Zeichenebene sei eine Gerade Z mit drei Punkten p_1, p_2, p_3 gegeben, derart daß p_2 Mittelpunkt von p_1 und p_3 ist. Durch einen Punkt außerhalb von Z konstruiere man die zu Z parallele Gerade allein mit dem Lineal.

Sind umgekehrt parallele Geraden Z, Z' und Punkte p_1, $p_3 \in Z$ gegeben, so konstruiere man allein mit dem Lineal den Mittelpunkt von p_1 und p_3.

Als Anleitung betrachte man Bild 3.26.

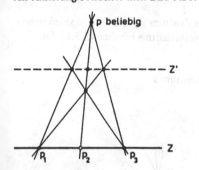

Bild 3.26

3.3.7. Als Objekte der projektiven Geometrie haben wir bislang nur projektive Räume und ihre Unterräume kennengelernt. Diese sind so elementar, daß man über ihre gegenseitigen Beziehungen keine atemberaubenden Sätze erwarten kann. Dennoch gibt es in der „linearen" projektiven Geometrie einige reizvolle Aussagen. Man kann sie jedermann mit Lineal und Bleistift vorführen, aber ihr Geheimnis lüftet sich nur dem, der etwas mathematisches Handwerk gelernt hat. Als Beispiel dafür führen wir die klassischen Sätze von *Pappos* und *Desargues* vor.

Diese Sätze sind von großer Bedeutung bei der Einführung von „Koordinatenkörpern" in der synthetischen Geometrie (vgl. etwa [16]).

Satz von Desargues. In einer projektiven Ebene seien zwei Dreiecke in „perspektivischer Lage" gegeben, d. h. es sind paarweise verschiedene Punkte („Ecken") p_1, p_2, p_3 und p'_1, p'_2, p'_3 gegeben derart, daß sich die Verbindungsgeraden

$$p_1 \vee p'_1, \quad p_2 \vee p'_2 \quad \text{und } p_3 \vee p'_3$$

in einem Punkt z schneiden. Dann sind die Schnittpunkte

$$a := (p_1 \vee p_2) \cap (p_1' \vee p_2') \quad ,$$
$$b := (p_2 \vee p_3) \cap (p_2' \vee p_3') \quad \text{und}$$
$$c := (p_3 \vee p_1) \cap (p_3' \vee p_1')$$

entsprechender „Dreiecksseiten" kollinear.

Erster Beweis. Sei

$$q \;\; := (p_1 \vee p_2) \cap (p_3 \vee p_3') \quad ,$$
$$q' \;\; := (p_1' \vee p_2') \cap (p_3 \vee p_3') \quad ,$$
$$r \;\; := (a \vee c) \;\; \cap (p_3 \vee p_3') \quad ,$$
$$b' \;\; := (a \vee c) \;\; \cap (p_2 \vee p_3) \quad \text{und}$$
$$b'' := (a \vee c) \;\; \cap (p_2' \vee p_3') \quad .$$

Zu zeigen ist $b = b' = b''$ und dazu genügt es, $b' = b''$, d.h.

$$DV(a, c, r, b') = DV(a, c, r, b'')$$

zu zeigen.

Sei $f: (a \vee c) \rightarrow (a \vee p_1)$ die Projektion mit dem Zentrum p_3. Da Zentralprojektionen Projektivitäten sind (3.2.9) und somit das Doppelverhältnis erhalten (3.3.1), folgt

$$DV(a, c, r, b') = DV(a, p_1, q, p_2) \quad .$$

Analog erhält man durch Projektion mit dem Zentrum z

$$DV(a, p_1, q, p_2) = DV(a, p_1', q', p_2')$$

und durch Projektion mit dem Zentrum p_3'

$$DV(a, p_1', q', p_2') = DV(a, c, r, b'') \quad .$$

Daraus folgt die Behauptung.

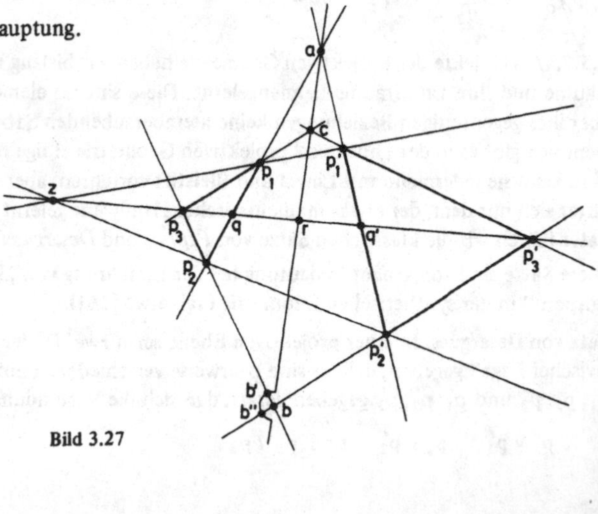

Bild 3.27

Zweiter Beweis. Er ist viel kürzer, aber wenig geometrisch.

Unsere projektive Ebene sei gleich $\mathbb{P}_2(K)$. Wir wählen Vektoren $w, \dot{w}_i, w'_i \in K^3$ ($i = 1, 2, 3$) mit

$$z = K \cdot w, \quad p_i = K \cdot w_i, \quad p'_i = K \cdot w'_i \quad .$$

Da z, p_i, p'_i kollinear sind, können wir annehmen, daß

$$w = w'_1 - w_1 = w'_2 - w_2 = w'_3 - w_3 \quad ,$$

also

$$w_1 - w_2 = w'_1 - w'_2, \quad w_2 - w_3 = w'_2 - w'_3, \quad w_1 - w_3 = w'_1 - w'_3 \quad .$$

Da diese drei Vektoren linear abhängig sind und die Punkte a, b, c darstellen, folgt die Behauptung.

Aufgabe. Man beweise die Umkehrung des Satzes von Desargues (vgl. auch 3.4.7).

Betrachtet man vom affinen Standpunkt z als unendlich fernen Punkt, so sind die Verbindungsgeraden $p_i \vee p'_i$ parallel. Daher liefert die Umkehrung des Satzes von Desargues eine Lösung folgender

Konstruktionsaufgabe. In der Zeichenebene seien zwei parallele Geraden Z_1, Z_2 und ein Punkt p außerhalb gegeben. Man konstruiere die zu Z_1 und Z_2 parallele Gerade Z durch p (siehe Bild 3.28).

Die Nummern markieren die Reihenfolge der zu zeichnenden Hilfsgeraden.

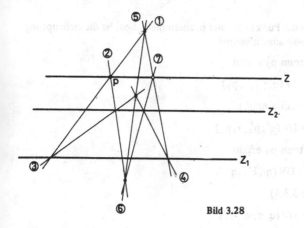

Bild 3.28

Satz von Pappos. In einer projektiven Ebene seien zwei verschiedene Geraden Z und Z′ und darauf paarweise verschiedene Punkte

$$p_1, p_2, p_3 \in Z \quad \text{und} \quad p'_1, p'_2, p'_3 \in Z'$$

162

gegeben. Dann sind die Punkte

$$a := (p_1 \vee p_2') \cap (p_1' \vee p_2) \quad ,$$
$$b := (p_2 \vee p_3') \cap (p_2' \vee p_3) \quad \text{und}$$
$$c := (p_3 \vee p_1') \cap (p_3' \vee p_1)$$

kollinear.

Beweis. Sei

$$r := Z \cap Z' \quad , \qquad b' := (a \vee c) \cap (p_2 \vee p_3')$$
$$q := (a \vee c) \cap Z \quad , \quad b'' := (a \vee c) \cap (p_2' \vee p_3) \quad .$$
$$q' := (a \vee c) \cap Z' \quad ,$$

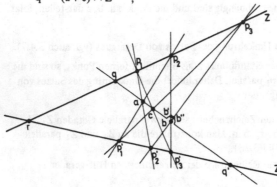

Bild 3.29

Falls r oder a mit einem der Punkte p_i oder p_i' zusammenfallen, ist die Behauptung trivial. Wir können dies also ausschließen.

Projektion mit dem Zentrum p_3' ergibt

$$DV(q, c, q', b') = DV(q, p_1, r, p_2) \quad .$$

Projektion mit dem Zentrum a ergibt

$$DV(q, p_1, r, p_2) = DV(q', p_2', r, p_1') \quad .$$

Projektion mit dem Zentrum p_3 ergibt

$$DV(q', p_2', r, p_1') = DV(q', b'', q, c) \quad .$$

Da ganz allgemein (siehe 3.3.3)

$$DV(q', b'', q, c) = DV(q, c, q', b'')$$

folgt $b' = b'' = b$ und damit die Behauptung.

In der synthetischen Geometrie ist der Satz von Pappos äquivalent mit der Kommutativität des Koordinatenkörpers. Man spüre auf, an welcher Stelle diese im obigen Beweis verwendet wurde.

3.3.8. Wir hatten schon öfters darauf hingewiesen, daß es wünschenswert ist, die analytischen Methoden in der Geometrie zu rechtfertigen. Die Schwierigkeiten bei der Einführung von Koordinatenkörpern konnten wir nur erwähnen.

Wir hatten aber nicht nur die Räume der Geometrie (affine Räume und projektive Räume), sondern auch die Abbildungen (Affinitäten und Projektivitäten) auf wenig plausible Weise mit Hilfe von Vektorraumisomorphismen erklärt. Dies geometrisch zu begründen ist relativ einfach.

Eine bijektive Abbildung

$$f: \mathbb{P}(V) \to \mathbb{P}(W)$$

zwischen zwei projektiven Räumen über einem Körper K heißt *Kollineation*, wenn die Bilder kollinearer Punkte wieder kollinear sind, d.h. für $p, p' \in \mathbb{P}(V)$ gilt

$$f(p \vee p') \subset f(p) \vee f(p') \quad .$$

Für die Zwecke der linearen Geometrie ist dies die schwächste nur mögliche Anforderung an vernünftige Abbildungen. Es wird sich nun zeigen, daß Kollineationen bis auf Automorphismen des Körpers K (und ab Dimension zwei) Projektivitäten sind.

Ist α ein Automorphismus von K und

$$F: V \to W$$

eine injektive (bezüglich α) semi-lineare Abbildung (vgl. 1.3.3), so bildet F jede Gerade $K \cdot v$ aus V auf die Gerade $K \cdot F(v)$ in W ab. Also induziert F eine Abbildung

$$\mathbb{P}(F): \mathbb{P}(V) \to \mathbb{P}(W), \quad K \cdot v \mapsto K \cdot F(v) \quad .$$

Eine Abbildung

$$f: \mathbb{P}(V) \to \mathbb{P}(W)$$

nennt man *semiprojektiv*, wenn es ein semilineares F wie oben mit $f = \mathbb{P}(F)$ gibt. Eine bijektive semiprojektive Abbildung heißt *Semiprojektivität*.

Bemerkung. Ist $f: \mathbb{P}(V) \to \mathbb{P}(W)$ semiprojektiv und $Z \subset \mathbb{P}(V)$ ein projektiver Unterraum, so ist auch $f(Z) \subset \mathbb{P}(W)$ ein projektiver Unterraum mit $\dim f(Z) = \dim Z$.

Insbesondere ist jede Semiprojektivität eine Kollineation.

Zum *Beweis* genügt es zu bemerken, daß auch semilineare Abbildungen Untervektorräume und lineare Unabhängigkeit erhalten.

3.3.9. Hauptsatz der projektiven Geometrie. Seien $\mathbb{P}(V)$ und $\mathbb{P}(W)$ projektive Räume über einem beliebigen Körper K mit

$$\dim \mathbb{P}(V) = \dim \mathbb{P}(W) \geqslant 2 \quad .$$

Dann ist jede Kollineation

$$f: \mathbb{P}(V) \to \mathbb{P}(W)$$

eine Semi-Projektivität und im Fall $K = \mathbb{R}$ sogar eine Projektivität.

Bemerkung. Es ist klar, daß diese Aussage für projektive Geraden im allgemeinen falsch ist, denn in diesem Fall ist jede beliebige bijektive Abbildung eine Kollineation. Im Gegensatz zum affinen Fall (1.3.4) braucht man den Körper K mit zwei Elementen nicht auszuschließen, denn eine projektive Gerade darüber enthält genügend viele, nämlich drei Punkte.

Den *Beweis* zerlegen wir nach *Artin* [8] in zahlreiche Häppchen.

Als erstes zeigen wir, daß eine Kollineation nicht nur Geraden, sondern auch höherdimensionale projektive Unterräume respektiert.

Hilfsaussage 1. Für $p_0, \ldots, p_r \in \mathbb{P}(V)$ gilt

$$f(p_0 \vee \ldots \vee p_r) \subset f(p_0) \vee \ldots \vee f(p_r) \quad .$$

Beweis durch Induktion über r.

Für $r = 0, 1$ ist alles klar. Sei also $r \geqslant 1$ und

$$p \in p_0 \vee \ldots \vee p_r \quad .$$

Dann gibt es einen Punkt $p' \in p_0 \vee \ldots \vee p_{r-1}$, so daß $p \in p' \vee p_r$. Nach Induktionsannahme ist

$$f(p') \in f(p_0) \vee \ldots \vee f(p_{r-1})$$

und da f eine Kollineation ist, so folgt

$$f(p) \in f(p') \vee f(p_r) \subset f(p_0) \vee \ldots \vee f(p_{r-1}) \vee f(p_r) \quad .$$

Hilfsaussage 2. Es gibt Basen $(v_0, \ldots, v_n)$ von V und $(w_0, \ldots, w_n)$ von W, so daß

$$f(K \cdot v_i) = K \cdot w_i \quad \text{für } i = 0, \ldots, n \quad \text{und}$$
$$f(K \cdot (v_0 + v_i)) = K \cdot (w_0 + w_i) \quad \text{für } i = 1, \ldots, n \quad .$$

Beweis. Die Basis $(v_0, \ldots, v_n)$ von V wählen wir beliebig. Wegen

$$\mathbb{P}(W) = f(\mathbb{P}(V)) = f(K \cdot v_0 + \ldots + K \cdot v_n) \subset f(K \cdot v_0) \vee \ldots \vee f(K \cdot v_n)$$

erhält man eine Basis von W, indem man Vektoren $w_0', \ldots, w_n' \in W$ auswählt mit

$$K \cdot w_i' = f(K \cdot v_i) \quad \text{für } i = 0, \ldots, n \quad .$$

(Denn $f(K \cdot v_0), \ldots, f(K \cdot v_n)$ sind projektiv unabhängig). Aus

$$K \cdot (v_0 + v_i) \in K \cdot v_0 \vee K \cdot v_i \quad \text{folgt}$$
$$f(K \cdot (v_0 + v_i)) \in K \cdot w_0' \vee K \cdot w_i' \quad ,$$

also gibt es zu jedem i Skalare $\mu_i, \lambda_i \in K^*$ mit

$$f(K \cdot (v_0 + v_i)) = K \cdot (\mu_i w_0' + \lambda_i w_i') = K \cdot (w_0' + \lambda_i \mu_i^{-1} w_i') \quad . \quad \bullet$$

Durch $w_0 := w_0'$, und $w_i := \lambda_i \mu_i^{-1} w_i'$ für $i = 1, \ldots, n$ ist dann die gesuchte Basis von W gegeben.

Nun zeigen wir, daß die gegebene Kollineation f eine Abbildung α des Grundkörpers in sich bestimmt. Das ist recht einleuchtend, denn die „endlich-fernen" Punkte einer projektiven Geraden entsprechen den Elementen des Körpers. Die Schwierigkeit besteht nur darin, zu zeigen, daß die Definition nicht davon abhängt, welcher Gerade man sich bedient hat.

Hilfsaussage 3. Es gibt eine injektive Abbildung

$$\alpha: K \to K \quad \text{mit} \quad \alpha(0) = 0, \quad \alpha(1) = 1 \quad \text{und}$$
$$f(K \cdot (v_0 + \lambda v_i)) = K \cdot (w_0 + \alpha(\lambda) w_i)$$

für alle $\lambda \in K$ und $i = 1, \ldots, n$.

Beweis. Für ein fest gewähltes i betrachten wir die Gerade $K \cdot v_0 \vee K \cdot v_i$. Jedem $\lambda \in K$ entspricht darauf der Punkt

$$p = K \cdot (v_0 + \lambda v_i) \quad .$$

Wegen $p \neq K \cdot v_i$ ist $f(p) \neq K \cdot w_i$, also gibt es ein eindeutig bestimmtes $\alpha_i(\lambda) \in K$ mit

$$f(p) = K \cdot (w_0 + \alpha_i(\lambda) w_i) \quad .$$

Da f bijektiv ist, ist die so erhaltene Abbildung

$$\alpha_i: K \to K$$

injektiv. Nach Hilfsaussage 2 ist $\alpha_i(0) = 0$ und $\alpha_i(1) = 1$.

Nun ist zu zeigen, daß für beliebige $i, j \in \{1, \ldots, n\}$ die Abbildungen α_i und α_j gleich sind. Sei also $\lambda \in K^*$ beliebig. Dann ist

$$p := K \cdot (v_i - v_j) = K \cdot (v_0 + \lambda v_i - (v_0 + \lambda v_j)) \quad .$$

Wegen

$$p \in K \cdot v_i \vee K \cdot v_j \quad \text{und}$$
$$p \in K \cdot (v_0 + \lambda v_i) \vee K \cdot (v_0 + \lambda v_j)$$

folgt

$$f(p) \in K \cdot w_i \vee K \cdot w_j \quad \text{und}$$
$$f(p) \in K \cdot (w_0 + \alpha_i(\lambda) w_i) \vee K \cdot (w_0 + \alpha_j(\lambda) w_j) \quad .$$

Wir behaupten, daß daraus

$$f(p) = K \cdot (\alpha_i(\lambda) w_i - \alpha_j(\lambda) w_j) \tag{*}$$

folgt. Ist nämlich $w \in W$ so gewählt, daß $f(p) = K \cdot w$, so gibt es Skalare $\mu_i, \mu_j, \beta_i, \beta_j \in K$ mit

$$w = \mu_i w_i + \mu_j w_j = \beta_i(w_0 + \alpha_i(\lambda) w_i) + \beta_j(w_0 + \alpha_j(\lambda) w_j) \quad .$$

Da w_0, w_i, w_j linear unabhängig sind, folgt

$$\beta_i = -\beta_j, \quad \mu_i = \beta_i \alpha_i(\lambda), \quad \mu_j = \beta_j \alpha_j(\lambda)$$

und das ergibt (*). Setzt man speziell $\lambda = 1$, so wird (*) zu

$$f(p) = K \cdot (w_i - w_j) \quad . \tag{**}$$

Die Gleichungen (*) und (**) zusammen ergeben schließlich

$$\alpha_i(\lambda) = \alpha_j(\lambda) \quad .$$

Damit ist die Hilfsaussage 3 bewiesen.

Um zu zeigen, daß f eine Semiprojektivität ist, haben wir noch nachzuweisen, daß α ein Automorphismus ist und daß für alle Skalare $(\lambda_0, \ldots, \lambda_n) \neq (0, \ldots, 0)$

$$f(K \cdot (\lambda_0 v_0 + \ldots + \lambda_n v_n)) = K \cdot (\alpha(\lambda_0) w_0 + \ldots + \alpha(\lambda_n) w_n)$$

gilt, denn dann ist die gesuchte semilineare Abbildung

$$F: V \to W \quad \text{mit } f = \mathbb{P}(F) \quad \text{durch}$$
$$F(v_i) = w_i$$

eindeutig bestimmt. Der nächste Schritt dorthin ist

Hilfsaussage 4. Für $1 \leq r \leq n$ und $\lambda_1, \ldots, \lambda_r \in K$ ist

$$f(K \cdot (v_0 + \lambda_1 v_1 + \ldots + \lambda_r v_r)) = K \cdot (w_0 + \alpha(\lambda_1) w_1 + \ldots + \alpha(\lambda_r) w_r) \quad .$$

Beweis durch Induktion über r. Für $r = 1$ folgt die Behauptung aus Hilfsaussage 3. Sei also $r \geq 2$ und

$$p := K \cdot (v_0 + \lambda_1 v_1 + \ldots + \lambda_r v_r) \quad .$$

Einerseits ist

$$p \in K \cdot (v_0 + \lambda_1 v_1 + \ldots + \lambda_{r-1} v_{r-1}) \vee K \cdot v_r \quad ,$$

also nach Induktionsannahme

$$f(p) \in K \cdot (w_0 + \alpha(\lambda_1) w_1 + \ldots + \alpha(\lambda_{r-1}) w_{r-1}) \vee K \cdot w_r \quad . \tag{*}$$

Andrerseits ist

$$p \in K \cdot (v_0 + \lambda_r v_r) \vee K \cdot v_1 \vee \ldots \vee K \cdot v_{r-1}, \quad \text{also}$$
$$f(p) \in K \cdot (w_0 + \alpha_r(\lambda_r) w_r) \vee K \cdot w_1 \vee \ldots \vee K \cdot w_{r-1} \quad . \tag{**}$$

Aus (*) und (**) folgt die Existenz von $\beta, \beta_1, \ldots, \beta_{r-1} \in K$ mit

$$f(p) = K \cdot (w_0 + \alpha(\lambda_1) w_1 + \ldots + \alpha(\lambda_{r-1}) w_{r-1} + \beta w_r) \quad \text{und}$$
$$f(p) = K \cdot (w_0 + \beta_1 w_1 + \ldots + \beta_{r-1} w_{r-1} + \alpha(\lambda_r) w_r) \quad ,$$

denn es genügt den Fall $p \neq K \cdot v_r$ zu betrachten.

Aus diesen beiden Gleichungen folgt sofort $\beta = \alpha(\lambda_r)$ und damit die Behauptung.

Nach $\lambda_0 = 1$ nun zum Spezialfall $\lambda_0 = 0$:

Hilfsaussage 5. Für Skalare $(\lambda_1, \ldots, \lambda_n) \neq (0, \ldots, 0)$ gilt

$$f(K \cdot (\lambda_1 v_1 + \ldots + \lambda_n v_n)) = K \cdot (\alpha(\lambda_1) w_1 + \ldots + \alpha(\lambda_n) w_n) .$$

Beweis. Sei $p := K \cdot (\lambda_1 v_1 + \ldots + \lambda_n v_n)$. Einerseits ist

$$f(p) \in K \cdot w_1 \vee \ldots \vee K \cdot w_n, \quad \text{also}$$
$$f(p) = K \cdot (\beta_1 w_1 + \ldots + \beta_n w_n) \qquad (*)$$

mit Skalaren $\beta_1, \ldots, \beta_n$, die wir gerade bestimmen wollen. Andererseits gilt

$$p \in K \cdot v_0 \vee K \cdot (v_0 + \lambda_1 v_1 + \ldots + \lambda_n v_n) \quad ,$$

woraus durch Anwendung von f

$$f(p) \in K \cdot w_0 \vee K \cdot (w_0 + \alpha(\lambda_1) w_1 + \ldots + \alpha(\lambda_n) w_n)$$

folgt. Daher gibt es Skalare β, β_0 mit

$$f(p) = K \cdot (\beta_0 w_0 + \beta(w_0 + \alpha(\lambda_1) w_1 + \ldots + \alpha(\lambda_n) w_n)) \quad . \qquad (**)$$

Koeffizientenvergleich in (*) und (**) liefert die Behauptung.

Hilfsaussage 6. Die Abbildung $\alpha: K \rightarrow K$ ist ein Automorphismus.

Beweis. Wie wir in Hilfsaussage 3 gesehen haben, ist α injektiv. α ist auch surjektiv: Zu $\mu \in K$ betrachten wir den Punkt

$$q := K \cdot (w_0 + \mu w_1) \in \mathbb{P}(W) \quad .$$

Da f surjektiv ist, gibt es ein

$$p = K \cdot (\lambda_0 v_0 + \ldots + \lambda_n v_n) \in \mathbb{P}(V)$$

mit $f(p) = q$. Wegen Hilfsaussage 1 muß $\lambda_0 \neq 0$ sein, d.h. wir können $\lambda_0 = 1$ annehmen. Dann folgt $\mu = \alpha(\lambda_1)$ aus Hilfsaussage 4.

Es bleibt zu zeigen, daß α additiv und multiplikativ ist. Dazu benötigt man die bisher noch nicht benützte Voraussetzung $n \geqslant 2$. Seien also $\lambda, \mu \in K$ gegeben.

Anwendung von f auf die Relation

$$K \cdot (v_0 + (\lambda + \mu) v_1 + v_2) \in K \cdot (v_0 + \lambda v_1) \vee K \cdot (\mu v_1 + v_2)$$

ergibt wegen Hilfsaussage 4 und 5

$$K \cdot (w_0 + \alpha(\lambda + \mu) w_1 + w_2) \in K \cdot (w_0 + \alpha(\lambda) w_1) \vee K \cdot (\alpha(\mu) w_1 + w_2) \quad ,$$

d.h. es gibt Skalare β, β', so daß

$$w_0 + \alpha(\lambda + \mu) w_1 + w_2 = \beta(w_0 + \alpha(\lambda) w_1) + \beta'(\alpha(\mu) w_1 + w_2)$$

Koeffizientenvergleich ergibt $\beta = \beta' = 1$ und

$$\alpha(\lambda + \mu) = \alpha(\lambda) + \alpha(\mu) \quad .$$

Für $\lambda \neq 0$ gilt

$$K \cdot (v_0 + \lambda\mu v_1 + \lambda v_2) \in K \cdot v_0 \vee K \cdot (\mu v_1 + v_2) \quad .$$

Anwendung von f darauf ergibt

$$K \cdot (w_0 + \alpha(\lambda\mu) w_1 + \alpha(\lambda) w_2) \in K \cdot w_0 \vee K \cdot (\alpha(\mu) w_1 + w_2) \quad ,$$

und wie oben erhält man daraus

$$\alpha(\lambda\mu) = \alpha(\lambda)\,\alpha(\mu) \quad .$$

Aus $\alpha(0) = 0$ folgt, daß diese Gleichung auch für $\lambda = 0$ gilt, und Hilfsaussage 6 ist bewiesen.

Zum Abschluß des Beweises zeigen wir noch

Hilfsaussage 7. Für Skalare $(\lambda_0, \ldots, \lambda_n) \neq (0, \ldots, 0)$ gilt

$$f(K \cdot (\lambda_0 v_0 + \lambda_1 v_1 + \ldots + \lambda_n v_n)) = K \cdot (\alpha(\lambda_0)\, w_0 + \alpha(\lambda_1)\, w_1 + \ldots + \alpha(\lambda_n)\, w_n)$$

Beweis. Wegen Hilfsaussage 5 können wir $\lambda_0 \neq 0$ annehmen und das führen wir auf $\lambda_0 = 1$ (Hilfsaussage 4) zurück.

Den Fall $\lambda_0 \neq 0$ führen wir nun auf den schon erledigten Fall $\lambda_0 = 1$ zurück. Ist

$$p = K \cdot (\lambda_0 v_0 + \lambda_1 v_1 + \ldots + \lambda_n v_n) = K \cdot (v_0 + \lambda_1 \lambda_0^{-1} v_1 + \ldots + \lambda_n \lambda_0^{-1} v_n) \quad ,$$

so folgt

$$f(p) = K \cdot (w_0 + \alpha(\lambda_1 \lambda_0^{-1}) w_1 + \ldots + \alpha(\lambda_n \lambda_0^{-1}) w_n) =$$
$$= K \cdot (\alpha(\lambda_0) w_0 + \alpha(\lambda_1) w_1 + \ldots + \alpha(\lambda_n) w_n) \quad ,$$

denn wegen Hilfsaussage 6 ist für $i = 1, \ldots, n$

$$\alpha(\lambda_i \lambda_0^{-1}) = \alpha(\lambda_i)\,\alpha(\lambda_0)^{-1} \quad .$$

Damit ist der Hauptsatz der projektiven Geometrie bewiesen (man beachte 1.3.2).

Im Vergleich zu manch anderem Beweis besticht der gerade reproduzierte Beweis von *E. Artin* durch Übersichtlichkeit und Eleganz. Auf der anderen Seite mag er ein gewisses Unbehagen hinterlassen, denn in ihm sind die Spuren anschaulich geometrischer Vorüberlegungen kaum noch zu erkennen. Als Kontrast empfehlen wir daher dem Leser das Studium des klassischen Beweises von *Möbius*, den man bei *Felix Klein* ([4], p. 96) im besonders einfachen Fall der reell projektiven Ebene dargestellt findet.

3.3.10. Wie schon in 1.3.4 angekündigt, können wir nun den Beweis des Hauptsatzes der affinen Geometrie zu Ende führen. Sei also f: $X \to X$ die gegebene Kollineation. Gemäß 3.2.3 können wir X projektiv abschließen, d.h. es gibt einen projektiven Raum $\mathbb{P}(V)$ mit einer Hyperebene H, so daß

$$X = \mathbb{P}(V) \backslash H \quad .$$

Wir konstruieren nun eine Fortsetzung von f zu einer Kollineation

$$\overline{f}: \mathbb{P}(V) \to \mathbb{P}(V) \quad .$$

Ist $p \in H$, so gibt es eine Gerade $Y \subset X$ mit $\overline{Y} \cap H = \{p\}$ (vgl. 3.2.2). $f(Y) \subset X$ ist wieder eine Gerade und $\overline{f(Y)} \cap H$ besteht aus genau einem Punkt. Wir definieren

$$g: H \to H, \quad p \mapsto \overline{f(Y)} \cap H \quad .$$

Diese Abbildung ist wohldefiniert. Ist nämlich $Y' \subset X$ eine weitere Gerade mit $\overline{Y'} \cap H = \{p\}$, so sind Y und Y' parallel. Nach dem Lemma aus 1.3.4 sind auch $f(Y)$ und $f(Y')$ parallel, d.h.

$$\overline{f(Y)} \cap H = \overline{f(Y')} \cap H \quad .$$

Da f^{-1} wieder eine Kollineation ist, folgt sofort, daß g bijektiv ist. Wir können also $\overline{f}$ definieren durch

$$\overline{f}(p) = \begin{cases} f(p) & \text{für } p \in X \\ g(p) & \text{für } p \in H \end{cases} , $$

Um zu zeigen, daß $\overline{f}$ eine Kollineation im Sinn von 3.3.8 ist, wählen wir kollineare Punkte $p, q, r \in \mathbb{P}(V)$. Für $p, q, r \in X$ sind die Bildpunkte kollinear, weil f Kollineation ist. Sind $p, q \in X$, $r \in H$ und $p \ne q$, so ist $\overline{f}(r)$ nach Definition von g in der Geraden durch $f(p)$ und $f(q)$ enthalten. Es verbleibt der Fall $p, q, r \in H$. Nach 3.2.2 gibt es eine Ebene $X_0 \subset X$, so daß

$$p, q, r \in \overline{X_0} \quad .$$

Nach Hilfssatz 2 aus 1.3.4 ist $f(X_0) \subset X$ eine Ebene und es folgt

$$\overline{f}(p), \quad \overline{f}(q), \quad \overline{f}(r) \in \overline{f(X_0)} \quad .$$

Also sind die Punkte $\overline{f}(p), \overline{f}(q), \overline{f}(r)$ in der Geraden $\overline{f(X_0)} \cap H$ enthalten und somit kollinear.

Nun ist $\overline{f}$ nach 3.3.9 eine Semiprojektivität. Wie in 3.2.2 folgt daraus, daß

$$f = \overline{f}|X: X \to X$$

eine Semiaffinität ist, und der Hauptsatz der affinen Geometrie ist bewiesen.

3.4. Dualität

3.4.1. Schon bei der Frage nach dimensionserniedrigenden Abbildungen projektiver Räume hatte sich gezeigt, daß der heute übliche Begriff der „Abbildung" für die projektive Geometrie zu eng ist.

Geometrische Zusammenhänge legen allgemeinere Zuordnungen nahe, etwa in der Ebene von Punkten zu Geraden und umgekehrt. Dies führt zum Begriff der „Korrelation". Zunächst ein

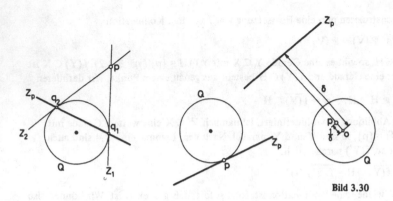

Bild 3.30

Beispiel. Wir betrachten den Kreis

$$Q = \{(x_0 : x_1 : x_2) \in \mathbb{P}_2(\mathbb{R}) : x_1^2 + x_2^2 = x_0^2\} \quad ,$$

der ganz im affinen Teil $\mathbb{R}^2 \subset \mathbb{P}_2(\mathbb{R})$ mit $x_0 = 1$ gelegen ist und dort durch die Gleichung $x_1^2 + x_2^2 = 1$ beschrieben wird. Zu jedem Punkt $p \in \mathbb{P}_2(\mathbb{R})$ gehört nun eine Gerade $Z_p \subset \mathbb{P}_2(\mathbb{R})$, die *Polare* des *Poles* p bezüglich Q, die geometrisch so erklärt werden kann:

Ist $p = (1 : x_1 : x_2)$ mit $x_1^2 + x_2^2 > 1$ (dann liegt p affin gesehen außerhalb des Kreises), so gibt es von p aus zwei Tangenten Z_1 und Z_2 an Q. Sind q_1 und q_2 die Berühr-punkte, so ist Z_p erklärt als ihre Verbindungsgerade (Bild 3.30). Läuft p auf die unendlich ferne Gerade, so geht die Polare Z_p schließlich durch den Ursprung.

Ist $p = (1 : x_1 : x_2)$ mit $x_1^2 + x_2^2 = 1$, so liegt p auf dem Kreis und Z_p ist definiert als die Tangente an Q in p (Bild 3.30).

Ist $p = (1 : x_1 : x_2)$ mit $0 < x_1^2 + x_2^2 < 1$, so gibt es keine Tangenten von p an Q. In diesem Fall erklären wir Z_p als die Senkrechte zum Strahl durch o und p vom Abstand

$$\delta := \frac{1}{\sqrt{x_1^2 + x_2^2}} \quad .$$

Schließlich ist die Polare des Ursprungs $p = (1 : 0 : 0)$ die „unendlich ferne" Gerade mit der Gleichung $x_0 = 0$.

Diesen kompliziert erscheinenden Zusammenhang kann man sehr einfach algebraisch beschreiben. Dazu betrachtet man im $\mathbb{R}^3$ die durch

$$s(x, y) = -x_0 y_0 + x_1 y_1 + x_2 y_2$$

gegebene Bilinearform. Für $p = (x_0 : x_1 : x_2)$ ist dann

$$Z_p = \{(y_0 : y_1 : y_2) \in \mathbb{P}_2(\mathbb{R}) : x_1 y_1 + x_2 y_2 = x_0 y_0\} \quad ,$$

wie man leicht nachprüft.

Der Kreis selbst kann nun wiederentdeckt werden als die Menge der Punkte, die auf ihrer eigenen Polaren liegen.

Man überlege sich, wie man umgekehrt von der Polaren zurück zum Pol finden kann. Außerdem überzeuge man sich, daß man nach dem Übergang von $\mathbb{R}$ zu $\mathbb{C}$ an den entsprechenden „Kreis" von jedem Punkt, der nicht auf dem Kreis liegt, zwei Tangenten legen kann.

3.4.2. Die Menge der projektiven Unterräume eines projektiven Raumes $\mathbb{P}(V)$ sei mit $P(V)$ bezeichnet. Eine bijektive Abbildung

$$\sigma: P(V) \to P(V)$$

heißt *Korrelation in* $\mathbb{P}(V)$, wenn für alle $Z, Z' \in P(V)$ gilt:

$$Z' \subset Z \Longleftrightarrow \sigma(Z') \supset \sigma(Z) \ .$$

Aufgrund dieser Definition ist selbstverständlich die inverse Abbildung σ^{-1} einer Korrelation σ wieder eine Korrelation.

Lemma. Ist σ eine Korrelation in $\mathbb{P}(V)$, und sind $Z, Z' \subset \mathbb{P}(V)$ projektive Unterräume, so gilt:

a) $\dim \sigma(Z) = \dim \mathbb{P}(V) - (\dim Z + 1)$.

b) $\sigma(Z \cap Z') = \sigma(Z) \vee \sigma(Z')$.

c) $\sigma(Z \vee Z') = \sigma(Z) \cap \sigma(Z')$.

Beweis. a). Ist $n = \dim \mathbb{P}(V)$ und $k = \dim Z$, so gibt es eine Kette projektiver Unterräume

$$\emptyset = Z_{-1} \subsetneqq Z_0 \subsetneqq Z_1 \subsetneqq \ldots \subsetneqq Z_k \subsetneqq Z_n = \mathbb{P}(V)$$

mit $\dim Z_i = i$ und $Z_k = Z$. Anwendung von σ ergibt

$$\sigma(Z_{-1}) \supsetneqq \sigma(Z_0) \supsetneqq \sigma(Z_1) \supsetneqq \ldots \supsetneqq \sigma(Z_k) \supsetneqq \ldots \supsetneqq \sigma(Z_n) \ .$$

Da jeder echte projektive Teilraum kleinere Dimension haben muß, folgt die Behauptung.

b) Aus $Z \cap Z' \subset Z, Z'$ folgt

$$\sigma(Z \cap Z') \supset \sigma(Z) \vee \sigma(Z') \quad .$$

Anwendung von σ^{-1} auf $\sigma(Z), \sigma(Z') \subset \sigma(Z) \vee \sigma(Z')$ ergibt

$$Z \cap Z' \ \supset \sigma^{-1}(\sigma(Z) \vee \sigma(Z')), \quad \text{also}$$
$$\sigma(Z \cap Z') \subset \sigma(Z) \vee \sigma(Z') \quad .$$

Analog beweist man c).

Aufgabe. Man zeige, daß sich eine Korrelation schon durch die Bedingung

$$Z' \subset Z \Rightarrow \sigma(Z') \supset \sigma(Z)$$

charakterisieren läßt.

Anleitung. Zunächst überzeuge man sich, daß Aussage a) des Lemmas schon aus dieser (scheinbar) schwächeren Bedingung folgt. Dann benutze man „komplementäre" projektive Unterräume zum Nachweis der Umkehrung.

Warum folgt diese nicht direkt aus der Bijektivität von σ?

3.4.3. In einer projektiven Geraden sind Kollineationen und Korrelationen gleichermaßen uninteressant, denn dort sind beide nichts anderes als beliebige bijektive Abbildungen. Wie wir in 3.3.9 gesehen hatten, sind bei höherdimensionalen projektiven Räumen alle Kollineationen Semi-Projektivitäten. Wir werden sehen, daß man daraus auch eine algebraische Beschreibung der Korrelationen erhalten kann. Hilfsmittel dazu ist eine „Dualität".

Wir erinnern daran, daß es zu jedem K-Vektorraum V einen *dualen Vektorraum* V^*, nämlich den K-Vektorraum der Linearformen φ: $V \to K$ gibt. Zu jedem Untervektorraum $W \subset V$ gehört ein *orthogonaler Raum*

$$W^0 = \{\varphi \in V^*: \varphi(W) = 0\}$$

komplementärer Dimension (L.A. 3.1).

Neben $\mathbb{P}(V)$ können wir auch den projektiven Raum $\mathbb{P}(V^*)$ betrachten. Wir nennen ihn den zu $\mathbb{P}(V)$ *dualen projektiven Raum*. Nach Definition ist ein „Punkt" in $\mathbb{P}(V^*)$ eine Gerade in V^*, d.h. von der Form $K \cdot \varphi$, wobei φ eine Linearform ungleich Null ist. Für jedes $\lambda \in K^*$ erhalten wir den gleichen Untervektorraum

$$W := \{v \in V: (\lambda \cdot \varphi)(v) = 0\} \quad,$$

also die gleiche Hyperebene

$$H := \mathbb{P}(W) \subset \mathbb{P}(V) \quad.$$

Wie man sich ganz leicht überzeugt, ist die so erhaltene Abbildung von $\mathbb{P}(V^*)$ in die Menge der Hyperebenen von $\mathbb{P}(V)$, $p \mapsto H$ bijektiv. Man kann also die *Punkte* von $\mathbb{P}(V^*)$ auch als *Hyperebenen* in $\mathbb{P}(V)$ ansehen, was wir im folgenden stets tun werden.

Sei nun eine Semiprojektivität

$$f: \mathbb{P}(V) \to \mathbb{P}(V^*)$$

gegeben. Wir wollen ihr eine Korrelation

$$\sigma_f: P(V) \to P(V)$$

zuordnen. Dazu verwenden wir einen Semi-Isomorphismus

$$F: V \to V^*$$

mit $f = \mathbb{P}(F)$. Ist $W \subset V$ ein Untervektorraum, so ist auch $F(W) \subset V^*$ ein Untervektorraum und wir definieren

$$\Sigma_f(W) := \{v \in V: \varphi(v) = 0 \text{ für alle } \varphi \in F(W)\} \quad.$$

Dies ist ein Untervektorraum von V, nämlich der zu $F(W)$ orthogonale Raum in
$V^{**} = V$ (L.A. 3.1).

Ist $Z := \mathbb{P}(W) \subset \mathbb{P}(V)$, so definieren wir

$$\sigma_f(Z) := \mathbb{P}(\Sigma_f(W)) \quad .$$

Aus den elementaren Eigenschaften orthogonaler Räume (L.A. 6.1.3 und 3.1.8)
folgt sofort, daß σ_f eine Korrelation ist. Es ist keineswegs selbstverständlich, daß
man auf diese Weise alle Korrelationen erhält.

3.4.4. Hauptsatz über Korrelationen. Für jeden K-Vektorraum V mit $\dim_K V \geqslant 3$
ist die in 3.4.3 erklärte Abbildung

$$f \mapsto \sigma_f$$

von der Menge der Semi-Projektivitäten zwischen $\mathbb{P}(V)$ und $\mathbb{P}(V^*)$ in die Menge
der Korrelationen von $\mathbb{P}(V)$ bijektiv.

Beweis. Wir konstruieren eine Umkehrabbildung mit Hilfe des Hauptsatzes 3.3.9.
Sei also eine Korrelation

$$\sigma : P(V) \to P(V)$$

gegeben. Nach dem Lemma aus 3.4.2 ist $\sigma(p) \subset \mathbb{P}(V)$ für jeden Punkt $p \in \mathbb{P}(V)$
eine Hyperebene, also ein Punkt in $\mathbb{P}(V^*)$. Damit erhalten wir eine Abbildung

$$f_\sigma : \mathbb{P}(V) \to \mathbb{P}(V^*), \quad p \mapsto \sigma(p) \quad .$$

Sind p_0, p_1, p_2 kollinear, so enthalten die Hyperebenen $\sigma(p_0), \sigma(p_1), \sigma(p_2)$ nach
3.4.2 einen gemeinsamen projektiven Unterraum der Dimension $\dim \mathbb{P}(V) - 2$, d.h.
die Punkte $f_\sigma(p_0), f_\sigma(p_1), f_\sigma(p_2) \in \mathbb{P}(V^*)$ sind kollinear. Also ist f_σ eine Kollineation und nach dem Hauptsatz 3.3.9 eine Semi-Projektivität.

Der Nachweis, daß die so erhaltene Abbildung

$$\sigma \mapsto f_\sigma \quad \text{zu} \quad f \mapsto \sigma_f$$

invers ist, ist ganz elementar und sei dem Leser überlassen.

3.4.5. Wie wir in 3.4.4 gesehen haben, wird in $\mathbb{P}(V)$ jede Korrelation

$$\sigma : P(V) \mapsto P(V)$$

beschrieben durch einen Semi-Isomorphismus

$$F : V \to V^* \quad .$$

Daraus erhält man auf V eine nicht-ausgeartete Sesquilinearform

$$s : V \times V \to K, \quad (v, w) \mapsto F(v)(w)$$

(vgl. L.A. 5.4.5, wo Sesquilinearformen allerdings nur bezüglich der komplexen Konjugation
erklärt wurden. Für beliebige Automorphismen eines Körpers K ist die Definition völlig analog).

Übungsaufgabe 1. Man überlege sich, daß umgekehrt jede nicht ausgeartete Sesquilinearform auf V
eine Korrelation in $\mathbb{P}(V)$ beschreibt. Zwei nicht ausgeartete Sesquilinearformen s, s' beschreiben
genau dann die gleiche Korrelation, wenn $s' = \lambda s$ für ein $\lambda \in K^*$.

Eine Sesquilinearform
$$s: V \times V \to K$$
heißt *reflexiv*, wenn
$$s(v, w) = 0 \Longleftrightarrow s(w, v) = 0$$
für alle $v, w \in V$.

Selbstverständlich ist jede symmetrische Bilinearform reflexiv.

Eine Korrelation σ in $\mathbb{P}(V)$ heißt *involutiv* (oder *Polarität*), wenn

$$\sigma(\sigma(Z)) = Z$$

für jeden projektiven Unterraum $Z \subset \mathbb{P}(V)$.

Ein Beispiel für eine Polarität wurde in 3.4.1 behandelt.

Aufgabe 2. Man zeige, daß eine Korrelation genau dann eine.Polarität ist, wenn sie durch eine reflexive Sesquilinearform beschrieben wird.

Aufgabe 3. Man zeige, daß es in einem projektiven Raum $\mathbb{P}(V)$ genau dann eine Polarität σ mit

$$p \in \sigma(p) \quad \text{für alle} \quad p \in \mathbb{P}(V) \tag{*}$$

gibt, wenn dim $\mathbb{P}(V)$ ungerade ist.

Anleitung. Man überlege, was Bedingung (*) für eine beschreibende Sesquilinearform bedeutet.

3.4.6. Die in 3.4.4 erhaltene algebraische Beschreibung von Korrelationen kann man mit Hilfe von Koordinaten durch Matrizen ausdrücken. Wir beschränken uns dabei auf den projektiven Raum $\mathbb{P}_n(K)$.

Zu der kanonischen Basis $(e_0, \ldots, e_n)$ von K^{n+1} gibt es eine duale Basis $(e_0^*, \ldots, e_n^*)$ von $(K^{n+1})^*$ mit

$$e_i^*(e_j) = \delta_{ij}$$

(L.A. 6.1.2). Also gestattet jede Linearform φ auf K^{n+1} eine eindeutige Darstellung

$$\varphi = a_0 e_0^* + \ldots + a_n e_n^* \quad,$$

mit $a_0, \ldots, a_n \in K$, d.h. ist

$$x = (x_0, \ldots, x_n), \text{ so ist}$$
$$\varphi(x) = a_0 x_0 + \ldots + a_n x_n \quad.$$

Für $\varphi \neq 0$ ist $K \cdot \varphi$ ein Punkt in $\mathbb{P}((K^{n+1})^*) =: \mathbb{P}_n(K)^*$.
Wir schreiben

$$(a_0 : \ldots : a_n) := K \cdot \varphi \in \mathbb{P}_n(K)^* \quad.$$

Dem Punkt $K \cdot \varphi$ entspricht die Hyperebene

$$H := \{(x_0 : \ldots : x_n) \in \mathbb{P}_n(K) : a_0 x_0 + \ldots + a_n x_n = 0\}$$

und man nennt $(a_0 : \ldots : a_n)$ auch die *(homogenen) Hyperebenenkoordinaten*.

Eine projektive Basis in $\mathbb{P}_n(K)^*$ bilden die Hyperebenen mit den Koordinaten

$$(1 : 0 : \ldots : 0), \ldots, (0 : \ldots : 0 : 1), (1 : \ldots : 1) \quad,$$

d.h. den Gleichungen

$$x_0 = 0, \ldots, x_n = 0, \quad x_0 + \ldots + x_n = 0 \quad.$$

Ist σ eine Korrelation in $\mathbb{P}_n(K)$, so gehört dazu nach 3.4.4 eine Semi-Projektivität

$$f_\sigma: \mathbb{P}_n(K) \to \mathbb{P}_n(K)^*$$

und ein Semi-Isomorphismus

$$F_\sigma: K^{n+1} \to (K^{n+1})^* \quad \text{mit } f_\sigma = \mathbb{P}(F_\sigma) \quad .$$

Man kann F_σ durch eine Matrix $S = (s_{ij}) \in GL(n+1; K)$ beschreiben, d. h. ist α der auftretende Automorphismus von K, so gilt:

Ist $x = (x_0, \ldots, x_n) \in K^{n+1}$ und $\varphi = F_\sigma(x) = (a_0, \ldots, a_n) \in (K^{n+1})^*$, so ist

$$(a_0, \ldots, a_n) = (\alpha(x_0), \ldots, \alpha(x_n)) \cdot \begin{pmatrix} s_{00} & \cdots & s_{0n} \\ \vdots & & \vdots \\ s_{n0} & \cdots & s_{nn} \end{pmatrix}$$

Ist $x = (x_0 : \ldots : x_n)$, so ist die Bild-Hyperebene

$$f_\sigma(x) = \left\{ (y_0 : \ldots : y_n) \in \mathbb{P}_n(K) : (\alpha(x_0), \ldots, \alpha(x_n)) \begin{pmatrix} s_{00} & \cdots & s_{0n} \\ \vdots & & \vdots \\ s_{n0} & \cdots & s_{nn} \end{pmatrix} \begin{pmatrix} y_0 \\ \vdots \\ y_n \end{pmatrix} = 0 \right\} \quad .$$

Betrachtet man noch die zugeordnete Sesquilinearform (vgl. 3.4.5)

$$s: K^n \times K^n \to K \quad , \quad (x_0, \ldots, x_n, y_0, \ldots, y_n) \mapsto \sum_{i,j} s_{ij} \alpha(x_i) y_j \quad ,$$

so lautet für einen festen Punkt x die Gleichung der Bild-Hyperebene

$$s(x, y) = 0 \quad .$$

Dies hatten wir schon bei der in 3.4.1 betrachteten Polarität gesehen.

3.4.7. Den etwas ermüdenden Formalismus der Korrelationen hat man nur deshalb entwickelt, weil er schöne und überraschende geometrische Anwendungen gestattet. Ein Pionier auf diesem Gebiet war *Ch. J. Brianchon*.

Betrachten wir in einem projektiven Raum $\mathbb{P}(V)$ eine geometrische *Konfiguration*, bestehend aus gewissen projektiven Unterräumen. Wenden wir darauf eine Korrelation σ von $\mathbb{P}(V)$ an, so erhalten wir eine *duale Konfiguration*, deren Zusammenhang mit der ursprünglichen durch Lemma 3.4.2 beschrieben wird. Punkten entsprechen Hyperebenen, kollinearen Punkten solche Hyperebenen, die einen gemeinsamen $(n-2)$-dimensionalen projektiven Unterraum enthalten, u.s.w..

Verstehen wir unter einem *Satz der projektiven Geometrie* eine Aussage über projektive Unterräume, die sich mit Hilfe von „$\subset, \cap, \vee, \dim$" ausdrücken läßt, so kann man dazu einen *dualen Satz* formulieren, indem man die auftretenden projektiven Unterräume durch solche zu $n-1$ komplementärer Dimension (Punkt durch Hyperebene, Gerade durch $(n-2)$-dimensionalen Raum, u.s.w.) ersetzt, alle Inklusionen umdreht und Durchschnitt mit Verbindung vertauscht. Aus der Existenz von Korrelationen in beliebigen projektiven Räumen (vgl. 3.4.3) folgt das

Dualitätsprinzip. Ein Satz der projektiven Geometrie ist genau dann richtig, wenn der duale Satz richtig ist.

Diese Aussage gehört genau genommen zur *Metamathematik*, da sie ein Satz über mathematische Sätze ist. Wir wollen uns nicht auf ihre streng logische Begründung einlassen, sondern lieber das Prinzip an zwei Beispielen erläutern.

1. Dualisierung des Satzes von Desargues in einer projektiven Ebene.

Satz von Desargues	Dualer Satz
Seien $p_1, p_2, p_3, p_1', p_2', p_3'$ paarweise verschiedene Punkte. Angenommen, die Verbindungsgeraden $$p_1 \vee p_1', p_2 \vee p_2', p_3 \vee p_3'$$ schneiden sich in einem Punkt. Dann sind die Punkte $$(p_1 \vee p_2) \cap (p_1' \vee p_2')$$ $$(p_2 \vee p_3) \cap (p_2' \vee p_3')$$ $$(p_3 \vee p_1) \cap (p_3' \vee p_1')$$ kollinear.	Seien $Z_1, Z_2, Z_3, Z_1', Z_2', Z_3'$ paarweise verschiedene Geraden, Angenommen, die Schnittpunkte $$Z_1 \cap Z_1', Z_2 \cap Z_2', Z_3 \cap Z_3'$$ liegen auf einer Geraden. Dann gehen die Geraden $$(Z_1 \cap Z_2) \vee (Z_1' \cap Z_2')$$ $$(Z_2 \cap Z_3) \vee (Z_2' \cap Z_3')$$ $$(Z_3 \cap Z_1) \vee (Z_3' \cap Z_1')$$ durch einen Punkt.

Wie man sieht, ist der duale Satz gerade die Umkehrung des Satzes von Desargues. Dies ist keineswegs allgemein so.

Übungsaufgabe. Man dualisiere den Satz vom vollständigen Vierseit aus 3.3.6 zum *Satz vom vollständigen Viereck.*

2. Dualisierung des Satzes von Pappos in einer projektiven Ebene.

Satz von Pappos	Dualer Satz (*Satz von Brianchon*)
Seien Geraden $Z \neq Z'$ und $$p_1, p_2, p_3 \in Z, p_1', p_2', p_3' \in Z'$$ jeweils paarweise verschiedene Punkte. Dann sind die Punkte $$(p_1 \vee p_2') \cap (p_1' \vee p_2)$$ $$(p_2 \vee p_3') \cap (p_2' \vee p_3)$$ $$(p_3 \vee p_1') \cap (p_3' \vee p_1)$$ kollinear.	Seien Punkte $p \neq p'$ und $$Z_1, Z_2, Z_3 \ni p, Z_1', Z_2', Z_3' \ni p'$$ jeweils paarweise verschiedene Geraden. Dann gehen die Geraden $$(Z_1 \cap Z_2') \vee (Z_1' \cap Z_2)$$ $$(Z_2 \cap Z_3') \vee (Z_2' \cap Z_3)$$ $$(Z_3 \cap Z_1') \vee (Z_3' \cap Z_1)$$ durch einen Punkt.

Es sei bemerkt, daß in diesem Fall der duale Satz erst etwa 1500 Jahre später entdeckt wurde.

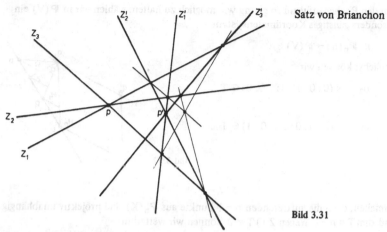

Satz von Brianchon

Bild 3.31

3.4.8. Ist $T \subset \mathbb{P}(V)$ ein projektiver Unterraum mit

$$\dim T = \dim \mathbb{P}(V) - 2 \quad ,$$

so nennen wir

$$B_T := \{H \subset \mathbb{P}(V) : H \text{ Hyperebene mit } T \subset H\}$$

das *Hyperebenenbüschel* mit dem *Träger* T. Betrachtet man die Hyperebenen in $\mathbb{P}(V)$ als Punkte in $\mathbb{P}(V^*)$, so bilden die in B_T gelegenen Hyperebenen eine Gerade in $\mathbb{P}(V^*)$ (siehe 3.4.3). Insbesondere ist für vier Hyperebenen H_0, H_1, H_2, H_3, die T enthalten, das Doppelverhältnis

$$DV(H_0, H_1, H_2, H_3)$$

erklärt. Man kann es mit Hilfe der in 3.4.6 eingeführten Hyperebenenkoordinaten und der Formel aus 3.3.2 berechnen. Wir zeigen für eine spätere Anwendung noch, daß man es auch bestimmen kann, wenn man das Hyperebenenbüschel mit einer Geraden schneidet, die sich gegenüber dem Träger in „allgemeiner Lage" befindet.

Lemma. Seien $H_0, H_1, H_2, H \subset \mathbb{P}(V)$ paarweise verschiedene Hyperebenen eines Büschels mit dem Träger T, sei $Z \subset \mathbb{P}(V)$ eine Gerade mit $Z \vee T = \mathbb{P}(V)$ und seien

$$p_0 := Z \cap H_0, \quad p_1 := Z \cap H_1 \quad ,$$
$$p_2 := Z \cap H_2, \quad p := Z \cap H \quad .$$

Dann gilt

$$DV(H_0, H_1, H_2, H) = DV(p_0, p_1, p_2, p) \quad .$$

Beweis. Zunächst sei bemerkt, daß Z die vier Hyperebenen tatsächlich in einem Punkt schneidet; andernfalls ergäbe sich ein Widerspruch zur Dimensionsformel aus 3.1.5.

Um den Rechenaufwand so gering wie möglich zu halten, wählen wir in $\mathbb{P}(V)$ ein besonders günstiges Koordinatensystem

$$\kappa: \mathbb{P}_n(K) \to \mathbb{P}(V) \quad .$$

Zunächst können wir

$$q_2 := \kappa(0:0:1:0:\ldots:0) \in T$$
$$\vdots$$
$$q_n := \kappa(0:0:0:\ldots:0:1) \in T$$

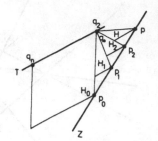

Bild 3.32

erreichen, denn die auftretenden $n-1$ Punkte aus $\mathbb{P}_n(K)$ sind projektiv unabhängig und $\dim T = n-2$. Wegen $Z \cap T = \emptyset$ können wir weiterhin

$$\kappa(1:0:0:\ldots:0) = p_0 \quad \text{und}$$
$$\kappa(0:1:0:\ldots:0) = p_1$$

annehmen. Wählen wir $q \in H_2$ so, daß $(p_2, q, q_2, \ldots, q_n)$ eine projektive Basis von H_2 bilden, so ist $(p_0, p_1, q, q_2, \ldots, q_n)$ eine projektive Basis von $\mathbb{P}(V)$ und κ ist schließlich durch die Forderung

$$\kappa(1:1:\ldots:1) = q$$

eindeutig festgelegt. Weiter sieht man durch Linearkombinationen der Basispunkte, daß

$$\kappa(1:1:0:\ldots:0) \in H_2 \cap Z = \{p_2\} \quad .$$

Nach der Definition des Doppelverhältnisses folgt aus

$$p = \kappa(\lambda:\mu:0:\ldots:0), \quad \text{daß } DV(p_0, p_1, p_2, p) = \lambda:\mu \quad .$$

Um das Doppelverhältnis der Hyperebenen zu berechnen, bestimmen wir die Hyperebenenkoordinaten von $\kappa^{-1}(H_i) \subset \mathbb{P}_n(K)$ für $i = 0, 1, 2$. Da auf jeder Hyperebene n Punkte bekannt sind, ergibt sich in $\mathbb{P}_n(K)^*$

$$\kappa^{-1}(H_0) = (0:1:0:0) \quad ,$$
$$\kappa^{-1}(H_1) = (1:0:0:0) \quad ,$$
$$\kappa^{-1}(H_2) = (1:-1:0:0) \quad \text{und}$$
$$\kappa^{-1}(H) = (-\mu:\lambda:0:0) \quad .$$

Wegen der Invarianz des Doppelverhältnisses unter der Projektivität κ folgt aus 3.3.2

$$DV(H_0, H_1, H_2, H) = \lambda:\mu \quad ,$$

was zu beweisen war.

3.5. Quadriken

In 3.2.2 hatten wir gesehen, wie man einen affinen Unterraum $Y \subset K^n$ zu einem projektiven Unterraum $\overline{Y} \subset \mathbb{P}_n(K)$ abschließen kann. Ist Y etwa eine Hyperebene, also

$$Y = \{(x_1, \ldots, x_n) \in K^n : a_1 x_1 + \ldots + a_n x_n = b\}$$

mit $(a_1, \ldots, a_n) \neq 0$, so ist

$$\overline{Y} = \{(x_0 : \ldots : x_n) \in \mathbb{P}_n(K) : - bx_0 + a_1 x_1 + \ldots + a_n x_n = 0\}$$

durch die homogenisierte Gleichung beschrieben (3.2.8).

In diesem Abschnitt betrachten wir den projektiven Abschluß von Quadriken. Es wird sich zeigen, daß dabei gewisse im affinen zu beobachtende geometrische Unterschiede verschwinden und daß sich theoretische Überlegungen wegen nicht mehr nötiger Fallunterscheidungen vereinfachen.

In diesem ganzen Abschnitt sei K ein Körper mit char $(K) \neq 2$, also $1 + 1 \neq 0$ (vgl. 1.1.7).

3.5.1. Jede Hyperebene eines projektiven Raumes kann man durch eine homogene lineare Gleichung beschreiben. Nullstellenmengen quadratischer Gleichungen heißen „Quadriken".

Definition. Unter einem *homogenen Polynom zweiten Grades in den Unbestimmten* $t_0, \ldots, t_n$ mit Koeffizienten α_{ij} aus einem Körper K versteht man einen Ausdruck der Gestalt

$$P(t_0, \ldots, t_n) = \sum_{0 \leqslant i \leqslant j \leqslant n} \alpha_{ij} t_i t_j \quad .$$

Für $n = 0$ hat man nur

$$\alpha_{00} t_0^2 \quad ,$$

für $n = 1$ erhält man die Polynome

$$\alpha_{00} t_0^2 + \alpha_{01} t_0 t_1 + \alpha_{11} t_1^2 \quad .$$

Allgemein hat ein homogenes Polynom 2. Grades $\frac{1}{2}(n+2)(n+1)$ Koeffizienten.

Wenn man für die Unbestimmten $t_0, \ldots, t_n$ Elemente $x_0, \ldots, x_n \in K$ einsetzt, erhält man durch P eine Abbildung (die wir mit dem gleichen Symbol bezeichnen)

$$P: K^{n+1} \to K, (x_0, \ldots, x_n) \mapsto \sum_{0 \leqslant i \leqslant j \leqslant n} \alpha_{ij} x_i x_j$$

Für jedes $\lambda \in K$ gilt offensichtlich

$$P(\lambda x_0, \ldots, \lambda x_n) = \lambda^2 P(x_0, \ldots, x_n) \quad . \tag{*}$$

Beispiel. Ist $P(t_0, t_1, t_2) = t_0^2 - t_1^2 - t_2^2$, so ist

$$C = \{(x_0, x_1, x_2) \in \mathbb{R}^3 : x_0^2 - x_1^2 - x_2^2 = 0\}$$

ein Kreiskegel (Bild 3.33)

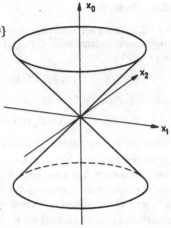

Bild 3.33

Definition. Eine Teilmenge $C \subset K^{n+1}$ heißt *Kegel*, wenn für jedes $(x_0, \ldots, x_n) \in C$ und $\lambda \in K$ auch

$$(\lambda x_0, \ldots, \lambda x_n) \in C \quad .$$

Geometrisch bedeutet das, daß C die Vereinigung von Geraden durch o ist. Diese Geraden nennt man *Mantellinien* des Kegels.

Eine Gerade durch $o \in K^{n+1}$ ist ein Punkt von $\mathbb{P}_n(K)$. Also können wir zu jedem Kegel $C \subset K^{n+1}$ die Menge

$$\mathbb{P}(C) = \{K \cdot v \in \mathbb{P}_n(K) : K \cdot v \subset C\}$$

der in C enthaltenen Geraden durch o betrachten.

Wie man sofort aus (*) sieht, ist für jedes homogene Polynom 2. Grades P die Menge

$$\{(x_0, \ldots, x_n) \in K^{n+1} : P(x_0, \ldots, x_n) = 0\}$$

ein Kegel.

Definition. Eine Teilmenge $Q \subset \mathbb{P}_n(K)$ heißt *Quadrik* (oder *Hyperfläche zweiter Ordnung*), wenn es ein homogenes Polynom zweiten Grades P gibt, so daß

$$Q = \mathbb{P}(C) \quad \text{mit} \quad C := \{(x_0, \ldots, x_n) \in K^{n+1} : P(x_0, \ldots, x_n) = 0\} \quad .$$

Kürzer schreibt man dafür auch

$$Q = \{(x_0 : \ldots : x_n) \in \mathbb{P}_n(K) : P(x_0, \ldots, x_n) = 0\} \quad .$$

Vorsicht! Bei dieser Schreibweise beachte man, daß P keine Funktion auf $\mathbb{P}_n(K)$ definiert, denn für $\lambda \in K^*$ ist

$$(x_0 : \ldots : x_n) = (\lambda x_0 : \ldots : \lambda x_n), \quad \text{aber}$$

$$P(\lambda x_0, \ldots, \lambda x_n) = \lambda^2 P(x_0, \ldots, x_n) \quad .$$

Immerhin ist für $\lambda \in K^*$

$$P(x_0, \ldots, x_n) = 0 \Leftrightarrow P(\lambda x_0, \ldots, \lambda x_n) = 0 \quad,$$

und das genügt zur Definition von Q.

3.5.2. Das illustrativste *Beispiel* erhalten wir für $K = \mathbb{R}$, $n = 2$ und

$$P(t_0, t_1, t_2) = t_0^2 - t_1^2 - t_2^2 \quad.$$

Dann ist

$$C = \{(x_0, x_1, x_2) \in \mathbb{R}^3 : x_0^2 - x_1^2 - x_2^2 = 0\}$$

ein Kreiskegel und

$$Q = \mathbb{P}(C) = \{(x_0 : x_1 : x_2) \in \mathbb{P}_2(\mathbb{R}) : x_0^2 - x_1^2 - x_2^2 = 0\}$$

die Menge der in C gelegenen Geraden durch o.

Wenn wir eine Gerade $H \subset \mathbb{P}_2(\mathbb{R})$ entfernen, so erhalten wir einen affinen Raum und darin einen affinen Rest der Quadrik Q, der ganz davon abhängt, welche Gerade H wir als „unendlich fern" ausgezeichnet haben.

1. Sei $H := \{(x_0 : x_1 : x_2) \in \mathbb{P}_2(\mathbb{R}) : x_0 = 0\}$.

Dann ist $Q \cap H = \emptyset$ und wir betrachten die kanonische Einbettung

$$\iota : \mathbb{R}^2 \to \mathbb{P}_2(\mathbb{R}) \setminus H, \quad (x_1, x_2) \mapsto (1 : x_1 : x_2) \quad.$$

$$\iota^{-1}(Q) = \{(x_1, x_2) \in \mathbb{R}^2 : x_1^2 + x_2^2 = 1\}$$

ist ein *Kreis*. Sein projektiver Abschluß entsteht durch Homogenisierung der Gleichung

$$1 - x_1^2 - x_2^2 = 0 \quad \text{zu} \quad x_0^2 - x_1^2 - x_2^2 = 0 \quad,$$

aber er enthält wegen $Q \cap H = \emptyset$ keine zusätzlichen Punkte. Ersetzt man $\mathbb{R}$ durch $\mathbb{C}$, so besteht $Q \cap H$ aus zwei Punkten (vgl. 3.1.4, Aufgabe 1).

Geometrisch kann man sich $\iota^{-1}(Q)$ entstanden denken als Schnitt des Kegels C mit der Ebene $x_0 = 1$ (Bild 3.34).

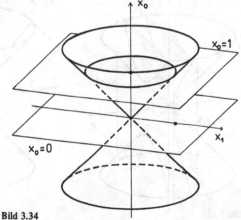

Bild 3.34

2. Sei $H := \{(x_0 : x_1 : x_2) \in \mathbb{P}_2(\mathbb{R}) : x_1 = 0\}$.

Dann besteht $Q \cap H$ aus zwei Punkten. Diesmal betrachten wir die Affinität

$$\iota : \mathbb{R}^2 \to \mathbb{P}_2(\mathbb{R}) \backslash H, \quad (x_0, x_2) \mapsto (x_0 : 1 : x_2) \quad .$$

Dann ist

$$\iota^{-1}(Q) = \{(x_0, x_2) \in \mathbb{R}^2 : x_0^2 - x_2^2 = 1\} \quad ;$$

das ist eine *Hyperbel*. Sie entsteht als Schnitt des Kegels C mit der Ebene $x_1 = 1$ (Bild 3.35).

3. Sei $H := \{(x_0 : x_1 : x_2) \in \mathbb{P}_2(\mathbb{R}) : x_0 + x_1 = 0\}$.

In diesem Fall ist $Q \cap H$ ein Punkt (mit „Vielfachheit" 2). Wir haben wieder eine Affinität

$$\iota : \mathbb{R}^2 \to \mathbb{P}_2(\mathbb{R}) \backslash H, \quad (x_1, x_2) \mapsto ((1 - x_1) : x_1 : x_2)$$

und wir erhalten

$$\iota^{-1}(Q) = \{(x_1, x_2) \in \mathbb{R}^2 : x_2^2 + 2x_1 = 1\} \quad .$$

Das ist eine *Parabel*. Im $\mathbb{R}^3$ entsteht sie als Schnitt des Kegels C mit der Ebene $x_0 + x_1 = 1$ (Bild 3.36).

Schematisch ist die Lage der Hyperebene H zu Q in den drei betrachteten Fällen in Bild 3.37 gezeichnet.

An den Bildern 3.35 und 3.36 kann man auch sehen, wie bei Zentralprojektionen aus einem Kreis eine Hyperbel oder eine Parabel entstehen kann. Man stelle sich die Spitze des Kegels als Projektionszentrum und die Mantellinien als Projektionsstrahlen vor.

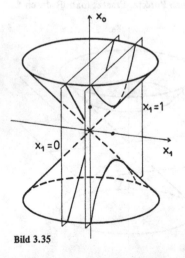

Bild 3.35

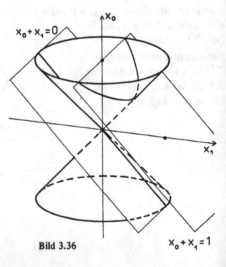

Bild 3.36

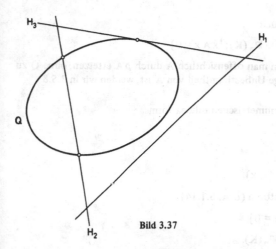

Bild 3.37

3.5.3. Schon in 3.4.1 hatten wir bei der Betrachtung einer einfachen Polarität gesehen, daß zu einem Kreis in natürlicher Weise eine Bilinearform gehört. Ganz allgemein besteht ein enger Zusammenhang zwischen Quadriken und symmetrischen Bilinearformen.

Gegeben sei ein homogenes Polynom zweiten Grades

$$P(t_0, \ldots, t_n) = \sum_{i \le j} \alpha_{ij} t_i t_j$$

mit Koeffizienten $\alpha_{ij} \in K$. Wir definieren dazu eine symmetrische Matrix
$A = (a_{ij}) \in M((n + 1) \times (n + 1); K)$ durch

$$a_{ij} := \begin{cases} \alpha_{ij} & \text{für } i = j \quad, \\ \dfrac{1}{2} \alpha_{ij} & \text{für } i < j \quad, \\ \dfrac{1}{2} \alpha_{ji} & \text{für } i > j \quad, \end{cases}$$

wobei stets $0 \le i, j \le n$. (Man beachte, daß wir char$(K) \ne 2$ vorausgesetzt haben.)
Dann ist für alle Spaltenvektoren $x = {}^t(x_0, \ldots, x_n) \in K^{n+1}$

$$P(x) = {}^t x A x \quad.$$

Die Matrix A definiert eine symmetrische Bilinearform

$$K^{n+1} \times K^{n+1} \to K, \quad (x, y) \mapsto {}^t x A y \quad.$$

Zu jeder Quadrik $Q = \mathbb{P}(C) \subset \mathbb{P}_n(K)$ gibt es also eine symmetrische Matrix
$A \in M((n + 1) \times (n + 1); K)$, so daß

$$C = \{x = {}^t(x_0, \ldots, x_n) \in K^{n+1} : {}^t x A x = 0\} \quad.$$

Abkürzend kann man dafür auch

$$Q = \{x = {}^t(x_0 : \ldots : x_n) \in \mathbb{P}_n(K) : {}^t x \, A \, x = 0\}$$

schreiben. Ist $\rho \in K^*$, so kann man offensichtlich A durch ρ A ersetzen, ohne Q zu verändern. (Ob dies die einzige Unbestimmtheit von A ist, werden wir in 3.5.8 untersuchen).

Umgekehrt gehört zu jeder symmetrischen Bilinearform

$$s: K^{n+1} \times K^{n+1} \to K$$

eine quadratische Form

$$q_s: K^{n+1} \to K, \quad x \mapsto s(x, x) \quad .$$

Zum Kegel der isotropen Vektoren (L.A. 6.1.14)

$$C = \{x \in K^{n+1} : s(x, x) = 0\}$$

gehört eine Quadrik $\mathbb{P}(C) \subset \mathbb{P}_n(K)$.

Durch diese elementare Beziehung kann man die Quadriken sehr einfach algebraisch behandeln.

Vorsicht! Auch im Fall $K = \mathbb{C}$ sind die betrachteten Bilinearformen als symmetrisch (*nicht* Hermitesch, L.A. 5.4.1) vorausgesetzt.

3.5.4. Wie wir in 3.2.1 gesehen hatten, bleiben projektive Unterräume unter Projektivitäten invariant. Dies gilt auch für Quadriken.

Bemerkung. Ist f: $\mathbb{P}_n(K) \to \mathbb{P}_n(K)$ eine Projektivität und $Q \subset \mathbb{P}_n(K)$ eine Quadrik, so ist auch $f(Q) \subset \mathbb{P}_n(K)$ eine Quadrik.

Beweis. Sei F: $K^{n+1} \to K^{n+1}$ ein Isomorphismus mit $f = \mathbb{P}(F)$ und $S \in GL(n+1; K)$ die beschreibende Matrix. Weiter sei $C \subset K^{n+1}$ der Kegel mit $Q = \mathbb{P}(C)$. Nach 3.5.3 gibt es eine symmetrische Matrix $A \in M((n+1) \times (n+1); K)$ mit

$$C = \{x = {}^t(x_0, \ldots, x_n) \in K^{n+1} : {}^t x \, A \, x = 0\} \quad .$$

Nun gilt für $y = {}^t(y_0, \ldots, y_n) \in K^{n+1}$

$$y \in F(C) \Leftrightarrow S^{-1} y \in C \Leftrightarrow {}^t(S^{-1} y) \, A \, (S^{-1} y) = {}^t y \, ({}^t S^{-1} A S^{-1}) \, y = 0 \quad .$$

Die Matrix

$$B := {}^t S^{-1} A S^{-1}$$

ist wieder symmetrisch und es gilt

$$F(C) = \{y \in K^{n+1} : {}^t y \, B \, y = 0\} \quad \text{oder}$$

$$f(Q) = \{y = {}^t(y_0 : \ldots : y_n) \in \mathbb{P}_n(K) : {}^t y \, B \, y = 0\} \quad .$$

Damit ist die Behauptung bewiesen.

Beispiel. Sei

$$Q = \{(x_0 : x_1 : x_2) \in \mathbb{P}_2(\mathbb{R}) : x_0^2 - x_1^2 - x_2^2 = 0\}$$

und sei die Projektivität f gegeben durch die Matrix

$$S = \begin{pmatrix} 0 & 2 & 0 \\ 1 & 0 & 1 \\ 2 & 1 & 0 \end{pmatrix}$$

Es ist

$$A = \begin{pmatrix} 1 & 0 & 0 \\ 0 & -1 & 0 \\ 0 & 0 & -1 \end{pmatrix} \quad \text{und} \quad S^{-1} = \frac{1}{4}\begin{pmatrix} -1 & 0 & 2 \\ 2 & 0 & 0 \\ 1 & 4 & -2 \end{pmatrix},$$

also

$${}^t S^{-1} A S^{-1} = \frac{1}{16}\begin{pmatrix} -2 & -4 & 0 \\ -4 & -16 & 8 \\ 0 & 8 & 0 \end{pmatrix}$$

und

$$f(Q) = \{(x_0 : x_1 : x_2) \in \mathbb{P}_2(\mathbb{R}) : x_0^2 + 8 x_1^2 + 4 x_0 x_1 - 8 x_1 x_2 = 0\}$$

(Bild 3.38).

Im affinen Teil mit $x_0 \neq 0$ ist Q ein Kreis und $f(Q)$ eine Hyperbel.

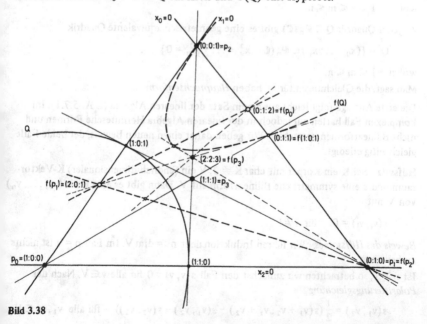

Bild 3.38

Wie wir gesehen haben, können sich die Gleichungen von Quadriken bei der Anwendung von Projektivitäten ändern. Die projektiv-geometrischen Eigenschaften bleiben jedoch erhalten.

Definition. Zwei Quadriken $Q, Q' \subset \mathbb{P}_n(K)$ heißen *geometrisch äquivalent*, wenn es eine Projektivität $f: \mathbb{P}_n(K) \to \mathbb{P}_n(K)$ gibt, mit $f(Q) = Q'$.

Beispiel. Die beiden Quadriken

$$Q = \{(x_0 : x_1 : x_2) \in \mathbb{P}_2(\mathbb{R}) : x_0^2 - x_1^2 - x_2^2 = 0\} \quad \text{und}$$

$$Q' = \{(x_0 : x_1 : x_2) \in \mathbb{P}_2(\mathbb{R}) : x_1^2 - x_2^2 = 0\}$$

sind nicht geometrisch äquivalent, denn Q' besteht aus zwei Geraden und Q enthält keine Gerade.

3.5.5. Nun erhebt sich die Frage, ob man aus einer Klasse geometrisch äquivalenter Quadriken stets einen Repräsentanten auswählen kann, der durch eine besonders einfache Gleichung beschreibbar ist (eine sogenannte *Normalform*). Wir werden sie für die Körper $\mathbb{R}$ und $\mathbb{C}$ in 3.5.9 beantworten. (Für allgemeinere Körper vgl. [16]). Zunächst eine wichtige Vorbereitung.

Satz über die projektive Hauptachsentransformation. Zu jeder Quadrik $Q \subset \mathbf{P}_n(\mathbb{R})$ gibt es eine geometrisch äquivalente Quadrik

$$Q' = \{(x_0 : \ldots : x_n) \in \mathbb{P}_n(\mathbb{R}) : x_0^2 + \ldots + x_k^2 - x_{k+1}^2 - \ldots - x_m^2 = 0\} \quad ,$$

wobei $-1 \leqslant k \leqslant m \leqslant n$.

Zu jeder Quadrik $Q \subset \mathbb{P}_n(\mathbb{C})$ gibt es eine geometrisch äquivalente Quadrik

$$Q' = \{(x_0 : \ldots : x_n) \in \mathbb{P}_n(\mathbb{C}) : x_0^2 + \ldots + x_m^2 = 0\} \quad ,$$

wobei $-1 \leqslant m \leqslant n$.

Man sagt, die Gleichungen für Q' haben *Hauptachsenform*.

Die erste Aussage folgt leicht aus einem Satz der linearen Algebra (L.A. 5.7.1). Im komplexen Fall hatten wir jedoch in der linearen Algebra Hermitesche Formen und nicht Bilinearformen betrachtet. Wir geben daher einen neuen Beweis, der beide Fälle gleichzeitig erledigt.

Hilfssatz. Sei K ein Körper mit char $K \neq 2$, V ein (endlich-dimensionaler) K-Vektorraum und s eine symmetrische Bilinearform auf V. Dann gibt es eine Basis $(v_1, \ldots, v_n)$ von V mit

$$s(v_i, v_j) = 0 \quad \text{für } i \neq j \quad .$$

Beweis des Hilfssatzes. Wir führen Induktion über $n := \dim V$. Im Fall $n = 0$ ist nichts zu beweisen.

Ist $n \geqslant 1$, so betrachten wir zunächst den Fall $s(v, v) = 0$ für alle $v \in V$. Nach der *Polarisierungsgleichung*

$$s(v_1, v_2) = \frac{1}{2}(s(v_1 + v_2, v_1 + v_2) - s(v_1, v_2) - s(v_2, v_2)) \quad \text{für alle } v_1, v_2 \in V$$

folgt $s(v, w) = 0$ für alle $v, w \in V$ und somit hat jede beliebige Basis die verlangte Eigenschaft.

Andernfalls gibt es ein $v_1 \in V$ mit $s(v_1, v_1) \neq 0$.

Wir definieren

$$W := \{w \in V : s(v_1, w) = 0\}$$

und behaupten

$$V = K \cdot v_1 \oplus W \quad . \tag{*}$$

$K \cdot v_1 \cap W = \{o\}$ ist klar. Ist $v \in V$, so definieren wir

$$\tilde{v} = \frac{s(v_1, v)}{s(v_1, v_1)} \cdot v_1 \quad .$$

Wegen $s(v_1, v - \tilde{v}) = 0$ ist $v - \tilde{v} \in W$, also $v \in K \cdot v_1 + W$ und (*) ist bewiesen. Insbesondere ist $\dim W = n - 1$.

Nach Induktionsannahme gibt es eine Basis $(v_2, \ldots, v_n)$ von W mit $s(v_i, v_j) = 0$ für $i \neq j$ und $2 \leqslant i, j \leqslant n$. Also hat $(v_1, \ldots, v_n)$ die verlangte Eigenschaft.

Beweis des Satzes. Sei $Q = \mathbb{P}(C) \subset \mathbb{P}_n(K)$ gegeben und A eine symmetrische Matrix, mit

$$C = \{x \in K^{n+1} : {}^t x\, A\, x = 0\} \quad .$$

Indem wir den Hilfssatz auf die durch A definierte Bilinearform anwenden, erhalten wir eine Basis $(v_0, \ldots, v_n)$ von K^{n+1} mit

$${}^t v_i\, A\, v_j = 0 \quad \text{für } i \neq j \quad .$$

Im Fall $K = \mathbb{R}$ sei die Numerierung so gewählt, daß

$${}^t v_i\, A\, v_j \begin{cases} > 0 & \text{für } 0 \leqslant i \leqslant k \quad , \\ < 0 & \text{für } k+1 \leqslant i \leqslant m \quad , \\ = 0 & \text{für } m+1 \leqslant i \leqslant n \quad . \end{cases}$$

Setzen wir

$$w_i := \begin{cases} \dfrac{1}{\sqrt{|{}^t v_i\, A\, v_i|}} \cdot v_i & \text{für } 0 \leqslant i \leqslant m \quad , \\ v_i & \text{für } m+1 \leqslant i \leqslant n \quad , \end{cases}$$

so erhalten wir eine Basis $(w_0, \ldots, w_n)$ von $\mathbb{R}^{n+1}$ mit

$${}^t w_i\, A\, w_i = \begin{cases} +1 & \text{für } 0 \leqslant i \leqslant k \quad , \\ -1 & \text{für } k+1 \leqslant i \leqslant m \quad , \\ 0 & \text{für } m+1 \leqslant i \leqslant n \quad . \end{cases}$$

Im Fall $K = \mathbb{C}$ sei die Numerierung so gewählt, daß

$${}^t v_i\, A\, v_i \begin{cases} \neq 0 & \text{für } 0 \leqslant i \leqslant m \quad , \\ = 0 & \text{für } m+1 \leqslant i \leqslant n \quad . \end{cases}$$

Für $i = 0, \ldots, m$ gibt es ein $\lambda_i \in \mathbb{C}^*$ mit

$$\lambda_i^2 \cdot ({}^t v_i \, A \, v_i) = 1$$

(das folgt z. B. aus dem Fundamentalsatz der Algebra, L.A. 1.3.9). Setzen wir

$$w_i := \begin{cases} \lambda_i v_i & \text{für } 0 \leqslant i \leqslant m \quad , \\ v_i & \text{für } m+1 \leqslant i \leqslant n \quad , \end{cases}$$

so erhalten wir eine Basis $(w_0, \ldots, w_n)$ von $\mathbb{C}^{n+1}$ mit

$$^t w_i \, A \, w_i = \begin{cases} 1 & \text{für } 0 \leqslant i \leqslant m \quad , \\ 0 & \text{für } m+1 \leqslant i \leqslant n \quad . \end{cases}$$

Nach der Transformationsformel für Bilinearformen (L.A. 5.4.3) gibt es eine Matrix $S \in GL(n+1; K)$, so daß

$$A = {}^t S \cdot B \cdot S \quad ,$$

wobei

$$B = \begin{pmatrix} E_{k+1} & 0 & 0 \\ 0 & -E_{m-k} & 0 \\ 0 & 0 & 0 \end{pmatrix} , \qquad \text{falls } K = \mathbb{R}$$

und

$$B = \begin{pmatrix} E_{m+1} & 0 \\ 0 & 0 \end{pmatrix} , \qquad \text{falls } K = \mathbb{C} \quad .$$

In beiden Fällen definiert S die gesuchte Projektivität von $\mathbb{P}_n(K)$ (vgl. den Beweis von Bemerkung 3.5.4). Man kann sie auch als projektive Koordinatentransformation ansehen. In den neuen Koordinaten hat die Gleichung der Quadrik nur noch rein quadratische Terme mit den Koeffizienten ± 1.

Übungsaufgabe. Man transformiere die Quadrik

$$Q = \{(x_0 : x_1 : x_2) \in \mathbb{P}_2(\mathbb{R}) : x_1^2 + x_2^2 - 2 x_0 x_1 = 0\}$$

auf Hauptachsen (etwa durch quadratische Ergänzung).

3.5.6. Mit den zur Verfügung stehenden Hilfsmitteln der linearen Algebra kann man leicht ein allgemeines *Rechenverfahren* angeben, um die zur Hauptachsentransformation erforderliche Transformationsmatrix zu bestimmen. Wir beschränken uns dabei auf den reellen Fall (im komplexen Fall verläuft das Verfahren analog). Wie wir gesehen haben, genügt es, zu einer symmetrischen Matrix A eine invertierbare Matrix T anzugeben, so daß

$$B := {}^tT\,A\,T = \begin{pmatrix} +1 & & & & & & \\ & \ddots & & & & & \\ & & +1 & & & & 0 \\ & & & -1 & & & \\ & & & & \ddots & & \\ & 0 & & & & -1 & \\ & & & & & & 0 \\ & & & & & & & \ddots \\ & & & & & & & & 0 \end{pmatrix} .$$

Die gesuchte Projektivität wird dann durch $S := T^{-1}$ beschrieben (3.5.4 und 3.5.5).

Sei also eine symmetrische Matrix $A \in M((n+1) \times (n+1); \mathbb{R})$ gegeben. Ist $C \in GL(n+1; \mathbb{R})$ eine Elementarmatrix (L.A. 2.7), so ist die Matrix

$${}^tC \cdot A \cdot C$$

wieder symmetrisch und sie entsteht aus A, indem man sowohl eine elementare Spaltenumformung (Multiplikation von rechts mit C), also auch eine elementare Zeilenumformung (Multiplikation von links mit ${}^tC$) durchführt. Da die Multiplikation von Matrizen assoziativ ist, kommt es nicht auf die Reihenfolge an. Wie wir sehen werden, kann man durch endlich viele solche simultane Umformungen die Matrix A auf die oben angegebene Normalform B bringen, d. h.

$$B = {}^tC_r \cdot \ldots \cdot {}^tC_1 \cdot A \cdot C_1 \cdot \ldots \cdot C_r = {}^t(C_1 \cdot \ldots \cdot C_r) \cdot A \cdot C_1 \cdot \ldots \cdot C_r \quad .$$

Also kann man

$$T := C_1 \cdot \ldots \cdot C_r$$

wählen. Schematisch verläuft die Rechnung so. Man schreibt zunächst A und die Einheitsmatrix E_{n+1} nebeneinander. An A führt man sowohl Zeilen- als auch Spaltenumformungen durch, an E_{n+1} nur die entsprechenden Spaltenumformungen. Das ergibt das Schema:

A	E_{n+1}
${}^tC_1 \cdot A \cdot C_1$	$E_{n+1} \cdot C_1$
⋮	⋮
${}^tC_r \cdot \ldots \cdot {}^tC_1 \cdot A \cdot C_1 \cdot \ldots \cdot C_r = B$	$E_{n+1} \cdot C_1 \cdot \ldots \cdot C_r = T$

Ist man links bei B angelangt, so ist rechts T entstanden.

Es sei erwähnt, daß man auf diese Weise die Existenz der Hauptachsentransformation
(3.5.5) auch konstruktiv beweisen kann. Wir erläutern das Verfahren an

Beispiel 1. Sei

$$Q = \{(x_0 : x_1 : x_2) \in \mathbb{P}_2(\mathbb{R}) : x_0^2 + 8\,x_1^2 + 4\,x_0 x_1 - 8\,x_1 x_2 = 0\} \quad .$$

Dann verläuft die Rechnung wie folgt:

	A			**E₃**		
Multiplikation der linken Matrix von links mit	1	2	0	1	0	0	Multiplikation der linken und rechten Matrix von rechts mit
	2	8	−4	0	1	0	
	0	−4	0	0	0	1	
$Q_2^1(-2)$							$Q_1^2(-2)$
	1	0	0	1	−2	0	
	0	4	−4	0	1	0	
	0	−4	0	0	0	1	
Q_3^2							Q_2^3
	1	0	0	1	−2	−2	
	0	4	0	0	1	1	
	0	0	−4	0	0	1	
$S_2\left(\frac{1}{2}\right)\cdot S_3\left(\frac{1}{2}\right)$							$S_2\left(\frac{1}{2}\right)\cdot S_3\left(\frac{1}{2}\right)$
	1	0	0	1	−1	−1	
	0	1	0	0	$\frac{1}{2}$	$\frac{1}{2}$	
	0	0	−1	0	0	$\frac{1}{2}$	
		B			**T**		

Die gesuchte Transformation f: $\mathbb{P}_2(\mathbb{R}) \to \mathbb{P}_2(\mathbb{R})$ wird gegeben durch

$$T^{-1} = \begin{pmatrix} 1 & 2 & 0 \\ 0 & 2 & -2 \\ 0 & 0 & 2 \end{pmatrix} \quad ,$$

und es ist

$$f(Q) = \{(x_0 : x_1 : x_2) \in \mathbb{P}_2(\mathbb{R}) : x_0^2 + x_1^2 - x_2^2 = 0\} \quad .$$

Zur Kontrolle berechne man ${}^t T^{-1}\, B\, T^{-1} = A$.

Beispiel 2. Sei

$$Q = \{(x_0 : x_1 : x_2 : x_3) \in \mathbb{P}_3(\mathbb{R}) : x_1^2 - x_2^2 - 2\,x_0 x_3 = 0\} \quad .$$

Dann ist

$$
\begin{array}{cc}
\overset{A}{\underset{\shortparallel}{}} & \overset{E_4}{\underset{\shortparallel}{}} \\
\end{array}
$$

$$
Q_1^4\left(-\frac{1}{2}\right)
\left[
\begin{array}{cccc|cccc}
0 & 0 & 0 & -1 & 1 & 0 & 0 & 0 \\
0 & 1 & 0 & 0 & 0 & 1 & 0 & 0 \\
0 & 0 & -1 & 0 & 0 & 0 & 1 & 0 \\
-1 & 0 & 0 & 0 & 0 & 0 & 0 & 1 \\
\hline
1 & 0 & 0 & -1 & 1 & 0 & 0 & 0 \\
0 & 1 & 0 & 0 & 0 & 1 & 0 & 0 \\
0 & 0 & -1 & 0 & 0 & 0 & 1 & 0 \\
-1 & 0 & 0 & 0 & -\frac{1}{2} & 0 & 0 & 1 \\
\hline
1 & 0 & 0 & 1 & 1 & 0 & 0 & 1 \\
0 & 1 & 0 & 0 & 0 & 1 & 0 & 0 \\
0 & 0 & -1 & 0 & 0 & 0 & 1 & 0 \\
0 & 0 & 0 & -1 & -\frac{1}{2} & 0 & 0 & \frac{1}{2} \\
\end{array}
\right]
\begin{array}{l}
Q_4^1\left(-\frac{1}{2}\right) \\[3.2em]
Q_1^4
\end{array}
$$

$$
\begin{array}{cc}
Q_4^1 & \\
\end{array}
$$

$$
\begin{array}{cc}
\overset{\shortparallel}{B} & \overset{\shortparallel}{T} \\
\end{array}
$$

Ist $f: \mathbb{P}_2(\mathbb{R}) \to \mathbb{P}_3(\mathbb{R})$ definiert durch

$$
T^{-1} = \begin{pmatrix}
\frac{1}{2} & 0 & 0 & -1 \\
0 & 1 & 0 & 0 \\
0 & 0 & 1 & 0 \\
\frac{1}{2} & 0 & 0 & 1
\end{pmatrix},
$$

so ist

$$
f(Q) = \{(x_0 : x_1 : x_2 : x_3) \in \mathbb{P}_3(\mathbb{R}) : x_0^2 + x_1^2 - x_2^2 - x_3^2 = 0\} \quad .
$$

Übungsaufgabe. Man bringe die Gleichung

$$
x_1^2 + x_2^2 - 2 x_0 x_3 = 0
$$

auf die Hauptachsenform

$$
x_0^2 + x_1^2 + x_2^2 - x_3^2 = 0 \quad .
$$

3.5.7. Will man zu einer gegebenen Quadrik $Q \subset \mathbb{P}_n(\mathbb{R})$ eine geometrisch äquivalente Quadrik $Q' \subset \mathbb{P}_n(\mathbb{R})$ in Hauptachsenform, d. h. mit einer Gleichung

$$
x_0^2 + \ldots + x_k^2 - x_{k+1}^2 - \ldots - x_m^2 = 0 \quad ,
$$

bestimmen, ohne die Matrix der erforderlichen Transformation zu berechnen, so kann man ein wesentlich einfacheres Verfahren anwenden.

Wird Q durch die symmetrische Matrix $A \in M(n+1) \times (n+1); IR)$ beschrieben, so hat A (mit Vielfachheit gezählt) $n+1$ reelle Eigenwerte $\lambda_0, \ldots, \lambda_n$, und man kann die Zahlen k, m von oben sowie die Numerierung der Eigenwerte so wählen (L.A. 5.7), daß

$$\lambda_0, \ldots, \lambda_k > 0, \quad \lambda_{k+1}, \ldots, \lambda_m < 0, \quad \lambda_{m+1} = \ldots = \lambda_n = 0 \quad .$$

Es kommt also nur darauf an, die Vorzeichenverteilung der Eigenwerte von A ausfindig zu machen. Hierzu nützt die

Vorzeichenregel von Descartes. Gegeben sei ein Polynom

$$P(t) = \alpha_{m+1} t^{m+1} + \alpha_m t^m + \ldots + \alpha_1 t + \alpha_0 \in IR[t]$$

mit reellen Koeffizienten. Es sei $\alpha_{m+1} \neq 0$, $\alpha_0 \neq 0$ und alle Nullstellen von P(t) seien reell. Man betrachte die Folge der Vorzeichen der Koeffizienten $\alpha_{m+1}, \ldots, \alpha_0$ (einem Koeffizienten Null kann man das Vorzeichen + oder − geben) und bestimme die Anzahl

   r der Vorzeichenfolgen $(\ldots, +, +, \ldots$ oder $\ldots, -, -, \ldots)$,

sowie

   s der Vorzeichenwechsel $(\ldots, +, -, \ldots$ oder $\ldots, -, +, \ldots)$.

Dann ist

   r = Anzahl der negativen Nullstellen von P(t) und
   s = Anzahl der positiven Nullstellen von P(t).

Einen *Beweis* findet man etwa in [31], p. 291. Mit Hilfe von *Sturmschen Ketten* kann man sogar die Anzahl der Nullstellen in vorgegebenen Intervallen bestimmen (siehe z. B. [25]).

Ist $P_A(t)$ das charakteristische Polynom der gegebenen Matrix A, so schreibt man

$$P_A(t) = t^{n-m} (\alpha_{m+1} t^{m+1} + \ldots + \alpha_0) \quad ,$$

wobei $n - m$ die Vielfachheit der Nullstelle 0 von $P_A(t)$ ist. Dann ist $\alpha_{m+1} = \pm 1$ und $\alpha_0 \neq 0$ und die Descartesche Zeichenregel ergibt die gesuchte Zahl k.

Beispiele.

1. $Q = \{(x_0 : x_1 : x_2) \in IP_2(IR) : x_1^2 + x_2^2 - 2 x_0 x_1 = 0\}$.

Dann ist $P_A(t) = -t^3 + 2t^2 - 1$, und wir erhalten eine Vorzeichenfolge

   $(-, +, -, -)$.

Also ist $m = n = 2$, $s = 2$, $r = 1$ und $k = 1$. Damit ist Q geometrisch äquivalent zu

$$Q' = \{(x_0 : x_1 : x_2) \in IP_2(IR) : x_0^2 + x_1^2 - x_2^2 = 0\} \quad .$$

2. $Q = \{(x_0 : x_1 : x_2) \in \mathbb{P}_2(\mathbb{R}) : x_0^2 + 8 x_1^2 + 4 x_0 x_1 - 8 x_1 x_2 = 0\}$.

Zu $P_A(t) = -t^3 + 9 t^2 - 20 t - 16$ gehört die Vorzeichenfolge

$\quad (-, +, -, -)$,

und wir erhalten das gleiche Ergebnis wie in 1.

3. $Q = \{(x_0 : x_1 : x_2 : x_3) \in \mathbb{P}_3(\mathbb{R}) : x_1^2 - x_2^2 - 2 x_0 x_3 = 0\}$,

Zu $P_A(t) = t^4 - 2 t^2 + 1$ gehört die Vorzeichenfolge

$\quad (+, +, -, +, +)$.

Also ist $m = n = 3$, $s = r = 2$ und $k = 1$, und Q ist äquivalent zu

$$Q' = \{(x_0 : x_1 : x_2 : x_3) \in \mathbb{P}_3(\mathbb{R}) : x_0^2 + x_1^2 - x_2^2 - x_3^2 = 0\} \quad .$$

3.5.8. Bei der Hauptachsentransformation in 3.5.5 hatten wir zu jeder Quadrik eine geometrisch äquivalente mit einer Gleichung in Hauptachsenform angegeben. Um die Quadriken bis auf geometrische Äquivalenz zu klassifizieren, muß man untersuchen, welche Quadriken mit Gleichungen in Hauptachsenform noch geometrisch äquivalent sind. Dies führt auf die Frage, wie verschieden Gleichungen sein können, die *eine* fest gegebene Quadrik beschreiben. Es ist schon beinahe zur Tradition geworden, über diese kleine Schwierigkeit mehr oder weniger elegant hinwegzumogeln.

Erinnern wir uns zunächst an den einfacheren Fall einer Hyperebene

$$H = \{(x_0 : x_1 : \ldots : x_n) \in \mathbb{P}_n(K) : a_0 x_0 + \ldots + a_n x_n = 0\} \subset \mathbb{P}_n(K) \quad ,$$

wobei $(a_0, \ldots, a_n) \neq (0, \ldots, 0)$. Jede andere Gleichung, die dieselbe Hyperebene H beschreibt, erhält man aus der obigen durch Multiplikation mit einem Faktor $\rho \in K^*$ (siehe etwa 3.4.3 oder L.A. 6.1.3).

Betrachten wir eine Quadrik

$$Q = \{(x_0 : x_1 : \ldots : x_n) \in \mathbb{P}_n(K) : P(x_0, \ldots, x_n) = 0\} \quad ,$$

wobei P ein homogenes quadratisches Polynom ist, so beschreibt das Polynom $\rho \cdot P$ für alle $\rho \in K^*$ trivialerweise dieselbe Quadrik. Es kann aber noch andere Gleichungen geben. Ist etwa $K = \mathbb{R}$, so wird für beliebige positive $\lambda_0, \ldots, \lambda_n \in \mathbb{R}$ durch

$$\lambda_0 x_0^2 + \ldots + \lambda_n x_n^2 = 0$$

in $\mathbb{P}_n(\mathbb{R})$ dieselbe – nämlich die leere – Quadrik beschrieben. Erfreulicherweise ist das eben angegebene Gegenbeispiel „im wesentlichen" das einzig mögliche. Es gilt nämlich das

Lemma. Sei V ein $\mathbb{K}$-Vektorraum ($\mathbb{K} = \mathbb{R}$ oder $\mathbb{C}$) mit symmetrischen Bilinearformen s und s'. Angenommen, es sei

$$C := \{v \in V : s(v, v) = 0\} = \{v \in V : s'(v, v) = 0\} \quad .$$

Gibt es ein $v_0 \in C$, so daß

$$s(v_0, w) \neq 0 \quad \text{für mindestens ein } w \in V, \tag{R}$$

so kann man ein $\rho \in \mathbb{K}^*$ finden mit

$$s' = \rho \cdot s \quad .$$

Die Bedingung (R) bedeutet, daß der Kegel C Punkte außerhalb des Untervektorraumes

$$V_0 := \{v \in V : s(v, w) = 0 \quad \text{für alle } w \in V\}$$

(man nennt dies den Ausartungsraum von s, L.A. 5.7.3) besitzt. Offensichtlich gilt stets $V_0 \subset C$.

Beweis (nach *P. Samuel* [29]). Mit q bzw. q' bezeichnen wir die s bzw. s' zugeordneten quadratischen Formen (d. h. $q(v) := s(v, v)$ und $q'(v) := s'(v, v)$).

Wir wählen ein festes $v_0 \in C$ mit Eigenschaft (R) und betrachten für jedes $w \in V$ die Gerade

$$g_w := \{w + \lambda v_0 : \lambda \in \mathbb{K}\} \quad .$$

Ihre Schnittpunkte mit dem Kegel C sind bestimmt durch die Bedingungen für λ

$$q(w + \lambda v_0) = 0 \quad \text{bzw.} \quad q'(w + \lambda v_0) = 0 \quad .$$

Wegen $q(v_0) = q'(v_0) = 0$ sind sie gleichwertig mit

$$2\lambda s(v_0, w) + q(w) = 0$$

bzw.   (1)

$$2\lambda s'(v_0, w) + q'(w) = 0 \quad .$$

Daraus folgt

$$s(v_0, w) = 0 \Longleftrightarrow s'(v_0, w) = 0 \quad ,$$

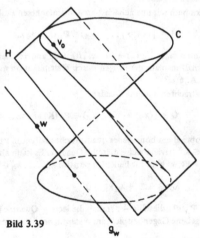

Bild 3.39

denn jede dieser Bedingungen ist gleichwertig damit, daß die Gerade g_w den Kegel C nicht in genau einem Punkt schneidet (je nachdem ob $w \in C$ oder $w \notin C$ ist in diesem Fall $g_w \subset C$ oder $g_w \cap C = \emptyset$). Die Menge all dieser Punkte w liegt also in einer Hyperebene

$$H := \{w \in V : s(v_0, w) = 0\} = \{w \in V : s'(v_0, w) = 0\} \quad ,$$

der *Tangentialhyperebene* von C in v_0 (siehe Bild 3.39).

Da die Gleichungen $s(v_0, w) = 0$ und $s'(v_0, w) = 0$ die gleiche Hyperebene beschreiben, sind die proportional, d. h. es gibt ein $\rho \in \mathbb{K}^*$, so daß

$$s'(v_0, w) = \rho \cdot s(v_0, w) \quad \text{für alle } w \in V \quad . \tag{2}$$

Da die beiden Gleichungen (1) gleichwertig sind, folgt

$$s(v_0, w) \cdot q'(w) = s'(v_0, w) \cdot q(w) \quad \text{für alle } w \in V$$

und das ergibt wegen (2)

$$q'(w) = \rho \cdot q(w) \quad \text{für alle } w \in V \setminus H \quad . \tag{3}$$

Die Funktion

$$V \to \mathbb{K}, \quad w \mapsto q'(w) - \rho \cdot q(w)$$

ist stetig und verschwindet außerhalb von H. Daher verschwindet sie auch auf H und (3) gilt für alle $w \in V$. Daraus folgt durch Polarisierung (siehe 3.5.5 oder L.A. 5.4.4)

$$s'(v, w) = \rho \cdot s(v, w) \quad \text{für alle } v, w \in V \quad .$$

Es sei bemerkt, daß man dieses Lemma für beliebige Körper K mit char(K) $\neq$ 2 beweisen kann (siehe [29]).

3.5.9. Nun kommen wir zum Hauptergebnis dieses Abschnitts. Dazu erinnern wir an die Definition der Signatur einer reellen symmetrischen Matrix A (L.A. 5.7.4):

Sign A := Anzahl der positiven Eigenwerte von A
          − Anzahl der negativen Eigenwerte von A .

Klassifikations-Theorem. Sei $\mathbb{K} = \mathbb{R}$ oder $\mathbb{C}$ und seien $A_1, A_2 \in M((n+1) \times (n+1), \mathbb{K})$ symmetrische Matrizen. Mit

$$Q_i := \{(x_0 : \ldots : x_n) \in \mathbb{P}_n(\mathbb{K}) : {}^t x \, A_i \, x = 0\}, \quad i = 1, 2 \quad ,$$

bezeichnen wir die dadurch beschriebenen Quadriken.

Im Fall $\mathbb{K} = \mathbb{R}$ gilt:

Q_1 und Q_2 sind geometrisch äquivalent $\Longleftrightarrow$ rang A_1 = rang A_2 und $|\text{Sign } A_1| = |\text{Sign } A_2|$

Insbesondere ist jede Quadrik in $\mathbb{P}_n(\mathbb{R})$ zu genau einer der Quadriken mit der Gleichung in Hauptachsenform

$$x_0^2 + \ldots + x_k^2 - x_{k+1}^2 - \ldots - x_m^2 = 0, \quad -1 \leqslant \frac{m-1}{2} \leqslant k \leqslant m \leqslant n \quad ,$$

geometrisch äquivalent.

Im Fall $\mathbb{K} = \mathbb{C}$ gilt:

Q_1 und Q_2 sind geometrisch äquivalent $\Longleftrightarrow$ rang A_1 = rang A_2 .

Insbesondere ist jede Quadrik in $\mathbb{P}_n(\mathbb{C})$ zu genau einer der Quadriken mit der Gleichung in Hauptachsenform

$$x_0^2 + \ldots + x_m^2 = 0, \quad -1 \leqslant m \leqslant n \quad ,$$

geometrisch äquivalent.

Die angegebenen Hauptachsenformen heißen *Normalformen*.

Beweis. Wir behandeln zunächst den Fall $\mathbb{K} = \mathbb{R}$.

Um die Implikation „$\Leftarrow$" zu beweisen, transformieren wir Q_1 und Q_2 auf Hauptachsen, d. h. wir bestimmen entsprechend 3.5.5 Matrizen $S_1, S_2 \in GL(n+1; \mathbb{R})$, so daß

$$A_i = {}^tS_i B_i S_i, \quad i = 1, 2 \quad ,$$

wobei

$$B_i = \begin{pmatrix} E_{k_i+1} & 0 & 0 \\ 0 & -E_{m_i-k_i} & 0 \\ 0 & 0 & 0 \end{pmatrix}$$

mit $-1 \leqslant k_i \leqslant m_i \leqslant n$. Nach der Voraussetzung und dem Sylvesterschen Trägheitsgesetz (L.A. 5.7.4) folgt

$$m_1 = \text{rang } A_1 = \text{rang } A_2 = m_2 \quad \text{und}$$

$$|2k_1 + 1 - m_1| = |\text{Sign } A_1| = |\text{Sign } A_2| = |2k_2 + 1 - m_2| \quad .$$

Daher ist sowohl die durch B_1 als auch die durch B_2 beschriebene Quadrik geometrisch äquivalent zu der Quadrik mit der Gleichung

$$x_0^2 + \ldots + x_k^2 - x_{k+1}^2 - \ldots - x_m^2 = 0 \quad ,$$

wobei $m = m_1$ und $2k + 1 - m = |2k_1 + 1 - m|$. Also sind auch Q_1 und Q_2 geometrisch äquivalent.

Seien umgekehrt Q_1 und Q_2 geometrisch äquivalent. Wir können zur Vereinfachung annehmen, daß Q_1 auf Hauptachsen transformiert ist, d. h. durch die Gleichung

$$x_0^2 + \ldots + x_k^2 - x_{k+1}^2 - \ldots - x_m^2 = 0$$

definiert ist, also

$$A_1 = \begin{pmatrix} E_{k+1} & 0 & 0 \\ 0 & -E_{m-k} & 0 \\ 0 & 0 & 0 \end{pmatrix} \quad .$$

Dabei können wir wieder $\text{Sign } A_1 = 2k + 1 - m \geqslant 0$ voraussetzen.

Da es nach Voraussetzung eine Projektivität f gibt, mit $f(Q_2) = Q_1$, gibt es eine Matrix $T \in GL(n+1; \mathbb{R})$, so daß Q_1 auch durch die Bilinearform mit der Matrix

$$A' := {}^tT A_2 T \qquad \text{beschrieben wird.}$$

In dieser Situation können wir Lemma 3.5.8 anwenden, wenn die dort geforderte Bedingung (R) für A_1 erfüllt ist. Das ist dann der Fall, wenn $k \neq m$; denn dann ist $k \geqslant 0$ und $m > k$. Also gilt für

$$v_0 := (1, 0, \ldots, 0, 1, 0, \ldots, 0) \quad \text{und}$$
$$w := (1, 0, \ldots, 0, 0, 0, 0, \ldots, 0)$$

      ↑   ↑

   0-te   m-te
   Stelle   Stelle

$${}^t v_0 \, A_1 \, v_0 = 0, \quad \text{aber} \quad {}^t v_0 \, A_1 \, w = 1 \neq 0.$$

Das Lemma ergibt $A' = \rho \cdot A_1$ für ein $\rho \in \mathbb{R}^*$, und daraus folgt die Behauptung nach dem Sylvesterschen Trägheitsgesetz.

Es verbleibt der Fall $k = m$. Dann ist Q_1 ein linearer projektiver Unterraum der Dimension $n - m - 1$, also wegen der geometrischen Äquivalenz auch Q_2. Indem man auch Q_2 auf Hauptachsen transformiert, sieht man, daß das nur für

$$\text{rang } A_2 = |\text{Sign } A_2| = m + 1$$

der Fall sein kann, was zu zeigen blieb.

Bei den angegebenen Hauptachsenformen ist wegen $m - 1 \leqslant 2\,k$ die Signatur nicht negativ. Also sind sie für verschiedene k oder m geometrisch inäquivalent.

Für den Fall $\mathbb{K} = \mathbb{C}$ verläuft der Beweis völlig analog. Die Einzelheiten überlassen wir dem Leser. Es sei nur bemerkt, daß Bedingung (R) aus Lemma 3.5.8 bei der Quadrik mit der Gleichung

$$x_0^2 + \ldots + x_m^2 = 0$$

für $m \geqslant 1$ erfüllt ist, was man mit Hilfe der Vektoren

$$v_0 = (1, i, 0, \ldots, 0) \quad \text{und}$$
$$w = (1, 0, 0, \ldots, 0)$$

wegen $i^2 = -1$ sofort nachprüft.

Eine Quadrik Q kann Geraden oder projektive Räume höherer Dimension enthalten. Wir definieren $u\,(Q)$ als die *maximale Dimension von in Q enthaltenen projektiven Unterräumen*. Diese Zahl ist eine projektive Invariante.

Aufgabe. Ist

$$Q = \{(x_0 : \ldots : x_n) \in \mathbb{P}_n\,(\mathbb{R}) : {}^t x\, A\, x = 0\} \quad,$$

wobei A eine symmetrische reelle Matrix ist, so gilt

$$u\,(Q) = n - \frac{1}{2}\,(\text{rang } A + |\text{Sign } A|) \quad.$$

Anleitung. Man bringe Q auf Normalform und betrachte die Gleichungen

$$x_0 = x_{k+1}, \ldots, x_{m-(k+1)} = x_m, \quad x_{m-k} = 0, \ldots, x_k = 0 \quad.$$

Weiter beachte man, daß Q den durch die Gleichungen

$$x_{k+1} = \ldots = x_n = 0$$

definierten Unterraum nicht schneidet.

3.5.10. In der reell projektiven Ebene $\mathbb{P}_2(\mathbb{R})$ erhalten wir folgende sechs Normalformen von Quadriken:

rang	ISignI	Gleichung	Beschreibung
0	0	$0 = 0$	Ebene $\mathbb{P}_2(\mathbb{R})$
1	1	$x_0^2 = 0$	(Doppel-)Gerade
2	2	$x_0^2 + x_1^2 = 0$	Punkt
2	0	$x_0^2 - x_1^2 = 0$	Paar von Geraden
3	3	$x_0^2 + x_1^2 + x_2^2 = 0$	leere Quadrik
3	1	$x_0^2 + x_1^2 - x_2^2 = 0$	„Kreis"

Die als „Kreis" bezeichnete Quadrik ist der einzige *nicht entartete* der sechs möglichen Typen. Ihre verschiedenen affinen Erscheinungsformen haben wir schon in 3.5.2 kennengelernt.

In $\mathbb{P}_3(\mathbb{R})$ gibt es neun Klassen geometrisch äquivalenter Quadriken:

rang	ISign I	Gleichung	Beschreibung
0	0	$0 = 0$	$\mathbb{P}_3(\mathbb{R})$
1	1	$x_0^2 = 0$	(Doppel-)Ebene
2	2	$x_0^2 + x_1^2 = 0$	Gerade
2	0	$x_0^2 - x_1^2 = 0$	Paar von Ebenen
3	3	$x_0^2 + x_1^2 + x_2^2 = 0$	Punkt
3	1	$x_0^2 + x_1^2 - x_2^2 = 0$	Kegel
•4	4	$x_0^2 + x_1^2 + x_2^2 + x_3^2 = 0$	leere Quadrik
4	2	$x_0^2 + x_1^2 + x_2^2 - x_3^2 = 0$	*Kugel*
4	0	$x_1^2 + x_1^2 - x_2^2 - x_3^2 = 0$	*Regelfläche*

Die einzig interessanten Fälle sind die mit Kugel und Regelfläche bezeichneten. Davon wollen wir verschiedene affine Teile ansehen.

Zunächst behandeln wir die *Kugel* Q mit der Gleichung

$$x_0^2 + x_1^2 + x_2^2 - x_3^3 = 0 \quad .$$

Wird die Hyperebene H_1 mit der Gleichung $x_3 = 0$ als unendlich fern angesehen, so erhält man als affinen Rest

$$\{(x_0, x_1, x_2) \in \mathbb{R}^3 : x_0^2 + x_1^2 + x_2^2 = 1\} \quad .$$

Zweischaliges Hyperboloid

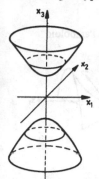

Elliptisches Paraboloid

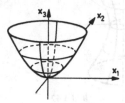

Bild 3.40   **Bild 3.41**

Das ist wirklich eine Kugel und es ist $Q \cap H_1 = \emptyset$.

Definiert man H_2 durch $x_0 = 0$, so verbleibt

$$\{(x_1, x_2, x_3) \in \mathbb{R}^3 : x_3^2 - x_1^2 - x_2^2 = 1\} \quad ,$$

Das ist ein *zweischaliges Hyperboloid* (Bild 3.40). Sein Durchschnitt mit H_2 ist der „Kreis"

$$\{(x_1 : x_2 : x_3) \in \mathbb{P}_2(\mathbb{R}) : x_1^2 + x_2^2 - x_3^2 = 0\}$$

Um ein weiteres affines Bild von Q zu erhalten, ersetzen wir Q durch die geometrisch äquivalente Quadrik Q' mit der Gleichung (siehe 3.5.6, Übungsaufgabe)

$$x_1^2 + x_2^2 - x_0 x_3 = 0$$

Definiert man H durch $x_0 = 0$, so erhält man als affinen Rest das *elliptische Paraboloid* (Bild 3.41)

$$\{(x_1, x_2, x_3) \in \mathbb{R}^3 : x_1^2 + x_2^2 = x_3\} \quad .$$

Dabei ist der „Nordpol der Kugel" ins unendliche gerückt. In der Tat ist der unendlich ferne Teil gegeben durch

$$\{(x_1 : x_2 : x_3) \in \mathbb{P}_2(\mathbb{R}) : x_1^2 + x_2^2 = 0\} = \{(0 : 0 : 1)\} \quad .$$

Nun zur „Regelfläche" Q mit der Gleichung

$$x_0^2 + x_1^2 - x_2^2 - x_3^3 = 0 \quad .$$

Entfernt man die Hyperebene H mit der Gleichung $x_3 = 0$, so verbleibt ein *einschaliges Hyperboloid* (Bild 3.42)

$$\{(x_0, x_1, x_2) \in \mathbb{R}^3 : x_0^2 + x_1^2 - x_2^2 = 1\} \quad .$$

Einschaliges Hyperboloid

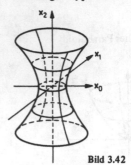

Hyperbolisches Paraboloid

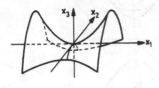

Bild 3.42   Bild 3.43

Sein Durchschnitt mit H ist ein Kreis

$$\{(x_0 : x_1 : x_2) \in \mathbb{P}_2(\mathbb{R}) : x_0^2 + x_1^2 - x_2^2 = 0\} \quad .$$

Geht man zur äquivalenten Quadrik mit der Gleichung

$$x_1^2 - x_2^2 - x_0 x_3 = 0$$

über (3.5.6, Beispiel 2) und betrachtet man die Hyperebene H mit der Gleichung $x_0 = 0$ als unendlich fern, so erhält man das *hyperbolische Paraboloid* (auch *Sattelfläche* genannt)

$$\{(x_1, x_2, x_3) \in \mathbb{R}^3 : x_1^2 - x_2^2 = x_3\}$$

(Bild 3.43). Sein Durchschnitt mit H ist ein Paar von Geraden.

Die Regelfläche Q enthält Geraden, denn es ist (Aufgabe 3.5.9)

$$u(Q) = 3 - \frac{1}{2}(4 + 0) = 1 \quad .$$

Sie kann sogar als Vereinigung von Geraden dargestellt werden, was man an Bild 3.44 erkennt.

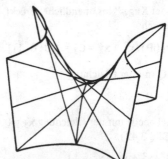

Bild 3.44

3.5.11. Gegeben sei eine Quadrik

$$Q = \{(x_0 : \ldots : x_n) \in \mathbb{P}_n(K) : {}^t x\, A\, x = 0\} \quad ,$$

wobei A eine symmetrische Matrix mit

$$\text{rang}\, A = n + 1$$

bezeichnet. Solche Quadriken nennt man *regulär*. Mit Hilfe von Lemma 3.5.8 sieht man leicht, daß die Regularität unter geometrischer Äquivalenz invariant bleibt.

Wie in 3.4.6 erläutert wird, definiert A eine Korrelation σ in $\mathbb{P}_n(K)$, wobei für einen Punkt $p = {}^t(x_0 : \ldots : x_n) \in \mathbb{P}_n(K)$ die Hyperebene $\sigma(p)$ gegeben ist durch

$$\sigma(p) := \{(y_0 : \ldots : y_n) \in \mathbb{P}_n(K) : {}^t x\, A\, y = 0\} \quad .$$

Da A symmetrisch ist, ist σ eine Polarität (vgl. 3.4.5).

Man nennt $\sigma(p)$ die *Polare* von p (bezüglich Q). Offensichtlich ist dann

$$Q = \{p \in \mathbb{P}_n(K) : p \in \sigma(p)\} \quad ,$$

d.h. gleich der Menge der Punkte, die auf ihrer Polaren liegen. Für $p \in Q$ nennt man $\sigma(p)$ die *Tangentialhyperebene* an Q im Punkt p. Sie wird mit

$$T_p(Q)$$

bezeichnet. Man kann sie folgendermaßen geometrisch beschreiben.

Satz. Sei $Q \subset \mathbb{P}_n(K)$ eine reguläre Quadrik und $p \in Q$. Für eine Gerade $Z \subset \mathbb{P}_n(K)$ durch p sind folgende Bedingungen gleichwertig:

i) $Z \subset T_p(Q)$

ii) $Z \cap Q = \{p\}$ oder $Z \subset Q$.

Eine solche Gerade nennt man *Tangente* an Q in p.

Beweis. Sei $q \in \mathbb{P}_n(K)$ von p verschieden. Ist $p = {}^t(x_0 : \ldots : x_n)$ und $q = {}^t(y_0 : \ldots : y_n)$, so besteht die Gerade

$$Z_q := p \vee q$$

aus all den Punkten $z = {}^t(z_0 : \ldots : z_n)$ mit

$$(z_0, \ldots, z_n) = \lambda(x_0, \ldots, x_n) + \mu(y_0, \ldots, y_n), \ \lambda, \mu \in K, \ (\lambda, \mu) \neq (0, 0) \quad .$$

$Q \cap Z_p$ ist bestimmt durch die Bedingung

$$\lambda^2({}^t x\, A\, x) + 2\lambda\mu\, ({}^t x\, A\, y) + \mu^2({}^t y\, A\, y) = 0$$

an die Parameter λ, μ. Wegen $p \in Q$ ist diese Bedingung gleichwertig mit

$$\mu(2\lambda\, {}^t x\, A\, y + \mu\, {}^t y\, A\, y) = 0 \quad .$$

Dafür, daß es außerhalb p Schnittpunkte gibt, erhält man wegen $\mu = 1$ die Bedingung für λ

$$2\lambda\,{}^t x\,A\,y + {}^t y\,A\,y = 0 \quad.$$

Bedingung ii) bedeutet, daß diese Gleichung entweder keine Lösung hat oder für alle λ erfüllt ist, d. h.

$${}^t x\,A\,y = 0 \quad.$$

Das ist aber gleichwertig mit $q \in T_p\,(Q)$, was zu zeigen war.

Im Fall $K = \mathbb{R}$ hat die Tangentialhyperebene an die Quadrik Q auch eine differential-geometrische Bedeutung. Wir betrachten den die Quadrik erzeugenden Kegel

$$C = \{x = {}^t(x_0,\ldots,x_n) \in \mathbb{R}^{n+1} : {}^t x\,A\,x = 0\} \quad.$$

Durch

$$f\colon \mathbb{R}^{n+1} \to \mathbb{R}, \quad x \mapsto {}^t x\,A\,x$$

ist ein quadratisches Polynom, insbesondere eine differenzierbare Funktion gegeben. In einem Punkt $x^{(0)} = (x_0^{(0)},\ldots,x_n^{(0)})$ ist der Gradient von f gegeben durch (vgl. [22])

$$2\left(\sum_{j=0}^{n} a_{0j}\,x_j^{(0)},\ldots,\sum_{j=0}^{n} a_{nj}\,x_j^{(0)}\right) = 2\,(x_0^{(0)},\ldots,x_n^{(0)}) \cdot A \quad.$$

Er steht in $x^{(0)}$ senkrecht auf der Kegelfläche C und seine Komponenten sind die Hyperebenenkoordinaten von $T_p\,(Q)$, wenn $p = (x_0^{(0)} : \ldots : x_n^{(0)})$.

Übungsaufgabe. Sei $Q \subset \mathbb{P}_2(\mathbb{R})$ eine nicht entartete Quadrik (siehe 3.5.12) und $p \in \mathbb{P}_2(\mathbb{R}) \setminus Q$. Man zeige ohne Rechnung (aber unter Benutzung der Eigenschaften von Korrelationen): Die Berührpunkte der Tangenten an Q, die durch p gehen, erhält man als Schnittpunkte der Polaren $\sigma\,(p)$ mit Q.

3.5.12. Wir wollen zum Abschluß die zur Verfügung stehenden Hilfsmittel der projektiven Geometrie verwenden, um einen der schönsten Sätze der elementaren Geometrie zu beweisen. Er wurde um 1640 von *B. Pascal* entdeckt und stellt eine Verallgemeinerung des Satzes von Pappos (3.3.7) dar.

Eine Quadrik $Q \subset \mathbb{P}_2(\mathbb{R})$ nennen wir *nicht entartet*, wenn sie geometrisch äquivalent ist zur Quadrik mit der Gleichung (vgl. 3.5.10)

$$x_0^2 + x_1^2 - x_2^2 = 0 \quad.$$

Satz von Pascal. Auf einer nicht entarteten Quadrik $Q \subset \mathbb{P}_2(\mathbb{R})$ seien 6 verschiedene Punkte $p_1, p_2, p_3, p_1', p_2', p_3'$ in beliebiger Lage gegeben. Dann sind die Punkte

$$p := (p_1 \vee p_2') \cap (p_1' \vee p_2)$$
$$q := (p_1 \vee p_3') \cap (p_1' \vee p_3) \quad \text{und}$$
$$r := (p_2 \vee p_3') \cap (p_2' \vee p_3)$$

kollinear (Bild 3.45).

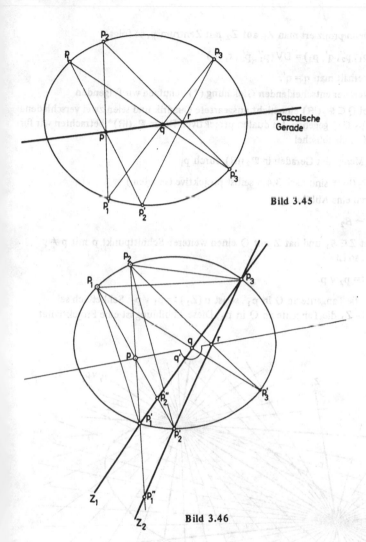

Bild 3.45

Bild 3.46

Man nennt p ∨ q ∨ r *Pascalsche Gerade*.

Beweis. Wir bemerken zunächst, daß die zum Schnitt gebrachten Geraden stets verschieden sind, denn Q schneidet jede Gerade in höchstens zwei Punkten.

Es sei $q' := (p \vee r) \cap (p'_1 \vee p_3)$. Dann ist $q = q'$ zu zeigen. Dazu genügt es (siehe Bild 3.46),

$$\mathrm{DV}(p'_1, p''_2, q, p_3) = \mathrm{DV}(p''_1, p'_2, r, p_3) \tag{*}$$

zu zeigen. Denn projiziert man Z_1 auf Z_2 mit Zentrum p, so folgt

$$DV(p_1', p_2'', q', p_3) = DV(p_1'', p_2', r, p_3)$$

und mit (*) erhält man $q = q'$.

Zum Nachweis der entscheidenden Gleichung (*) benutzen wir folgenden

Hilfssatz. Sei $Q \subset \mathbb{P}_2(\mathbb{R})$ eine nicht ausgeartete Quadrik und seien zwei verschiedene Punkte $p_1, p_2 \in Q$ gegeben. Im dualen projektiven Raum $\mathbb{P}_2(\mathbb{R})^*$ betrachten wir für $i = 1, 2$ die Geradenbüschel

$$B_i := \text{Menge der Geraden in } \mathbb{P}_2(\mathbb{R}) \text{ durch } p_i$$

$(B_1, B_2 \subset \mathbb{P}_2(\mathbb{R})^*$ sind nach 3.4.8 selbst projektive Geraden.)

Wir definieren eine Abbildung

$$\sigma: B_1 \to B_2$$

wie folgt. Ist $Z \in B_1$ und hat Z mit Q einen weiteren Schnittpunkt p mit $p \neq p_1$ und $p \neq p_2$, so ist

$$\sigma(Z) := p_2 \vee p$$

Ist $Z_1 \in B_1$ die Tangente an Q in p_1, so ist $\sigma(Z_1) := p_1 \vee p_2$. Schließlich sei $\sigma(p_1 \vee p_2) := Z_2$ die Tangente an Q in p_2. Diese Abbildung ist eine Projektivität (Bild 3.47).

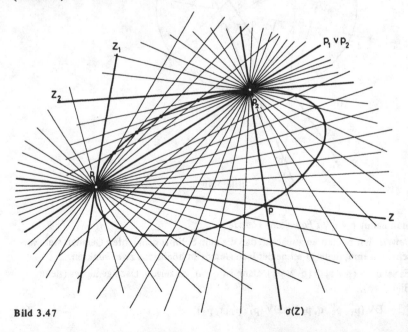

Bild 3.47

Wenden wir diesen Hilfssatz auf die Konfiguration des Satzes von Pascal an, so folgt zusammen mit Lemma 3.4.8 die Gleichung (*), denn die auftretenden Punkte werden durch Z_1 und Z_2 aus projektiv aufeinander bezogenen Büscheln ausgeschnitten, und Projektivitäten erhalten das Doppelverhältnis.

Beweis des Hilfssatzes. Sei $p_0 = Z_1 \cap Z_2$ und $p_3 \in Q$ von p_1 und p_2 verschieden. Offensichtlich ist (p_0, p_1, p_2, p_3) eine projektive Basis von $\mathbb{P}_2(\mathbb{R})$, also können wir annehmen, daß (Bild 3.48)

$$p_0 = (1:0:0) \quad ,$$
$$p_1 = (0:1:0) \quad ,$$
$$p_2 = (0:0:1) \quad \text{und}$$
$$p_3 = (1:1:1) \quad .$$

Sei

$$A = \begin{pmatrix} a_{00} & a_{01} & a_{02} \\ a_{10} & a_{11} & a_{12} \\ a_{20} & a_{21} & a_{22} \end{pmatrix}$$

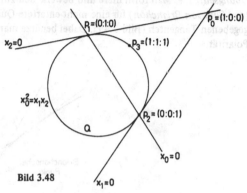

Bild 3.48

eine symmetrische Matrix, die Q beschreibt. Die Tangente an Q in p_1 ist gegeben durch $x_2 = 0$, also muß (vgl. 3.5.11)

$$(0, 1, 0) \cdot A = (0, 0, \lambda) \quad \text{mit } \lambda \neq 0$$

sein, und daraus folgt

$$a_{01} = a_{10} = a_{11} = 0$$

Da die Tangente in p_2 durch $x_1 = 0$ beschrieben wird, erhält man analog

$$a_{02} = a_{20} = a_{22} = 0$$

Wegen $(1:1:1) \in Q$ folgt schließlich

$$a_{00} = -2 a_{12}, \quad \text{also}$$

$$Q = \{(x_0 : x_1 : x_2) \in \mathbb{P}_2(\mathbb{R}) : x_0^2 = x_1 x_2\}$$

Da $p_1 = (0:1:0)$ und $p_2 = (0:0:1)$, folgt

$$B_1 = \{(a_0 : a_1 : a_2) \in \mathbb{P}_2(\mathbb{R})^* : a_1 = 0\} \quad \text{und}$$
$$B_2 = \{(a_0 : a_1 : a_2) \in \mathbb{P}_2(\mathbb{R})^* : a_2 = 0\}$$

Wir betrachten die Projektivität

$$\sigma': B_1 \to B_2, \quad (a:0:b) \mapsto (b:a:0)$$

und behaupten $\sigma' = \sigma$.

Es ist $\sigma'(Z_1) = p_1 \vee p_2$ und $\sigma'(p_1 \vee p_2) = Z_2$. Ist $Z = (a:0:b)$ mit $a, b \in \mathbb{R}^*$, so ist der Schnittpunkt von Z und $\sigma'(Z)$ gegeben durch die Gleichungen

$$ax_0 + bx_2 = 0 \quad \text{und} \quad bx_0 + ax_1 = 0$$

Daraus folgt $x_0^2 = x_1 x_2$, d.h. der Schnittpunkt liegt auf Q und wir erhalten $\sigma' = \sigma$.

Damit ist der Satz von Pascal bewiesen.

Übungsaufgabe. Man formuliere und beweise den zum Satz von Pascal dualen Satz (den *Satz von Brianchon*) für eine nicht entartete Quadrik $Q \subset \mathbb{P}_2 (\mathbb{R})$ mit 6 gegebenen Tangenten (Bild 3.49). Dabei benütze man die in 3.5.11 beschriebene Polarität.

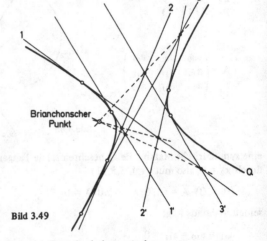

Bild 3.49

Als direkte Folgerung aus dem Satz von Pascal erhalten wir das

Korollar. Sind in der Ebene $\mathbb{P}_2(\mathbb{R})$ fünf verschiedene Punkte gegeben, von denen keine drei kollinear sind, so liegen sie auf einer eindeutig bestimmten nicht entarteten Quadrik.

Diese Aussage kann man sich plausibel machen durch die sogenannte *Konstantenzählung.* Ein homogenes quadratisches Polynom in den Veränderlichen t_0, t_1, t_2 hat sechs Koeffizienten (siehe 3.5.1). Da es auf einen Faktor nicht ankommt, verbleiben fünf freie Koeffizienten. Um sie festzulegen, braucht man fünf Punkte. Das ist natürlich kein Beweis.

Aus dem Satz von Pascal erhält man nicht nur die abstrakte Aussage des Korollars, sondern sogar ein *Konstruktionsverfahren für Quadriken, bei dem nur ein Lineal nötig ist.* Sind in der Ebene fünf Punkte (wie im Korollar) gegeben und ist p_1 einer davon, so kann man den Schnittpunkt p_3' der durch die fünf Punkte bestimmten Quadrik Q mit einer beliebigen Geraden Z durch p_1 wie in Bild 3.50 skizziert ausfindig machen. Die angegebenen Nummern markieren die Reihenfolge der zu zeichnenden Geraden.

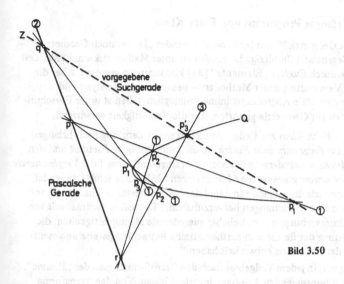

Bild 3.50

Mit den Hilfsmitteln, die wir beim Beweis des Satzes von Pascal verwendet haben, kann man die folgende auf *J. Steiner* zurückgehende Charakterisierung von Quadriken erhalten:

Aufgabe. In $\mathbb{P}_2(\mathbb{R})$ seien Geradenbüschel B_1, B_2 mit verschiedenen Trägern gegeben. Ist

$$\sigma : B_1 \to B_2$$

eine Projektivität, so ist

$$\bigcup_{Z \in B_1} Z \cap \sigma(Z) \subset \mathbb{P}_2(\mathbb{R})$$

eine Quadrik. Jede nichtleere Quadrik in $\mathbb{P}_2(\mathbb{R})$ läßt sich auf diese Weise erzeugen.

Ersetzt man quadratische Polynome durch Polynome höheren Grades, so erhält man *Hyperflächen höherer Ordnung* (für Ordnung drei *Kubiken*). Allgemeiner kann man auch die simultanen Nullstellengebilde mehrerer Polynome (sogenannte *algebraische Varietäten*) untersuchen. Während man bei Quadriken mit einfachen Hilfsmitteln der linearen Algebra auskommt, sind dazu weit schwierigere Methoden der Algebra nötig.

Dem Leser, der an projektiver Geometrie Gefallen gefunden hat, und der bereit ist, sich mit scharfen algebraischen Waffen zu rüsten, seien abschließend die meisterlichen Einführungen in die *algebraische Geometrie* von *Dieudonné* [13], *Kunz* [16] und *Shafarevich* [18] ans Herz gelegt.

Anhang. Das Erlanger Programm von Felix Klein

Die Frage „Was ist Geometrie?" – oder herausfordernder „Ist das noch Geometrie?" – ist ein beliebter Gegenstand für hitzige Diskussionen unter Mathematikern. Lange Zeit war die Geometrie durch *Euklids* „Elemente" [31] klar umrissen gewesen. Aber die Entwicklung und Verwendung neuer Methoden – besonders von Analysis und Algebra – machte eine klare Abgrenzung immer unmöglicher. Selbst unter Forschungen, die unbestritten zur Geometrie gehörten, war die Vielfältigkeit verwirrend.

Im Jahre 1872 griff *Felix Klein* zur Feder. Anläßlich seiner Berufung nach Erlangen veröffentlichte er ein *Programm zum Eintritt in die philosophische Facultät und den Senat der k. Friedrichs-Alexanders-Universität zu Erlangen* mit dem Titel *Vergleichende Betrachtungen über neuere geometrische Forschungen* [26]. Darin schilderte er, daß „es gilt, in der Geometrie das Gemeinsame und das Unterscheidende unabhängig von-einander unternommener Forschungen hervorzuheben." Es „sollen darunter mit ver-standen sein die Untersuchungen über beliebig ausgedehnte Mannigfaltigkeiten, die sich, unter Abstreifung des für die rein mathematische Betrachtungsweise unwesent-lichen Bildes, aus der Geometrie entwickelt haben."

Felix Klein schlug vor, in jedem Teilgebiet nach den Transformationen der „Räume" zu suchen, die die interessierenden Aussagen invariant lassen. Von den Transforma-tionen war verlangt, daß sie eine Gruppe bilden.

Auf die subtilen Untersuchungen von *Felix Klein* können wir hier nicht näher ein-gehen. Es sei lediglich an einigen sehr einfachen und allgemeinen Beispielen für solche Räume und Gruppen das Prinzip der Unterscheidung erläutert:

1) X *beliebige Menge*. Unter der *symmetrischen Gruppe* S (X) bleiben Aussagen über die Anzahl der Punkte von Teilmengen (allgemeiner „Mächtigkeiten") erhalten.

2) X *topologischer Raum*. Unter der Gruppe Top (X) aller *Homöomorphismen* (d. h. bijektiven in beiden Richtungen stetigen Abbildungen) bleiben die Eigenschaften „offen, abgeschlossen, kompakt" von Teilmengen invariant.

3) X *differenzierbare Mannigfaltigkeit* (vgl. [23]). Unter der Gruppe Diff (X) aller *Diffeomorphismen* (d. h. der bijektiven in beiden Richtungen differenzierbaren Abbildungen) bleibt etwa die Eigenschaft „Untermannigfaltigkeit" einer Teil-menge erhalten.

4) X *projektiver Raum*. Unter der Gruppe Proj (X) aller *Projektivitäten* bleiben etwa Doppelverhältnisse, Unterräume und Quadriken invariant.

5) X *affiner Raum*. Unter der Gruppe Aff (X) aller *Affinitäten* bleiben Teilver-hältnisse, Unterräume, Parallelität, Quadriken etc. invariant.

Die Untergruppe T (X) ⊂ Aff (X) der *Translationen* läßt auch Richtungen unver-ändert.

6) X *euklidischer affiner Raum*. Hier haben wir die Untergruppen

$$\text{Kon} (X) \subset \text{Ähn} (X) \subset \text{Aff} (X)$$

der *Kongruenzen* und *Ähnlichkeiten*, die Abstände bzw. Winkel erhalten.

Der affine Raum $X := \mathbb{A}_n(\mathbb{R})$ und der projektive Raum $\overline{X} := \mathbb{P}_n(\mathbb{R})$ sind auch differenzierbare Mannigfaltigkeiten. In diesem Fall stehen die oben angegebenen Gruppen in folgenden Beziehungen:

$$\text{Proj}(\overline{X}) \subset \text{Diff}(\overline{X}) \subset \text{Top}(\overline{X}) \subset S(\overline{X})$$
$$\cup \qquad\qquad\qquad\qquad \cup$$
$$T(X) \subset \text{Kon}(X) \subset \text{Ähn}(X) \subset \text{Aff}(X) \subset \text{Diff}(X) \subset \text{Top}(X) \subset S(X)$$

Man beachte dabei, daß man sowohl Affinitäten als auch beliebige bijektive Abbildungen von X nach $\overline{X}$ fortsetzen kann, daß dies aber bei Diffeomorphismen oder Homöomorphismen im allgemeinen nicht möglich ist.

Ganz allgemein kann man sagen, daß es umso mehr Invarianten gibt, je kleiner die Gruppe gewählt wird.

Seit Felix Kleins Aufruf sind über hundert Jahre vergangen. Inzwischen haben strukturelle Gesichtspunkte den letzten Winkel mathematischer Forschung erreicht, und man ist geneigt zu fragen, welches Programm der Geometrie heute not täte.

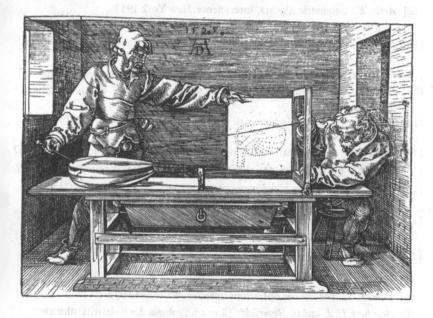

Literaturhinweise

Einführungen

[1] *Frenkel, J.:* Géométrie pour l'élève professeur. Hermann, Paris 1973.

[2] *Guber, S.:* Lineare Algebra und analytische Geometrie I. Merkel, Erlangen 1973.

[3] *Hermes, H.:* Vorlesungen über lineare Transformationen. Aschendorff, Münster 1948.

[4] *Klein, F.:* Elementarmathematik vom höheren Standpunkte aus. Zweiter Band, Geometrie. Springer, Berlin 1925.

[5] *Koecher, M.:* Lineare Algebra. Vorlesungsausarbeitung, München 1967.

[6] *Nef, W.:* Lehrbuch der linearen Algebra. Birkhäuser, Basel 1966.

[7] *Schaal, H.:* Lineare Algebra und Analytische Geometrie I. Vieweg, Braunschweig 1976.

Weiterführende Texte

[8] *Artin, E.:* Geometric Algebra. Interscience, New York 1957.

[9] *Bieberbach, L.:* Projektive Geometrie. Teubner, Leipzig 1931.

[10] *Blaschke, L.:* Projektive Geometrie. Wolfenbüttler Verlagsanstalt, Wolfenbüttel 1947.

[11] *Collatz, L.* und *W. Wetterling:* Optimierungsaufgaben. Springer, Berlin 1966.

[12] *Dantzig, G. B.:* Lineare Programmierung und Erweiterungen. Springer, Berlin 1966.

[13] *Dieudonné, J.:* Cours de géométrie algébrique 1, 2. Presses Universitaires de France, Paris 1974.

[14] *Hartshorne, R.:* Foundations of Projective Geometry. Benjamin, New York 1967.

[15] *Kunz, E.:* Ebene Geometrie. vieweg studium 26, Vieweg Braunschweig 1976.

[16] *Kunz, E.:* Einführung in die kommutative Algebra und algebraische Geometrie. Vieweg, Braunschweig 1980.

[17] *Lenz, H.:* Vorlesungen über projektive Geometrie. Akademische Verlagsgesellschaft, Leipzig 1965.

[18] *Shafarevich, I. R.:* Basic Algebraic Geometry. Springer, Berlin 1974.

Ergänzungen

[19] *Banach, S.:* Théorie des opérations linéaires. Warszawa 1932.

[20] *Borchers, H. J.* und *G. Hegerfeld:* Über ein Problem der Relativitätstheorie: Wann sind Punktabbildungen des IR^n linear? Nachr. Akad. Wiss. Göttingen Math.-Phys. Kl. II, **10** (1972), 205–229.

[21] *Fischer, G.* und *R. Sacher:* Einführung in die Algebra. Teubner, Stuttgart 1974.

[22] *Forster, O.:* Analysis 2. Vieweg Studium **31**, Vieweg, Braunschweig 4. Aufl. 1981.

[23] *Führer, L.:* Allgemeine Topologie mit Anwendungen. Vieweg, Braunschweig 1977.

[24] *Haack, W.:* Darstellende Geometrie, Band III (Axonometrie und Perspektive). Sammlung Göschen. De Gruyter, Berlin 1957.

[25] *Hämmerlin, G.:* Numerische Mathematik I. Bibliographisches Institut, Mannheim 1970.

[26] *Klein, F.:* Vergleichende Betrachtungen über neuere geometrische Forschungen. Andreas Deichert, Erlangen 1872. Gesammelte Werke, Band I, pp. 400–497.

[27] *Klein, F.:* Räumliche Kollineationen bei optischen Instrumenten. Zeitschr. Math. Phys. **46** (1901). Gesammelte Werke, Band II, pp. 607–612.

[28] *Minkowski, H.:* Theorie der konvexen Körper, insbesondere Begründung ihres Oberflächenbegriffs. Gesammelte Abhandlungen, zweiter Band. Leipzig und Berlin, Teubner 1911.

[29] *Samuel, P.:* Qu'est-ce qu'une quadrique? L'Enseignement Math., Sér. II, **13** (1967), 129–130.

[30] *Valentine, F. A.:* Konvexe Mengen. Bibliographisches Institut, Mannheim 1968.

[31] *Willers, F. A.:* Methoden der praktischen Analysis. De Gruyter, Berlin 1957.

Historische Werke

[32] *Dürer, A.:* Underweysung der messung mit dem zirckel und richtscheyt in linien ebnen und ganzen corporen. Nürnberg 1525. Faksimile Nachdruck Josef Stocker/Schmid, Dietikon 1966.

[33] *Euklid:* Die Elemente, Buch I–XIII. Akademische Verlagsgesellschaft, Leipzig 1975.

Mathematische Poesie

[34] *Cremer, H.:* carmina mathematica. I. A. Mayer, Aachen 1977.

Ergänzungen

[35] *Apéry, F.:* Models of the Real Projective Plane. Vieweg, Braunschweig 1987.

[36] *Hilbert, D.* und *S. Cohn-Vossen:* Anschauliche Geometrie. Springer, Berlin 1932.

[37] *Klein, F.:* Vorlesungen über nicht-euklidische Geometrie. Springer, Berlin 1928.

[38] *Pinkall, U.:* Modelle der reellen projektiven Ebene. In: *G. Fischer* (Hrsg.): Mathematische Modelle. Vieweg, Braunschweig 1986.

[39] *Samuel, P.:* Géométrie projective. Presses Universitaires de France, 1986.

[40] *Aumann, W.* und *J. Hartl:* Einige Bemerkungen über Quadriken in affinen Räumen. Math. Semesterberichte **42** (1995), 63–70.

212

Sachregister

214

Namensregister

Symbolverzeichnis

$T(X)$	Translationsvektorraum zu X, 1
$S(X)$	Symmetrische Gruppe der Menge X, 2
$A_n(K)$	kanonischer affiner Raum, 4
$\overrightarrow{pq}$	Translation von p nach q, 5
$T(f)$	zu f gehörige lineare Abbildung, 9
$\dim X$	Dimension von X, 4
$\underset{i \in I}{V} Y_i$	Verbindungsraum, 13, 138
$p \vee q$	Verbindungsgerade, 13
$\mathrm{char}(K)$	Charakteristik von K, 13
$TV(p_0, p_1, p)$	Teilverhältnis, 24
A'	erweiterte Matrix A, 54
x'	erweiterter Spaltenvektor x, 54
$\overline{Q}_A$	projektiver Abschluß von Q bezüglich A', 64
Q_∞	unendlich ferner Teil von Q, 67
$C(Q)$	Asymptotenkegel von Q, 68
$\angle(Y, Y')$	Winkel zwischen den Geraden Y und Y', 74
$d(p, q)$	Abstand zwischen p und q, 74
$Y \perp Y'$	Y steht senkrecht auf Y', 80
$[p, q]$	Verbindungsstrecke, 95
$\mathrm{kon}(M)$	konvexe Hülle von M, 94
X_+	Strahl, 113
X_j	charakteristischer Quotient, 114
$\overline{X}$	projektiver Abschluß des affinen Raumes X, 128, 141
X_∞	unendlich ferner Teil von X, 128
$\mathbb{P}(V)$	projektiver Raum zum Vektorraum V, 134
$\mathbb{P}_n(K)$	kanonischer projektiver Raum, 134
$(x_0 : \ldots : x_n)$	homogene Koordinaten, 135
$\mathbb{P}(F)$	zur linearen Abbildung F gehörige projektive Abbildung, 13
$Z(f)$	Zentrum einer projektiven Abbildung, 139
$DV(p_0, p_1, p_2, p)$	Doppelverhältnis, 152
Z_p	Polare zum Punkt p, 170
$P(V)$	Menge der projektiven Unterräume von $\mathbb{P}(V)$, 171
$\mathbb{P}(V^*)$	zu $\mathbb{P}(V)$ dualer projektiver Raum, 172
$\mathbb{P}_n(K)^*$	zu $\mathbb{P}_n(K)$ dualer projektiver Raum, 174
B_T	Hyperebenenbüschel mit Träger T, 177
$\mathbb{P}(C)$	zum Kegel C gehörige Quadrik, 180
$T_p(Q)$	Tangentialhyperebene an die Quadrik Q in p, 201

vieweg studium
Grundkurs Mathematik

Gerd Fischer
Lineare Algebra

Hannes Stoppel / Birgit Griese
Übungsbuch zur Linearen Algebra

Gerd Fischer
Analytische Geometrie

Otto Forster
Analysis 1

Otto Forster / Rüdiger Wessoly
Übungsbuch zur Analysis 1

Otto Forster
Analysis 2

Otto Forster / Thomas Szymczak
Übungsbuch zur Analysis 2

Ernst Kunz
Ebene Geometrie

Gerhard Opfer
Numerische Mathematik für Anfänger

vieweg